传感器应用技术

曾华鹏 主编

王 莉 曹宝文 副主编

清华大学出版社

北京

内 容 简 介

"传感器应用技术"是一门适用广泛的机电类专业基础课程,伴随着高职学校教学改革与建设的推进,为更好地满足高职层次人才培养需求,"传感器应用技术"这门课程既需要加强基础理论方面的内容,又需要重视学生工程实践能力的培养。本书的编写正是为了满足以上需求。编写人员结合以往传感器课程的教学经验,力求在讲授基础理论的基础上,以工业现场传感器应用实例及特色的实训设备为基础进行情景化教学,按照大型外企的工作模式和流程设计情景进行实训,强化学生的工程实践能力。

本书共分成 8 章,主要内容包括传感器基础知识、温度、光、压力、物位、运动学量、其他物理量的检测及抗干扰技术。每章在介绍各类传感器必备知识的基础上,注重应用型人才的培养,在应用篇中设计了基础实验和技能拓展环节,结合实训环境设计了大量实验和任务,按照大型外企的工作流程和职业分工,力求提高学生的工程实践能力。本书中各章节都包含思维导图,目的是帮助读者理清思路,方便学习和记忆。每一节都会以一个实际案例作为开头,让学生在生动的例子中快速掌握知识。每章后均附有习题。

本书适合作为应用型本科院校、职业院校的自动化相关专业低年级学生的教材,同时可供对传感器比较熟悉的开发人员、现场安装调试工程师参考。

图书在版编目(CIP)数据

传感器应用技术/曾华鹏主编.—北京:清华大学出版社,2018(2024.2重印)
ISBN 978-7-302-50090-2

Ⅰ.①传… Ⅱ.①曾… Ⅲ.①传感器－教材 Ⅳ.①TP212

中国版本图书馆 CIP 数据核字(2018)第 097799 号

责任编辑:刘向威 薛 阳
封面设计:文 静
责任校对:焦丽丽
责任印制:沈 露

出版发行:清华大学出版社
    网 址:https://www.tup.com.cn,https://www.wqxuetang.com
    地 址:北京清华大学学研大厦 A 座 邮 编:100084
    社 总 机:010-83470000 邮 购:010-62786544
    投稿与读者服务:010-62776969,c-service@tup.tsinghua.edu.cn
    质量反馈:010-62772015,zhiliang@tup.tsinghua.edu.cn
    课件下载:https://www.tup.com.cn,010-62795954
印 装 者:天津鑫丰华印务有限公司
经 销:全国新华书店
开 本:185mm×260mm 印 张:19.25 字 数:470 千字
版 次:2018 年 9 月第 1 版 印 次:2024 年 2 月第 5 次印刷
印 数:2501~2700
定 价:49.00 元

产品编号:077826-01

前 言
PREFACE

传感器是工业控制系统的"电五官",在工业控制系统中占据了非常重要的位置,同时传感器也是物联网感知层的重要组成部分。随着新材料、微电子技术、通信与网络技术的发展,传感器在越来越多的领域中得到应用,并且出现了集成化、智能化发展的趋势。

本书是在原有教材使用了三年的基础上,结合作者在这三年教学中的心得体会,以及在企业中实际应用的经验,重新编写而成。编写过程中根据应用型高校培养应用型人才的需要,对教材整体结构进行了重新规划,本着循序渐进、理论联系实际的原则,教材内容以适量、实用为度,在掌握理论知识的基础上,更加注重理论知识的应用。在理论知识方面,每个章节都引入了思维导图,让学生更加容易理解该章节的脉络,从而更好地掌握知识;在实训方面,大部分实训都按照现有大型外企的工作流程和工作模式进行设计,让学生在通过实训强化知识应用的基础上,潜移默化地学会企业的工作流程和工作模式,为今后的就业打下良好的基础。本书力求叙述简练,概念清晰,通俗易懂,便于自学,是一本体系创新、深浅适度、重在应用、着重能力培养的应用型高校教材。

本书共8章,主要内容有:传感器应用基础;温度的检测;光的检测;压力的检测;物位的检测;流量、运动学量的检测;其他物理量的检测;抗干扰技术。

本书适合作为应用型本科院校、职业院校的自动化相关专业低年级学生的教材,同时可供对传感器比较熟悉的开发人员、现场安装调试工程师参考。

本书第3章、第7章和第8章由曾华鹏编写,第1章基础篇、第2章和第5章由王莉编写,第1章应用篇、第4章和第6章由曹宝文编写。全书由曾华鹏担任主编,完成全书的修改及统稿,由刘新敏和伍鹏负责校对。本书在编写过程中得到霍尼韦尔环境自控有限公司、丹佛斯(天津)有限公司、美国国家仪器(NI)有限公司和天津锐敏科技发展有限责任公司的大力支持,在此表示衷心的感谢。

由于编者水平有限,时间仓促,虽然付出了艰辛的劳动,但书中不当之处在所难免,欢迎广大同行和读者批评指正。

编 者

2018 年 3 月

目 录
CONTENTS

传感器应用基础

本章学习目标

- 掌握传感器的定义和组成。
- 掌握测量的一般知识及误差理论基础。
- 了解传感器的静态特性和动态特性。
- 掌握传感器的标定。

　　本章将向读者介绍一些传感器应用的基础知识。本章首先介绍测量的概念及测量的一般方法,其中重点介绍对测量结果进行分析的误差理论的基本知识。接着引出传感器的基础知识,包括传感器的认知、组成、分类、发展、静态和动态特性以及传感器标定。最后在理论讲解的基础上,应用环节将让学生完成压力传感器校验实训。本章内容的思维导图如图 1-1 所示。

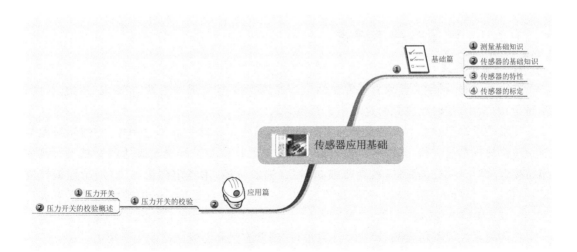

图 1-1　第 1 章思维导图

基 础 篇

1.1 测量基础知识

本节内容思维导图如图 1-2 所示。

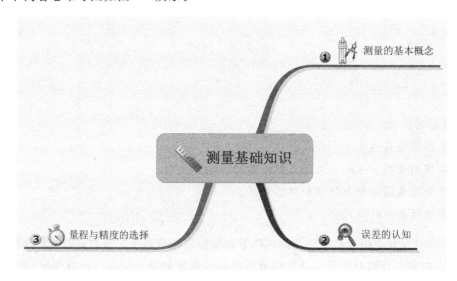

图 1-2 1.1 节思维导图

测量技术是一门具有自身专业体系、涵盖多种学科、理论性和实践性都非常强的前沿科学。熟知测量技术方面的基本知识,是掌握测量技能、独立完成对被测量物体进行检测的基础。

1.1.1 测量的基本概念

1. 测量的定义

在生产过程、科学实验或者日常生活中,人们常常必须知道一些量(如温度、压力、长度、重量等)的大小,这时就需要对这些量进行测量。

测量是以确定被测对象的量值为目的的全部操作。在这一操作过程中,将被测对象与测量单位的标准量进行比较,并以被测量与单位量的比值及其准确度表达测量结果。例如用游标卡尺对一轴径的测量,就是将被测对象(轴的直径)用特定测量方法(用游标卡尺测量)与长度单位(mm)相比较。若其比值为 30.52,准确度为 ± 0.03 mm,则测量结果可表达为 (30.52 ± 0.03) mm。

任何测量过程都包含测量对象、计量单位、测量方法和测量准确度 4 个要素。

(1)测量对象:主要指几何量,包括长度、角度、表面粗糙度以及形位误差等。由于几何量的特点是种类繁多,形状又各式各样,因此对于它们的特性,被测参数的定义,以及标准等都必须加以研究和熟悉,以便进行测量。

(2)计量单位:我国国务院于 1977 年 5 月 27 日颁发的《中华人民共和国计量管理条例

（试行）》第三条规定中重申："我国的基本计量制度是米制（即公制），逐步采用国际单位制。"1984年2月27日正式公布中华人民共和国法定计量单位，确定米制为我国的基本计量制度。例如，在长度计量中单位为米（m），其他常用单位有毫米（mm）和微米（μm）。在角度测量中以度、分、秒为单位。

（3）测量方法：指在进行测量时所用的按类叙述的一组操作逻辑次序。对几何量的测量而言，则是根据被测参数的特点，如公差值、大小、轻重、材质、数量等，分析研究该参数与其他参数的关系，最后确定对该参数如何进行测量的操作方法。

（4）测量的准确度：指测量结果与真值的一致程度。由于任何测量过程总不可避免地会出现测量误差，误差大说明测量结果离真值远，准确度低。因此，准确度和误差是两个相对的概念。由于存在测量误差，任何测量结果都是以一近似值来表示的。

2. 测量方法分类

根据获得测量结果的不同方式可分为以下几种测量方法。

（1）直接测量和间接测量：从测量器具的读数装置上直接得到被测量的数值或对标准值的偏差称为直接测量，如用游标卡尺、外径千分尺测量轴径等。通过测量与被测量有一定函数关系的量，根据已知的函数关系式求得被测量的测量称为间接测量，如通过测量一圆弧相应的弓高和弦长而得到其圆弧半径的实际值。

（2）绝对测量和相对测量：测量器具的示值直接反映被测量量值的测量为绝对测量。用游标卡尺、外径千分尺测量轴径不仅是直接测量，也是绝对测量。将被测量与一个标准量值进行比较得到两者差值的测量为相对测量，如用内径百分表测量孔径为相对测量。

（3）接触测量和非接触测量：测量器具的测头与被测件表面接触并有机械作用的测力存在的测量为接触测量。测量器具的测头与被测件表面没有接触的测量为非接触测量，如用光切法显微镜测量表面粗糙度即属于非接触测量。

（4）单项测量和综合测量：对个别的、彼此没有联系的某一单项参数的测量称为单项测量。同时测量零件的多个参数及其综合影响的测量为综合测量。用测量器具分别测出螺纹的中径、半角及螺距属单项测量；用螺纹量规的通端检测螺纹则属综合测量。

（5）被动测量和主动测量：产品加工完成后的测量为被动测量；正在加工过程中的测量为主动测量。被动测量只能发现和挑出不合格品。主动测量可通过其测得值的反馈，控制设备的加工过程，预防和杜绝不合格品的产生。

1.1.2 误差的认知

在检测与测量中，必定存在测量误差（Error）。测量是指人们用实验的方法，借助于一定的仪器或设备，将被测量与同性质的单位标准量进行比较，并确定被测量对标准量的倍数，从而获得关于被测量的定量信息。这种测量在日常生活中无处不在，也普遍存在于工业现场中。测量方法也多种多样。

通常把检测结果和被测量的客观真值之间的差值叫测量误差。误差主要产生于工具、环境、方法和技术等方面因素，下面有几个基本概念。

1. 误差的基本概念

1）绝对误差

绝对误差（Absolute Error）是仪表的指示值 x 与被测量的真值 x_0 之间的差值，记作 δ，

其表达式为

$$\delta = x - x_0 \tag{1-1}$$

绝对误差愈小,说明指示值愈接近真值,测量精度愈高。但这一结论只适用于被测量值相同的情况,而不能说明不同值的测量精度。例如,某测量长度的仪器,测量 10mm 的长度,绝对误差为 0.001mm;另一仪器测量 200mm 的长度,绝对误差为 0.01mm。这就很难按绝对误差的大小来判断测量精度高低了。这是因为后者的绝对误差虽然比前者大,但它相对于被测量的值却显得较小。为此,人们引入了相对误差的概念。

2) 相对误差

相对误差是仪表指示值的绝对误差 δ 与被测量真值 x_0 的比值,常用百分数表示,其表达式为

$$r = \frac{\delta}{x_0} \times 100\% = \frac{x - x_0}{x_0} \times 100\% \tag{1-2}$$

相对误差能更好地说明测量的精确程度。在上面的例子中,其相对误差分别为

$$r_1 = \frac{0.001}{10} \times 100\% = 0.01\%$$

$$r_2 = \frac{0.01}{200} \times 100\% = 0.005\%$$

显然,后一种长度测量仪表更精确。在实际测量中,绝对准确的真值 x_0 是得不到的。因此,在常规的测量中,一般把比所用的测量仪表更精确的标准表的测量结果作为被测量的真值。

使用相对误差来评定测量精度,也有局限性。它只能说明不同测量结果的准确程度,却不适用于衡量测量仪表本身的质量。因为同一台仪表在整个测量范围内的相对误差不是定值,随着被测量的减小,相对误差变大。为了更合理地评价仪表质量,采用了引用误差的概念。这里先介绍仪表的量程的概念,量程就是仪表测量范围上限值与下限值之差。如果仪表测量的物理量的下限为零,则所能测量的物理量的最大值等于其量程。

3) 引用误差

引用误差是绝对误差 δ 与仪表量程 L 的比值。通常以百分数表示,其表达式为

$$r_0 = \frac{\delta}{L} \times 100\% \tag{1-3}$$

如果在测量仪表整个量程中,可能出现的绝对误差最大值 δ_m 代替 δ,则可得到最大引用误差 r_{0m}。

$$r_{0m} = \frac{\delta_m}{L} \times 100\% \tag{1-4}$$

对一台确定的仪表或一个检测系统,最大引用误差就是一个定值。

4) 精度

测量仪表一般采用最大引用误差不能超过的允许值作为划分精度等级的尺度。工业仪表常见的精度等级有 0.05 级、0.1 级、0.2 级、0.5 级、1.0 级、1.5 级、2.0 级、2.5 级和 5.0 级。精度等级为 1.0 级的仪表,在使用时的最大引用误差不超过 ±1.0%,也就是说,在整个量程内它的绝对误差最大值不会超过其量程的 1%。

在具体测量某个量值时,相对误差可以根据精度等级所确定的最大绝对误差和仪表指示值进行计算。

2. 系统误差和随机误差

1) 系统误差

系统误差是传感器及检测装置固有的。在相同的条件下,多次重复测量同一量时,误差的大小和符号基本保持不变,或按照一定的规律变化,这种误差称为系统误差。既然它有一定的规律可循,因而可以采用一些办法来补偿与校正。

由于只能进行有限次数的重复测量,真值也只能用约定真值代替,因此如真值一样,系统误差及其原因不能完全获知,可能确定的系统误差只是其估计值,并具有一定的不确定度。这个不确定度也就是修正值的不确定度,它与其他来源的不确定度分量一样贡献给了合成标准不确定度。值得指出的是:不宜按过去的说法把系统误差分为已定系统误差和未定系统误差,也不宜说未定系统误差按随机误差处理。因为这里所谓的未定系统误差,其实并不是误差分量而是不确定度;而且所谓按随机误差处理,其概念也是不容易说得清楚的。

2) 随机误差

在相同条件下,多次测量同一量时,其误差的大小和符号以不可预见的方式变化,这种误差称为随机误差。随机误差符合数学中概率论的正态分布,对于小概率事件,在检测系统中一般属于不可信的数据,应该剔除,可以采用数学的方法实现减少误差。

随机误差大抵来源于影响量的变化,这种变化在时间上和空间上是不可预知的或随机的,它会引起被测量重复观测值的变化,故称之为“随机效应”。可以认为正是这种随机效应导致了重复观测中的分散性,我们用统计方法得到的实验标准(偏)差是分散性,确切地说是来源于测量过程中的随机效应,而并非来源于测量结果中的随机误差分量。

随机误差的统计规律性,主要可归纳为对称性、有界性和单峰性三条。

(1)对称性是指绝对值相等而符号相反的误差,出现的次数大致相等,即测得值是以它们的算术平均值为中心而对称分布的。由于所有误差的代数和趋近于零,故随机误差又具有抵偿性,这个统计特性是最为本质的;换言之,凡具有抵偿性的误差,原则上均可按随机误差处理。

(2)有界性是指测得值误差的绝对值不会超过一定的界限,即不会出现绝对值很大的误差。

(3)单峰性是指绝对值小的误差比绝对值大的误差数目多,即测得值是以它们的算术平均值为中心而相对集中地分布的。

1.1.3　量程与精度的选择

误差是影响测量精度的原因之一,它虽然不可避免,但可以尽量减小。如何来选择传感器的精度和量程呢?下面举个例子来比较说明。

例如,有一个 10MPa 的标准压力源,现有一个量程为 0～100MPa、0.5 级的压力传感器和一个量程为 0～15MPa、2.5 级的压力传感器,若用两个传感器来测量这一标准压力源,问哪个传感器测量误差小。

应用第一个传感器测量,最大绝对允许误差为

$$\delta_{m1} = \pm 0.5\% \times 100\text{MPa} = \pm 0.50\text{MPa}$$

应用第二个传感器测量,最大绝对允许误差为

$$\delta_{m2} = \pm 2.5\% \times 15\text{MPa} = \pm 0.375\text{MPa}$$

比较 δ_{m1} 和 δ_{m2} 可以看出:虽然第一个传感器比第二个传感器精度高,但用第一个传感器测量所产生的误差却比第二个传感器测量所产生的误差大。所以,在选用传感器时,并非精度越高越好。精度等级已知的测量仪表只有在被测量值接近满量程时,才能发挥它的测量精度。因此,使用测量仪表时,应当根据被测量的大小和测量精度要求,合理地选择传感器量程和精度等级,只有这样才能提高测量精度。

选择传感器的量程,工程中有一些成熟的经验,为了保证传感器能在安全范围内可靠地工作,传感器量程的选择不仅要依据被测量的大小,还应考虑被测量变化的速度,其量程应留有足够的余地。例如,使用传感器测量稳定压力时,最大工作压力不应超过传感器量程的 2/3。根据工程经验,一般使传感器工作在其量程的 30%～70%。

1.2 传感器的基础知识

本节内容思维导图如图 1-3 所示。

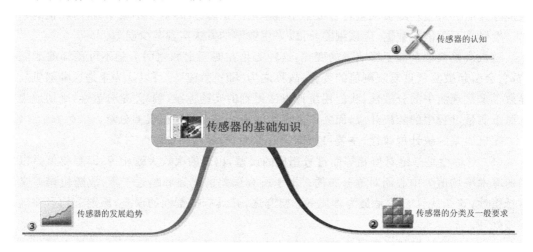

图 1-3　1.2 节思维导图

人类通过五官(视、听、嗅、味、触)接收外界的信息,经过大脑的思维(信息处理)后,做出相应的动作。同样,如果用计算机控制的自动化装置来代替人的劳动,则可以说电子计算机相当于人的大脑(俗称电脑),而传感器则相当于人的五官部分("电五官"),如图 1-4 所示。为了很好地将体力劳动和脑力劳动进行协调,要求传感器、电子计算机和执行器三者之间相互协调才行。

伴随信息时代的到来,传感器已是获取自然界和生产领域中相关信息的主要途径与手段。作为模拟人脑的电子计算机发展极为迅速,同时"电五官"传感器的缓慢发展也逐渐引起人们的关注和重视。当传感器技术在工业自动化、军事国防和以宇宙开发、海洋开发为代表的尖端科学与工程等重要领域广泛应用的同时,它正以自己巨大的潜力,向与人们生活密切相关的生物工程、交通运输、环境保护、安全防范、家用电器和网络家居等方面渗透,并在日新月异地发展。

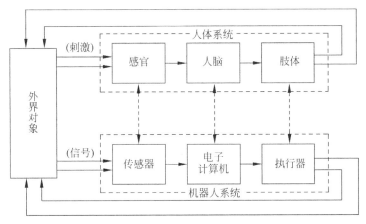

图 1-4 人体与机器人系统的对应关系

1.2.1 传感器的认知

1. 传感器的作用

传感器实际上是一种功能块,其作用是将来自外界的各种信号转换成电信号。近年来传感器所能够检测的信号显著增加,因而其品种也极其繁多。为了对各种各样的信号进行检测、控制,就必须获得尽量简单且易于处理的信号,因为电信号能较容易地进行放大、反馈、滤波、微分、存储和远距离操作等,作为一种功能块,传感器可以狭义地被定义为"将外界的输入信号变换为电信号的一类元件",如图 1-5 所示。

图 1-5 传感器的作用

2. 传感器的定义

根据中华人民共和国国家标准,传感器的定义是:能感受规定的被测量并按照一定的规律转换成可用输出信号的器件或装置。传感器是一种以一定的精确度把被测量转换为与之有确定对应关系的、便于应用的某种物理量的测量装置。其包含以下几层含义:传感器是测量装置,能完成检测任务;它的输入量是某一被测量,可能是物理量,也可能是化学量、生物量等;输出量是某种物理量,这种量要便于传输、转换、处理、显示等,这种量可以是气、光和电量,但主要是电量;输入输出有对应关系,且要求有一定的精确度。

3. 传感器的组成

如图 1-6 所示,传感器一般由敏感元件、转换元件和信号调理与转换电路三部分组成。

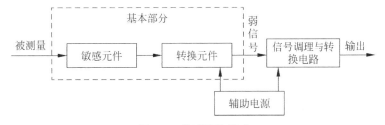

图 1-6 传感器的组成

（1）敏感元件：直接感受被测量，并输出与被测量成确定关系的某一物理量的元件。

（2）转换元件：以敏感元件的输出为输入，把输入转换成电路参数。

（3）信号调理与转换电路：上述电路参数接入信号调理与转换电路，便可转换成电量输出。

实际上，有些传感器很简单，仅由一个敏感元件（兼作转换元件）组成，它感受被测量时直接输出电量，如热电偶；有些传感器由敏感元件和转换元件组成，没有转换电路；有些传感器的转换元件不止一个，要经过若干次转换。

1.2.2 传感器的分类及一般要求

1. 传感器的分类

传感器种类繁多，目前常用的分类有两种：一种是以被测量来分，另一种是以传感器的原理来分，见表 1-1 和表 1-2。

表 1-1 按被测量分类

被测量类别	被 测 量
热工量	温度、热量、比热；压力、压差、真空度；流量、流速、风速
机械量	位移（线位移、角位移）；尺寸、形状；力、力矩、应力；重量、质量；转速、线速度；振动幅度、频率、加速度、噪声
物性和成分量	气体化学成分、液体化学成分；酸碱度（pH）、盐度、浓度、黏度；密度、比重
状态量	颜色、透明度、磨损量、材料内部裂缝或缺陷、气体泄漏、表面质量

表 1-2 按传感器的原理分类

序号	工作原理	序号	工作原理
1	电阻式	8	光电式（红外式、光导纤维式）
2	电感式	9	谐振式
3	电容式	10	霍耳式（磁式）
4	阻抗式（电涡流式）	11	超声式
5	磁电式	12	同位素式
6	热电式	13	电化学式
7	压电式	14	微波式

以被测量来分类时，使用的对象比较明确；以工作原理来分类时，传感器采用的原理比较清楚。此外，传感器还可按输出量、基本效应、能量变换关系以及所蕴含的技术特征等分类，如图 1-7 所示。

2. 传感器的一般要求

由于各种传感器的原理、结构与使用环境、条件、目的不同，其技术指标也不可能相同，但一般要求基本上是相同的。

（1）足够的工作范围：传感器的工作范围或量程足够大，具有一定的过载能力。

（2）灵敏度高，精度适当：要求其输出信号与被测信号成确定的关系（通常为线性），且比值要大；传感器的静态响应与动态响应的准确度能满足要求。

（3）响应速度快，工作稳定，可靠性好。

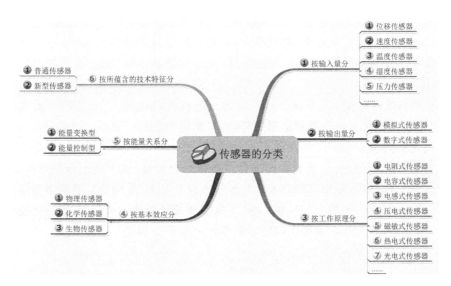

图 1-7　传感器的分类

（4）实用性和适应性强：体积小，重量轻，动作能量小，对被测对象的状态影响小；内部噪声小且又不易受外界干扰的影响；其输出力求采用通用或标准形式，以便与系统对接。

（5）使用经济：成本低，寿命长，且便于使用、维修和校准。

当然，能完全满足上述性能要求的传感器是很少的。我们应根据应用目的、使用环境、被测对象状况、精度要求和原理等具体条件进行全面综合考虑。

1.2.3　传感器的发展趋势

当前，传感器技术的主要发展动向一是开展基础研究，发现新现象，开发传感器的新材料和新工艺；二是实现传感器的集成化与智能化。

（1）发现新现象，开发新材料：新现象、新原理、新材料是发展传感器技术，研究新型传感器的重要基础，每一种新原理、新材料的发现都会伴随着新的传感器种类的诞生。

（2）集成化，多功能化：向敏感功能装置发展。传感器的集成化积极地将半导体集成电路技术及其开发思想应用于传感器制造。如采用厚膜和薄膜技术制作传感器；采用微细加工技术（MicroElectro-Mechanical System，MEMS）制作微型传感器等。

（3）向未开发的领域挑战：生物传感器。到目前为止，正大力研究、开发的传感器大多为物理传感器，今后应积极开发研究化学传感器和生物传感器。特别是智能机器人技术的发展，需要研制各种模拟人的感觉器官的传感器，如已有的力觉、触觉传感器、味觉传感器等。

（4）智能传感器：具有判断能力、学习能力的传感器。事实上是一种带微处理器的传感器，它具有检测、判断和信息处理功能。如日本欧姆龙公司制作的 ST-3000 型智能传感器，采用半导体工艺，在同一芯片上制作 CPU、EPROM 与静态压力、压差和温度三种敏感元件。

从构成上看，智能式传感器是一个典型的以微处理器为核心的计算机检测系统。它一般由如图 1-8 所示的几个部分构成。

与一般传感器相比，智能式传感器具有以下几个显著特点。

（1）精度高：由于智能式传感器具有信息处理的功能，因此通过软件不仅可以修正各种确定性系统误差(如传感器输入输出的非线性误差、温度误差、零点误差、正反行程误差等),还可以适当地补偿随机误差,降低噪声,从而使传感器的精度大大提高。

(2)稳定性、可靠性好:它具有自诊断、自校准和数据存储功能,对于智能结构系统还有自适应功能。

(3)检测与处理方便:它不仅具有一定的可编程自动化能力,根据检测对象或条件的改变,方便地改变量程及输出数据的形式等,而且输出的数据可以通过串行通信线直接送入远地计算机进行处理。

(4)功能广:它不仅可以实现多传感器多参数综合测量,扩大测量与使用范围,还可以有多种形式输出(如串行输出,IEEE-488 总线输出以及经 D/A 转换后的模拟量输出等)。

(5)性价比高:在相同精度条件下,多功能智能式传感器与单一功能的普通传感器相比,性能价格比高,尤其是在采用比较便宜的单片机后更为明显。

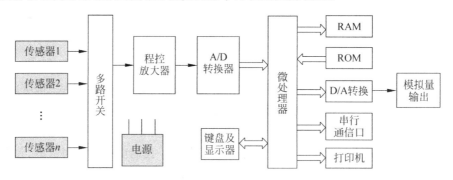

图 1-8 智能化传感器的构成

1.3 传感器的特性

本节内容思维导图如图 1-9 所示。

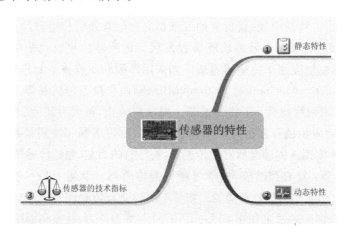

图 1-9 1.3 节思维导图

传感器的特性主要是指输入与输出的关系,包括静态特性和动态特性。了解传感器的静态特性和动态特性对选择传感器很有帮助,它能展现出该传感器的各项指标,仔细辨别就可以知道它是否适用于所需要的场合。

1.3.1 静态特性

传感器的静态特性表示传感器在被测量各个值处于稳定状态时的输入输出关系,即当输入量为常量或变化极慢时,这一关系就称为静态特性。总是希望传感器的输出与输入成唯一的对应关系,最好是线性关系,但是一般情况下,输出与输入不会符合所要求的线性关系。同时,由于迟滞、蠕变、摩擦等因素的影响,输出输入对应关系的唯一性也不能实现。外界环境对传感器的影响不可忽视,其影响程度取决于传感器本身,如图1-10所示。

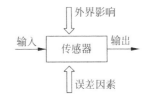

图1-10 传感器输入输出作用图

通常用来描述静态特性的指标有:测量范围、线性度、迟滞特性、重复性、灵敏度、分辨力、稳定性、漂移等。其中,误差因素是影响传感器静态特性的主要技术指标。

1. 线性度

线性度是用实测的检测系统输入-输出特性曲线与拟合直线之间最大偏差 Δ_m 与满量程输出 Y_{FS} 的百分比来表示的,其表达式为

$$e_f = \frac{\Delta_m}{Y_{FS}} \times 100\% \qquad (1\text{-}5)$$

2. 迟滞特性

传感器在正(输出量增大)、反(输出量减小)行程中输出曲线不重合称为迟滞,如图1-11所示。也就是说,对应于同一大小的输入信号,传感器的输出信号大小不相等。一般由实验方法测得迟滞误差,并以满量程输出的百分数表示,即

$$e_H = \pm \frac{\Delta H_{max}}{Y_{FS}} \times 100\% \qquad (1\text{-}6)$$

式中:ΔH_{max}——正反行程间输出的最大差值。

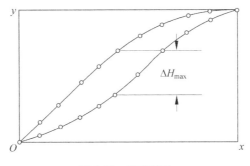

图1-11 迟滞特性

迟滞误差也称回程误差,常用绝对误差表示。它反映了传感器的机械部分和结构材料方面不可避免的弱点,如轴承摩擦、间隙等。

3. 重复性

重复性是指传感器在输入按同一方向做全量程连续多次变动时所得曲线不一致的程度。

如图 1-12 所示,正行程的最大重复性偏差为 ΔR_{max1},反行程的最大重复性偏差为 ΔR_{max2}。

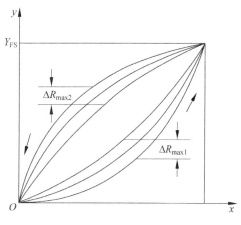

图 1-12　为校正曲线的重复特性

重复性偏差取这两个最大偏差中的较大者为 ΔR_{max},再以满量程输出 Y_{FS} 的百分数表示,即

$$e_R = \pm \frac{\Delta R_{max}}{Y_{FS}} \times 100\% \qquad (1-7)$$

4. 灵敏度

传感器输出的变化量 Δy 与引起该变化量的输入量变化 Δx 之比即为其静态灵敏度,表达为

$$K = \frac{\Delta y}{\Delta x} \qquad (1-8)$$

传感器校准曲线的斜率就是其灵敏度。线性传感器,其特性的斜率相同,灵敏度 K 是常数。以拟合直线作为其特性的传感器,也可认为其灵敏度为一常数,与输入量的大小无关。非线性传感器的灵敏度不是常数,应以 dy/dx 表示。由于某些原因,会引起灵敏度变化,产生灵敏度误差。灵敏度误差表示为

$$e_s = (\Delta k/k) \times 100\% \qquad (1-9)$$

5. 分辨力

分辨力指传感器能检测到的最小的输入增量。分辨力可用绝对值表示,也可用满量程的百分数表示。

6. 稳定性

稳定性是指传感器在长时间工作的情况下输出量发生的变化,有时称为长时间工作稳定性或零点漂移。测试时先将传感器输出调至零点或某一特定点,相隔 4h、8h 或一定的工作次数后,再读出输出值,前后两次输出值之差即为稳定性误差。

7. 漂移

漂移指在一定时间间隔内,传感器输出量存在着与被测输入量无关的、不需要的变化。漂移包括零点漂移与灵敏度漂移。零点漂移或灵敏度漂移又可分为时间漂移(时漂)和温度漂移(温漂)。时漂是指在规定条件下,零点或灵敏度随时间缓慢变化。温漂是指周围温度变化引起的零点或灵敏度漂移。

1.3.2　动态特性

传感器的动态特性是指传感器对动态激励(输入)的响应(输出)特性,即其输出对随时间变化的输入量的响应特性。一个动态特性好的传感器,其输出随时间变化的规律(输出变化曲线),将能再现输入随时间变化的规律(输入变化曲线),即输出输入具有相同的时间函数。但实际上,由于制作传感器的敏感材料对不同的变化会表现出一定程度的惯性(如温度测量中的热惯性),因此输出信号与输入信号并不具有完全相同的时间函数,这种输入与输出间的差异称为动态误差,动态误差反映的是惯性延迟所引起的附加误差。

设计传感器时,要根据其动态性能要求与使用条件选择合理的方案和确定合适的参数。使用传感器时,要根据其动态性能要求与使用条件确定合适的使用方法,同时对给定条件下

的传感器动态误差做出估计。总之,动态特性是传感器性能的一个重要指标,在测量随时间变化的参数时,只考虑静态性能指标是不够的,还要注意其动态性能指标,如一阶传感器动态特性指标有静态灵敏度和时间常数 τ 等。

1.3.3　传感器的技术指标

对于一种具体的传感器,并不要求全部指标都必须具备,只要根据自己的实际需要保证主要的参数即可。表 1-3 列出了传感器的一些常用指标。

表 1-3　传感器的性能指标一览

基本参数指标	环境参数指标	可靠性指标	其他指标
量程指标: 　量程范围、过载能力等 **灵敏度指标:** 　灵敏度、满量程输出、分辨力、输入输出阻抗等 **精度方面的指标:** 　精度(误差)、重复性、线性、回差、灵敏度误差、阈值、稳定性、漂移、静态误差等 **动态性能指标:** 　固有频率、阻尼系数、频响范围、频率特性、时间常数、上升时间、响应时间、过冲量、衰减率、稳态误差、临界速度、临界频率等	**温度指标:** 　工作温度范围、温度误差、温度漂移、灵敏度温度系数、热滞后等 **抗冲振指标:** 　各向冲振容许频率、振幅值、加速度、冲振引起的误差等 **其他环境参数:** 　抗潮湿、抗介质腐蚀、抗电磁场干扰能力等	工作寿命、平均无故障时间、保险期、疲劳性能、绝缘电阻、耐压、反抗飞弧性能等	**使用方面:** 　供电方式(直流、交流、频率、波形等)、电压幅度与稳定度、功耗、各项分布参数等 **结构方面:** 　外形尺寸、重量、外壳、材质、结构特点等 **安装连接方面:** 　安装方式、馈线、电缆等

1.4　传感器的标定

本节内容思维导图如图 1-13 所示。

任何一种传感器在装配完后都必须按设计指标进行全面严格的性能鉴定。使用一段时间(中国计量法规定一般为一年)或经过修理后,也必须对主要技术指标进行校准实验,以确保传感器的各项性能指标达到要求。传感器标定就是利用精度高一级的标准器具对传感器进行定度的过程,从而确立传感器输出量和输入量之间的对应关系,同时也确定不同使用条件下的误差关系。为了保证各种被测量量值的一致性和准确性,很多国家都建立了一系列计量器具(包括传感器)检定的组织、规程和管理办法。我国是由国家计量局、中国计量科学研究院和部、省、市计量部门以及一些企业的计量站进行制定和实施。工程测量中传感器的标定,应在与其使用条件相似的环境下进行。为获得高的标定精度,应将传感器及其配用的电缆(尤其像电容式、压电式传感器等)、放大器等测试系统一起标定。根据系统的用途,输入既可以是静态的也可以是动态的,因此传感器的标定有静态和动态标定两种。

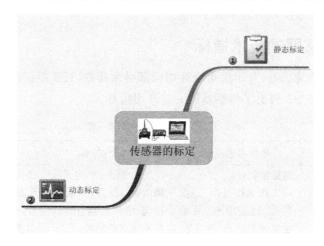

图 1-13　1.4 节思维导图

1.4.1　传感器的静态标定

静态标定主要用于检验测试传感器的静态特性指标,如线性度、灵敏度、滞后和重复性等。根据传感器的功能,静态标定首先需要建立静态标定系统,其次要选择与被标定传感器的精度相适应的一定等级的标定用仪器设备。如图 1-14 所示为应变式测力传感器静态标定设备系统框图。测力机用来产生标准力,高精度稳压电源经精密电阻箱衰减后向传感器提供稳定的电源电压,其值由数字电压表读取,传感器的输出由高精度数字电压表读出。

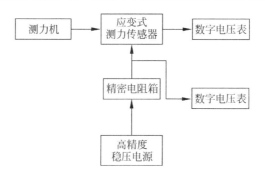

图 1-14　应变式测力传感器静态标定系统

由上述系统可知:

(1)传感器的静态标定系统一般由以下几部分组成。

① 被测物理量标准发生器,如测力机。

② 被测物理量标准测试系统,如标准力传感器、压力传感器等。

③ 被标定传感器所配接的信号调节器和显示、记录器等。所配接的仪器精度应是已知的,也作为标准测试设备。

(2)各种传感器的标定方法不同,具体标定步骤如下。

① 将传感器测量范围分成若干等间距点。

② 根据传感器量程分点情况,输入量由小到大逐渐变化,并记录各输入输出值。

③ 将输入值由大到小慢慢减少,同时记录各输入输出值。

④ 重复上述两步,对传感器进行正反行程多次重复测量,将得到的测量数据用表格列出或绘制成曲线。

⑤ 进行测量数据处理,根据处理结果确定传感器的线性度、灵敏度、滞后和重复性等静态特性指标。

1.4.2　传感器的动态标定

一些传感器除了静态特性必须满足要求外,其动态特性也需要满足要求。因此在进行静态校准和标定后,还需要进行动态标定,以便确定它们的动态灵敏度、固有频率和频响范围等。传感器进行动态标定时,需有一标准信号对它激励,常用的标准信号有两类:一类是周期函数,如正弦波等;另一类是瞬变函数,如阶跃波等。用标准信号激励后得到传感器的输出信号,经分析计算、数据处理,便可决定其频率特性,即幅频特性、阻尼和动态灵敏度等。

应　用　篇

1.5　压力开关的校验

1.5.1　压力开关

压力开关是一种简单的压力控制装置,当被测压力达到额定值时,压力开关动作,可发出警报或控制信号。

压力开关在使用过程中有诸多优点,例如,压力开关采用密封式不锈钢感应器,使用安全可靠;压力范围内可根据用户任意选定的压力值进行制造;有参考刻度的内部调整和防误操作盒盖的外部调整两种调整方式;使用寿命长、防爆、耐腐蚀等。所以,压力开关的使用范围很广泛,可用于电力、化工、石油、钢铁、加工制造等各种工业过程,也可用于爆炸区域及含有腐蚀性气体的环境中,对设备和人员安全起保护作用。

1. 压力开关的工作原理

压力开关用于检测压力值,输出开关量信号,当被测压力超过额定值时,将改变开关元件的通断状态,达到控制被测压力的目的。

2. 压力开关的种类

压力开关按照开关形式分为常开式和常闭式,按照工作原理分为机械式压力开关和电子式压力开关。机械式压力开关为纯机械形变导致微动开关动作。当压力增加时,作用在不同的弹性元件(膜片、波纹管、活塞)上将产生形变并向上移动,通过控制杆、弹簧等机械结构,最终启动最上端的微动开关,使电信号输出,机械式压力开关的实物图如图 1-15 所示。用户可以通过调整机械结构改变压力开关的动作压力值。电子式压力开关主要采用压力传感器进行压力采样。通过压力传感器直接将非电量(压力)转换为可直接测量的电量(电压或电流),再通过信号调理电路对传感器信号进行放大和归整处理,最后通过比较电路,使该器件在所设定的压力门限上输出电平是某一逻辑状态,这个逻辑电平可输入到微控制器,驱动后部电路或控制电开关,电子式压力开关的实物图如图 1-16 所示。用户可以通过设定电平转换门限来决定压力开关的动作压力值。

图 1-15 机械式压力开关   图 1-16 电子式压力开关

3. 机械式压力开关主要敏感元件

1）波登管

普通型压力开关均采用此类敏感元件,主要材质有不锈钢、磷青铜等,测量范围广泛。带有波登管的压力开关结构图如图 1-17 所示。

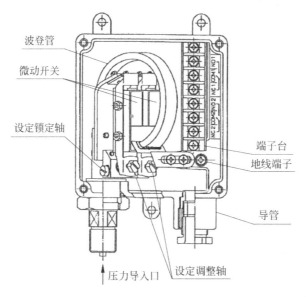

图 1-17 波登管压力开关结构图

2）波纹管

波纹管压力开关耐久性及耐振性较波登管好,死区可调范围大,主要材质有不锈钢、磷青铜等,价格相对较高,但可测压力范围较小。带有波纹管的压力开关结构图如图 1-18 所示。

3）膜片

膜片压力开关具有出色的耐腐蚀性,带有膜片的压力开关结构图如图 1-19 所示。

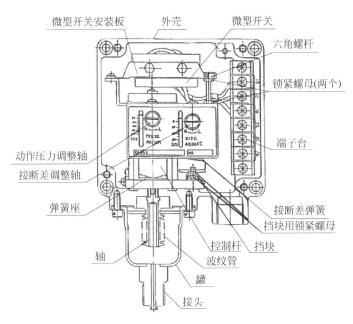

图 1-18 波纹管压力开关结构图

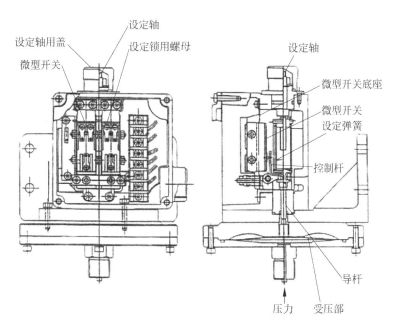

图 1-19 膜片压力开关结构图

4. 压力开关的参数

（1）精度：表示设备精准程度的值，将最大引用误差不能超过的允许值作为划分精度等级的尺度。

（2）最大压力：压力范围的最大值。

（3）满量程：压力范围最大值和最小值的差值。

（4）死区：是指压力开关设定动作值和恢复值的差值，例如，当设定值为 1MPa，实际复位值为 0.9MPa 时,死区为 0.1MPa。

(5) 工作温度:是指压力开关的内部机构、敏感元件等工作时不会发生持续变形的温度范围。一般压力开关推荐工作温度范围为 $-5\sim400℃$,若介质温度过高时,可考虑使用降温措施。

(6) 耐压:压力开关保持其正常性能所能承受的最大压力。但是当压力开关用于过压场合时,敏感元件将会产生持续形变,这时压力设定值将变化,压力开关将不能发挥其正常性能甚至可能损坏。

1.5.2　压力开关的校验概述

压力开关的校验就是利用高精度标准表对压力开关主要技术指标进行校准实验,确保各项性能指标达到要求。本部分以一款 BETA 生产的机械式压力开关为例介绍压力开关的校验过程。

1. 校验过程

1) 校验准备

环境要求:在室温(20±5)℃、相对湿度为 45%～75% 的恒温室进行。校验前,压力开关须在环境条件下放置 2h 以上,方可进行校验。

使用工具:扳手、十字螺钉旋具、一字螺钉旋具等。

使用设备:便携式压力泵、数字压力标准表、万用表、绝缘电阻表和校验表格。

便携式压力泵的造压系统作为压力计量不可缺少的辅助设备,在压力校验工作中必不可少。它可以通过加压手柄进行加压并使用旋钮调节压力大小或者直接泄压,其气密性、耐用性和简便性能良好,常见的工作介质包括空气、水和油,实物图如图 1-20 所示。

数字压力标准表用于显示校验系统的压力值,选择数字式的可以使读数更加直观和快捷。根据规定,数字压力标准表的最大允许误差绝对值不得大于被检压力开关的最大允许误差绝对值的 1/4,所以在校验开始前应合理选择数字压力标准表,其实物图如图 1-21 所示。

图 1-20　便携式压力泵　　　　图 1-21　数字压力标准表

万用表的用途主要是测量阻值、电压、电流,有的还能测频率、三极管等。在压力开关校验工作中,万用表的作用主要是使用电阻挡来检测触头的通断,可以打开蜂鸣挡提示压力开关是否动作,其实物图如图 1-22 所示。

绝缘电阻表又称摇表或者兆欧表,是用来测量大电阻和绝缘电阻的专用仪器。它由一个手摇发电动机和一个磁电式比率表构成,手摇发电动机提供一个便于携带的高电压测量电源,电压范围为500～5000V,磁电式比率表是测量两个电流比值的仪表,由电磁力产生反作用力矩来测量电器设备的绝缘电阻值。根据其测量结果,可以简单地鉴别电气设备绝缘的好坏。常用绝缘电阻表的额定电压为500V、1000V、2500V等几种,它的标度尺单位是"兆欧"。一般规程规定测量额定电压在500V以下的设备时,宜选用500～1000V的绝缘电阻表;额定电压500V以上时,应选用1000～2500V的绝缘电阻表,其实物图如图1-23所示。

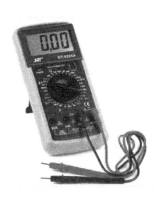

图 1-22 万用表

图 1-23 绝缘电阻表

校验表格是事先准备好的,方便在校验过程中进行信息采集、数据记录、计算并得出结果。如表1-4所示,表格中除了需要记录被校压力开关和标准仪器的详细信息外,更为重要的是需要对校验数据进行记录和计算并得出校验结果。最后,校验人员需要在表格的右下方签字。

2) 校验开始(以设定值为大于0.2MPa动作且使用端子为常开触点的压力开关为例)

外观检查。压力开关的铭牌应完整、清晰并具有以下信息:产品名称、型号规格、测量范围、准确度等级、额定工作压力等主要技术指标;制造厂的名称或商标、出厂编号、制造年月、制造计量器具许可证标志及编号;防爆产品还应有相应的防爆标志。另外,打开压力开关检查其零部件应完好无损,紧固件不得有松动和损伤现象,可动部分应灵活可靠。首次校验的压力开关的外壳、零件表面涂覆层应光洁、完好、无锈蚀和霉斑。

绝缘性检查。使用500V绝缘电阻表进行绝缘性检查,端子与外壳之间、不相连端子之间以及触头断开时的两端子之间应当是绝缘的,绝缘电阻应大于20MΩ。

密封性检查。压力开关所有管线连接处应无漏液或漏气现象,将压力开关和数字压力标准表装在压力泵上,关闭泄压阀,用加压手柄进行加压,至压力开关的量程上限保持2min,要求数字压力标准表示值无下降现象,确认管路无泄漏。如果数字压力标准表示值下降,则需重新紧固后确认无泄漏再进行校验。

记录动作值和恢复值。将压力开关和数字压力标准表安装在便携式压力泵上,使用压力泵将压力升高到设定值以下,旋紧压力泵旋钮将压力维持住,使用万用表的表笔接触常开端子,调节压力微调旋钮,慢慢升高压力至触点动作,当万用表显示常开触点已经闭合(电阻

表 1-4　压力开关校验记录表

班组：		校验日期＿＿＿年＿＿＿月＿＿＿日	
被校开关 名称：　　　　　　　　　　　　编码： 型号：　　　　　　　　　　　　厂家： 量程：			
标准仪器 名称型号： 制造厂家：　　　　　　　　　　编号：			
校验记录 触点类型：＿＿＿＿＿　　　接触电阻：＿＿＿＿Ω　　　绝缘电阻：＞20MΩ			
定值（　）	动作平均值（　）	回差平均值（　）	备注
	动作值　　恢复值	回差	
第一次			
第二次			
第三次			
设定值偏差			
设定值偏差/量程/％			
校验结果			
			校验员＿＿＿＿＿

值很小或者为零），记录动作值。然后将压力缓缓下降至触点再次动作，当万用表显示常开触点已经断开（电阻值很大或者正无穷），记录恢复值。可以将万用表拨到蜂鸣挡，方便了解通断状态。

　　此过程要求完成三次以上，将所有动作值和恢复值的数据记录在校验表格上。需要注意的是对于设定值大于一定压力值动作的压力开关是这样校验的，那对于设定值小于一定压力值动作的压力开关如何操作呢？答案是需要将压力升高到设定值以上逐渐降压，记录动作值，压力开关动作后再慢慢升压至触点再次动作，记录恢复值。经过三次以上的反复测量，得到动作值和恢复值数据，检查一下这些数据有没有异常，如果没有可以进行下一步计算。

3） 结果处理

将压力开关和标准仪器的信息（名称、编号、厂家、型号、量程等）写入表格，进行三个循环后，根据记录表格计算动作平均值，设定值偏差即为动作平均值和设定值的差。根据记录表格计算回差的平均值，回差即为动作值和恢复值的差。

根据《压力控制器检定规程》的要求（见表 1-5），压力开关设定值偏差应不大于对应的准确度等级，需要注意的是设定值偏差允许值是百分数，计算时需要除以量程再乘以 100%，得到百分数后再进行比较。《压力控制器检定规程》还要求回差不可调的控制器，回差应不大于量程的 10%，回差可调的控制器，最小回差应不大于量程的 10%，最大回差应不大于量程的 30%。

表 1-5 压力开关设定值偏差要求表

准确度等级	设定值偏差允许值/%
0.5 级	±0.5 级
1.0 级	±1.0 级
1.5 级	±1.5 级
2.0 级	±2.0 级
2.5 级	±2.5 级
4.0 级	±4.0 级

通过查看铭牌和说明书信息，此压力开关的量程为 0.31MPa，准确度等级为 1.0 级，回差可调。针对三次校验循环后的记录数据进行计算，如表 1-6 所示，动作平均值为 0.2017MPa，设定值偏差为 0.0017MPa，除以量程乘以 100% 后，其百分数为 0.55%，小于 1%。同时回差平均值为 0.0075MPa，也小于量程的 10%，所以设定值偏差和回差都符合要求，校验合格。最后，校验合格的压力开关出具检定证书，贴好标签，校验不合格的压力开关出具检定结果通知书，并注明不合格项目。

表 1-6 校验记录和计算数据表

校验记录			
触点类型：常开	接触电阻：0.1Ω	绝缘电阻：>20MΩ	
定值(0.2MPa)	动作平均值(0.2017)	回差平均值(0.0075)	备注
	动作值	恢复值	回差	
第一次	0.2024	0.1942	0.0082	
第二次	0.2014	0.1943	0.0071	
第三次	0.2014	0.1942	0.0072	
设定值偏差	0.0017		
设定值偏差/量程/%	$\dfrac{0.0017}{0.31}\times100\%=0.55\%$		

2. 校验注意事项

（1）校验时便携式压力泵的工作介质可以是无毒无害的气体或液体。

（2）校验时应无影响计量性能的机械振动。

（3）校验周期一般不超过一年。

（4）未进行校验或超出校验有效期的压力开关不得使用。已校验合格的压力开关应有合格标记，保存校验证书，经常检查已校验仪器的校验周期和校验时间，保证仪器始终处于校验有效期内。

小结

传感器是一种检测装置，能感受到被测量的信息，并能将检测感受到的信息，按一定规律变换成为电信号或其他所需形式的信息输出，以满足信息的传输、处理、存储、显示、记录和控制等要求。它是实现自动检测和自动控制的首要环节。

传感器技术的主要发展方向，一是开展基础研究，发现新现象，开发传感器的新材料和新工艺；二是实现传感器的集成化与智能化。

在检测与测量中，必定存在测量误差，通常把检测结果和被测量的客观真值之间的差值叫作测量误差。绝对误差是仪表的指示值与被测量的真值之间的差值，相对误差是仪表指示值的绝对误差与被测量真值的比值，引用误差是绝对误差与仪表量程的比值，对一台确定的仪表或一个检测系统，最大引用误差就是一个定值。测量仪表一般采用最大引用误差不能超过的允许值作为划分精度等级的尺度。在选用传感器时，并非精度越高越好。精度等级已知的测量仪表只有在被测量值接近满量程时，才能发挥它的测量精度。因此，使用测量仪表时，应当根据被测量的大小和测量精度要求，合理地选择仪表量程和精度等级，只有这样才能提高测量精度。

传感器的特性主要是指输入与输出的关系，包括静态特性和动态特性。了解传感器的静态特性和动态特性，对选择传感器很有帮助，它能展现出该传感器的各项指标。

传感器标定就是利用精度高一级的标准器具对传感器进行定度的过程，从而确立传感器输出量和输入量之间的对应关系。同时也确定不同使用条件下的误差关系。

请你做一做

一、填空题

1. 衡量传感器静态特性的重要指标是_____、_____、_____、_____等。

2. 通常传感器由_____、_____、_____三部分组成，是能把外界_____转换成_____的器件和装置。

3. 传感器灵敏度是指达到稳定状态时_____与_____的比值。

4. 传感器的输出信号形式分为_____和_____。

5. 传感器对随时间变化的输入量的响应特性叫作_____。

6. 某位移传感器，当输入量变化 5mm 时，输出电压变化 300mV，其灵敏度为_____。

7. _____是最大的绝对误差与仪表量程的比值，可以衡量测量仪表的品质。

8. _____指传感器能检测到的最小的输入增量。

9. 压力控制器的校验周期一般不超过_____年。

10. _____又称摇表或者兆欧表，是用来测量大电阻和绝缘电阻的专用仪器。

二、选择题

1. 属于传感器静态特性指标的是(　　　)。
   A. 固有频率　　　　　B. 临界频率　　　　　C. 阻尼比　　　　　D. 重复性

2. 衡量传感器静态特性的指标不包括(　　　)。
   A. 线性度　　　　　B. 灵敏度　　　　　C. 频域响应　　　　　D. 重复性

3. 自动控制技术、通信技术,连同计算机技术和(　　　),构成信息技术的完整信息链。
   A. 汽车制造技术　　　B. 建筑技术　　　C. 传感技术　　　D. 监测技术

4. 随着人们对各项产品技术含量的要求的不断提高,传感器也朝向智能化方面发展,其中,典型的传感器智能化结构模式是(　　　)。
   A. 传感器+通信技术　　　　　　　　B. 传感器+微处理器
   C. 传感器+多媒体技术　　　　　　　D. 传感器+计算机

5. 传感器按其敏感的工作原理,可以分为物理型、化学型和(　　　)三大类。
   A. 生物型　　　　　B. 电子型　　　　　C. 材料型　　　　　D. 薄膜型

6. 若将计算机比喻成人的大脑,那么传感器则可以比喻为(　　　)。
   A. 眼睛　　　　　B. 感觉器官　　　　　C. 手　　　　　D. 皮肤

7. 传感器主要完成两个方面的功能:检测和(　　　)。
   A. 测量　　　　　B. 感知　　　　　C. 信号调节　　　　　D. 转换

8. 以下传感器中属于按传感器的工作原理命名的是(　　　)。
   A. 应变式传感器　　　　　　　　　　B. 速度传感器
   C. 化学型传感器　　　　　　　　　　D. 能量控制型传感器

三、判断题

1. (　　)传感器是实现自动检测和自动控制的首要环节。

2. (　　)传感器需要有足够的工作范围和一定的过载能力。

3. (　　)传感器的灵敏度越高越好。

4. (　　)量程就是仪表测量上限值和下限值之差。

5. (　　)精度常见的有:0.05级、0.1级、0.2级、0.5级等,其中,0.5级的测量最精确。

6. (　　)传感器在正向行程和反向行程中输出曲线不重合称为重复性。

7. (　　)漂移一般指的是零点漂移。

8. (　　)未进行校验或超出校验有效期的压力开关不得使用。

9. (　　)压力开关按照工作原理分为常开式和常闭式。

10. (　　　)多次重复测量同一个量,误差大小和符号基本保持不变或者按照一定规律变化,这种误差是系统误差。

四、简答题

1. 衡量传感器的静态特性主要有哪些? 说明它们的含义。

2. 随机误差的特点是什么?

3. 什么是传感器动态特性和静态特性? 简述在什么条件下只研究静态特性就能够满足通常的需要。

4. 传感器的一般要求有哪些?

5. 压力开关的绝缘性和密闭性如何检查？

五、综合题

1. 有三台测温仪表，量程都是 0~800℃，精度等级分别是 2.5 级、2.0 级和 1.5 级。现要测量 500℃ 的温度，要求相对误差不超过 2.5%，问选哪台测温仪表比较合适？

2. 现有一个量程为 100mV，表盘为 100 等分刻度的毫伏表进行校准，测得数据如表 1-7 所示。

表 1-7　测量数据

仪表刻度值/mV	0	10	20	30	40	50	60	70	80	90	100
标准仪表示数/mV	0.0	9.9	20.2	30.4	39.8	50.2	60.4	70.3	80.1	89.8	100.0
绝对误差/mV											

试将各校准点的绝对误差填入表格并确定该毫伏表的精度等级。

第2章

CHAPTER 2

温度的检测

本章学习目标

- 掌握不同温度传感器的测温原理和方法。
- 了解日常生活中温度传感器的应用。
- 熟练掌握空调温度传感器选型、安装、调试技巧。

温度传感器就是指能感受温度并转换成可用输出信号的传感器。温度传感器是温度测量仪表的核心部分,品种繁多。本章的学习任务就是在掌握热电阻、热敏电阻和热电偶等温度传感器工作原理的基础上,熟悉温度传感器在一些领域的典型应用,通过基础篇和应用篇的学习,读者将具备根据具体需求选择不同类型温度传感器的能力,现在就让我们一起来看看有关温度传感器的相关知识与应用吧!

本章内容的思维导图如图 2-1 所示。

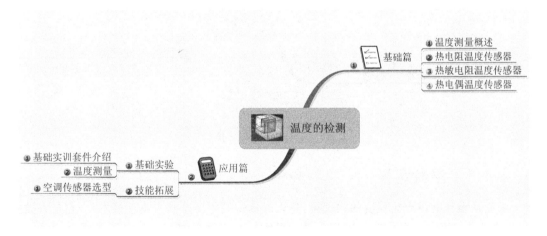

图 2-1　第 2 章思维导图

项目背景

小张是一名刚到单位上班的新员工,有一天办公室的空调忽然坏了,部门的负责人让小张和维修公司联系,尽快把空调修好。可小张联系后得知由于是空调使用旺季,这几天维修公司还派不来人,只能再等几天,这下可把小张急坏了,刚来单位领导交给的任务就完成不好,这可怎么办?

思前想后小张决定先自己动手试着修理一下,于是小张找来了一些工具准备自己先把关键部件检测一下。由于小张之前没有修理过空调,现在不知该从何下手,于是他上网查了一些空调维修的资料,发现空调的温度传感器比较容易出问题,可是温度传感器有很多种,这些传感器安装在空调的什么位置? 它们是怎样工作的呢? 现在就让我们先跟着小张一起学习下温度传感器的基本知识,再来进行空调维修吧。

基　础　篇

2.1　温度测量概述

在我们的日常生活当中,对温度的测量和控制时时刻刻都存在着。冬天用厨房热水器对自来水进行加热,水温的控制就需要温度传感器;夏天冰箱里的食物清凉可口而且不易变质,冰箱的温度控制也需要温度传感器;感冒发烧时测体温用的体温计也是需要温度传感器的帮助;还有生活中其他的很多东西都需要测温元件的帮助。首先来认识下什么是温度。本节内容思维导图如图 2-2 所示。

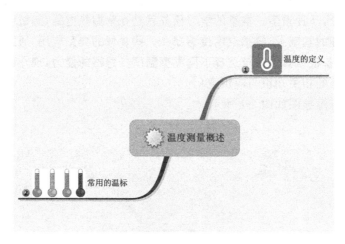

图 2-2　2.1 节思维导图

2.1.1　温度定义

温度是表征物体冷热程度的物理量,是国际单位制中 7 个基本物理量之一,它与人类生活、工农业生产和科学研究有着密切关系。温度标志着物质内部大量分子无规则运动的剧烈程度。温度越高,表示物体内部分子热运动越剧烈。物体内部分子运动示意如图 2-3 所示。

2.1.2　温标

温度数值的表示方法叫作"温标"。为了定量地确定温度,对物体或系统温度给以具体的数量标志,各种各样温度计的数值都是由温标决定的。为量度物体或系统温度的高低对温度的零点和分度法所做的一种规定,是温度的单位制。建立一种温标,首先选取某种物质

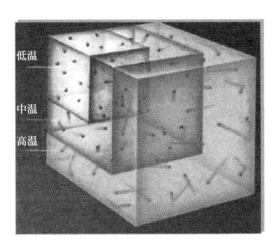

图 2-3 物体内部分子运动示意图

的某一随温度变化的属性,并规定测温属性随温度变化的关系;其次是选固定点,规定其温度数值;最后规定一种分度的方法。最常用的温标是摄氏温标、华氏温标和热力学温标。

1. 摄氏温标

摄氏温标是经验温标之一,也称"百分温标"。温度符号为 t,单位是摄氏度,国际代号是"℃"。摄氏温标是以在一大气压下,纯水的冰点定为 0℃。在一大气压下,沸点作为 100℃,两个标准点之间分为 100 等份,每等份代表 1℃。在温度计上刻 100℃ 的基准点时,并不是把温度计的水银泡(或其他液体)插在沸腾的水里,而是将温度计悬在蒸汽里。实验表明,只有纯净的水在正常情况下沸腾时,沸水的温度才同上面蒸汽温度一样。若水中有了杂质,溶解了别的物质,沸点即将升高,也就是说,要在比纯净水的沸点更高的温度下才会沸腾。如水中含有杂质,当水沸腾时,悬挂在蒸汽里的温度计上凝结的却是纯净的水,因此它的水银柱的指示与纯净水的沸点相同。在给温度计定沸点时,避免水不纯的影响,应用悬挂温度计的方法。为了统一摄氏温标和热力学温标,1960 年国际计量大会对摄氏温标予以新的定义,规定它应由热力学温标导出,即

$$t = T - 273.15 \qquad (2\text{-}1)$$

用摄氏度表示的温度差,也可用"开"表示,但应注意,由式(2-1)所定义的摄氏温标的零点与纯水的冰点并不严格相等,沸点也不严格等于 100℃。

2. 华氏温标

华氏温标是经验温标之一。在美国的日常生活中,多采用这种温标。规定在一大气压下水的冰点为 32 度,沸点为 212 度,两个标准点之间分为 180 等份,每等份代表 1 度。华氏温度用字母 ℉ 表示。它的冰点为 32 度,沸点是 212 度,摄氏温度(℃)与华氏温度(℉)之间的换算关系为

$$℉ = \frac{9}{5}℃ + 32 \qquad (2\text{-}2)$$

3. 热力学温标

热力学温标也称"开尔文温标""绝对温标"。它是建立在热力学第二定律基础上的一种和测温质无关的理想温标。它完全不依赖测温物质的性质。1927 年,第七届国际计量大会

曾将其采用为基本的温标。1960 年,第十一届国际计量大会规定热力学温度以开尔文为单位,简称"开",代号用 K 表示。根据定义,1K 等于水的三相点的热力学温度的 1/273.16。由于水的三相点在摄氏温标上为 0.01℃,所以 0℃＝273.15K。热力学温标的零点,即绝对零度,记为 0K。热力学温标,按照国际规定是最基本的温标,它只是一种理想温标。

2.2 热电阻

本节的具体内容如图 2-4 所示。

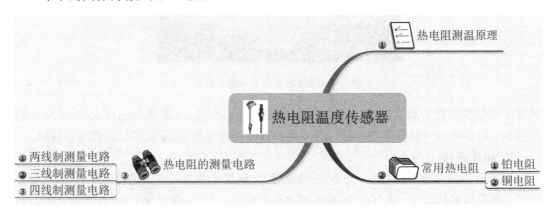

图 2-4 2.2 节思维导图

2.2.1 热电阻测温原理

热电阻作为一种感温元件,它是利用导体的电阻值随温度升高而增大的特性来实现对温度的测量。温度升高,金属内部原子晶格的震动加剧,从而使金属内部的自由电子通过金属导体时的阻力增大,宏观上表现出电阻率变大,总阻值增加。最常用的材料是铂和铜。工业上被广泛用来测量中低温区－200～850℃的温度。

热电阻的阻值与温度的关系为

$$R_t = R_0(1 + K_1 t + K_2 t^2 + K_3 t^3 + K_4 t^4) \tag{2-3}$$

式中：R_0——温度 0℃时的电阻值;

R_t——温度 t℃时的电阻值;

K_1、K_2、K_3、K_4——温度系数。

工业用普通热电阻传感器由电阻体、保护套管和接线盒等部件组成,如图 2-5(a)所示。热电阻丝是绕在骨架上的,骨架采用石英、云母、陶瓷或塑料等材料制成,可根据需要将骨架制成不同的外形。为了防止电阻体出现电感,热电阻丝通常采用双线并绕法,如图 2-5(b)所示。

2.2.2 常用热电阻

1. 铂电阻

铂是热电阻中最常用的材料之一。铂热电阻在氧化性介质中,甚至在高温下,其物理、

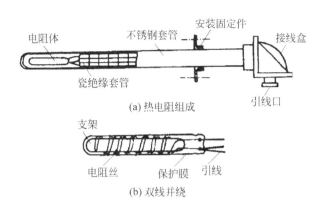

(a) 热电阻组成

(b) 双线并绕

图 2-5 热电阻结构图

化学性能稳定,电阻率大,精确度高,能耐较高的温度,因此,国际温标 IPTS-68 规定,在 $-259.34 \sim +630.74℃$ 温度域内,以铂热电阻温度计作为基准器。

铂热电阻值与温度的关系在 $0 \sim 850℃$ 范围内为

$$R_t = R_0(1 + At + Bt^2) \tag{2-4}$$

在 $-200 \sim 0℃$ 范围内为

$$R_t = R_0[1 + At + Bt^2 + C(t-100)t^3] \tag{2-5}$$

式中:R_t——温度 $t℃$ 时的电阻值;

R_0——温度 $0℃$ 时的电阻值;

温度系数 $A = 3.908 \times 10^{-3}/℃$,$B = -5.802 \times 10^{-7}/℃^2$,$C = -4.274 \times 10^{-12}/℃^4$。

从式(2-3)可以看出,热电阻在温度 t 时的电阻值与 R_0(标称电阻)有关。目前,我国规定工业用铂热电阻有 $R_0 = 10Ω$ 和 $R_0 = 100Ω$ 两种,它们的分度号分别为 Pt10 和 Pt100,后者更为常用。实际测量中,只要测得热电阻的阻值,便可从铂电阻分度表中查出对应的温度值。表 2-1 为 Pt100 分度表。

表 2-1 Pt100 分度表

温度/℃	0	1	2	3	4	5	6	7	8	9
−20	92.16	91.77	91.37	90.98	90.59	90.19	89.80	89.40	89.01	88.62
−10	96.09	95.69	95.30	94.91	94.52	94.12	93.75	93.34	92.95	92.55
−0	100.00	99.61	99.22	98.83	98.44	98.04	97.65	97.26	96.87	96.48
0	100.00	100.39	100.78	101.17	101.56	101.95	102.34	102.73	103.12	103.51
10	103.90	104.29	104.68	105.07	105.46	105.85	106.24	106.63	107.02	107.40
20	107.79	108.18	108.57	108.96	109.35	109.73	110.12	110.51	110.90	111.28
30	111.67	112.06	112.45	112.83	113.22	113.61	113.99	114.38	114.77	115.15
40	115.54	115.93	116.31	116.70	117.08	117.47	117.85	118.24	118.62	119.01
50	119.40	119.78	120.16	120.55	120.93	121.32	121.70	122.09	122.47	122.86
60	123.24	123.62	124.01	124.39	124.77	125.16	125.54	125.92	126.31	126.69
70	127.07	127.45	127.84	128.22	128.60	128.98	129.37	129.75	130.13	130.51
80	130.89	131.27	131.66	132.04	132.42	132.80	133.18	133.56	133.94	134.32
90	134.70	135.08	135.46	135.84	136.22	136.60	136.98	137.36	137.74	138.12
100	138.50	138.88	139.26	139.64	140.02	140.39	140.77	141.15	141.53	141.91

续表

温度/℃	0	1	2	3	4	5	6	7	8	9
110	142.29	142.66	143.04	143.42	143.80	144.17	144.55	144.93	145.31	145.68
120	146.06	146.44	146.81	147.19	147.57	147.94	148.32	148.70	149.07	149.45
130	149.82	150.20	150.57	150.95	151.33	151.70	152.08	152.45	152.83	153.20
140	153.58	153.95	154.32	154.70	155.07	155.45	155.82	156.19	156.57	156.94
150	157.31	157.69	158.06	158.43	158.81	159.18	159.55	159.93	160.30	160.67
160	161.04	161.42	161.79	162.16	162.53	162.90	163.27	163.65	164.02	164.39
170	164.76	165.13	165.50	165.87	166.14	166.61	166.98	167.35	167.72	168.09
180	168.46	168.83	169.20	169.57	169.94	170.31	170.68	171.05	171.42	171.79
190	172.16	172.53	1;2.90	173.26	173.63	174.00	174.37	174.74	175.10	175.47
200	175.84	176.21	176.57	176.94	177.31	177.68	178.04	178.41	178.78	179.14
210	179.51	179.88	180.24	180.61	180.97	181.31	181.71	182.07	182.44	182.80
220	183.17	183.53	183.90	184.26	184.63	181.99	185.36	185.72	186.09	186.45
230	186.82	187.18	187.54	187.91	188.27	188.63	189.00	189.36	189.72	190.09
240	190.45	190.81	191.18	191.54	191.90	192.26	192.63	192.99	193.35	193.71
250	194.07	194.44	194.80	195.16	195.52	195.88	196.24	196.60	196.96	197.33
260	197.69	198.05	198.41	198.77	199.13	199.49	199.85	200.21	200.57	200.93
270	201.29	201.65	202.01	202.36	202.72	203.08	203.44	203.80	204.16	204.52
280	204.88	205.23	205.59	205.95	206.31	206.67	207.02	207.38	207.74	208.10
290	208.45	208.81	209.17	209.52	209.88	210.24	210.59	210.95	211.31	211.66
300	212.02	212.37	212.73	213.09	213.44	213.80	214.15	214.51	214.86	215.22
310	215.57	215.93	216.28	216.64	216.99	217.35	217.70	218.05	218.41	218.76
320	219.12	219.47	219.82	220.18	220.53	220.88	221.24	221.59	221.94	222 29
330	222.65	223.00	223.35	223.70	224.06	224.41	224.76	225.11	225.46	225.81
340	226.17	226.52	226.87	227.22	227.57	227.92	228.27	228.62	228.97	229.32
350	229.67	230.02	230.37	230.72	231.07	231.42	231.77	232.12	232.47	232.82
360	233.17	233.52	233.87	234.22	234.56	234.91	235.26	235.61	235.96	236.31
370	236.65	237.00	237.35	237.70	238.04	238.39	238.74	239.09	239.43	239 78
380	240.13	240.47	240.82	241.17	241.51	241.86	242.20	242.55	242.90	243.24
390	243.59	243.93	244.28	244.62	244.97	245.31	245.66	246.00	246.35	246.69

常见的铂电阻的外形结构如图 2-6 所示。

2. 铜热电阻

铂热电阻虽然优点多,但价格昂贵,因此在测量精度要求不高且温度较低的场合,铜热电阻得到广泛应用。在 $-50 \sim +150℃$ 的温度范围内,铜热电阻与温度近似呈线性关系,可用式(2-6)表示

$$R_t = R_0(1 + \alpha \cdot t) \tag{2-6}$$

式中:α ——0℃时铜热电阻温度系数($\alpha = 4.289 \times 10^{-3}/℃$)。

铜热电阻的电阻优点:温度系数较大,线性好,价格便宜。缺点:电阻率较低,电阻体的体积较大,热惯性较大,稳定性较差,在 100℃ 以上时容易氧化,因此只能用于低温及没有浸蚀性的介质中。铜电阻结构如图 2-7 所示。

铜热电阻有两种分度号:Cu_{50}($R_0 = 50Ω$)和 Cu_{100}($R_0 = 100Ω$),后者更为常用,表 2-2 为 Cu_{50} 分度表。

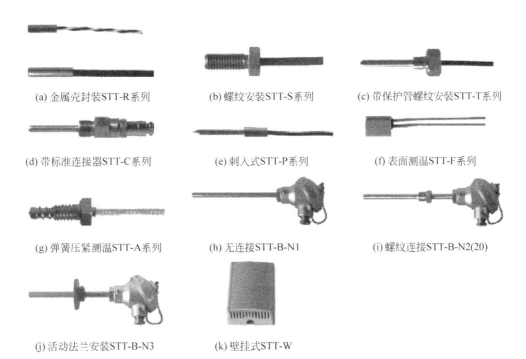

(a) 金属壳封装STT-R系列　　(b) 螺纹安装STT-S系列　　(c) 带保护管螺纹安装STT-T系列

(d) 带标准连接器STT-C系列　　(e) 刺入式STT-P系列　　(f) 表面测温STT-F系列

(g) 弹簧压紧测温STT-A系列　　(h) 无连接STT-B-N1　　(i) 螺纹连接STT-B-N2(20)

(j) 活动法兰安装STT-B-N3　　(k) 壁挂式STT-W

图 2-6　商用铂电阻传感器的外形结构

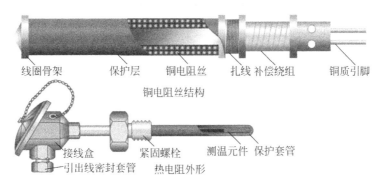

线圈骨架　　保护层　　铜电阻丝　　扎线　补偿绕组　　铜质引脚

铜电阻丝结构

接线盒　　　紧固螺栓　　测温元件　保护套管

引出线密封套管　　热电阻外形

图 2-7　铜电阻结构图

表 2-2　Cu50 分度表

温度/℃	0	1	2	3	4	5	6	7	8	9
0	50	49.786	49.571	49.356	49.142	48.927	43.713	48.498	48.284	48.069
−10	47.854	47.639	47.425	47.21	46.995	46.78	46.566	46.351	46.136	45.921
−20	45.706	45.491	45.276	45.061	44.846	44.631	44.416	44.2	43.985	43.77
−30	43.555	43.349	43.124	42.909	42.693	42.478	42.262	42.047	41.831	41.616
−40	41.4	41.184	40.969	40.753	40.537	40.322	40.106	39.89	39.674	39.458
−50	39.242									
0	50	50.214	50.429	50.643	50.858	51.072	51.286	51.501	51.715	51.929
10	52.144	52.358	52.572	52.786	53	53.215	53.429	53.643	53.857	54.071
20	54.285	54.5	54.714	54.928	55.142	55.356	55.57	55.784	55.998	56.212
30	56.426	56.64	56.854	57.068	57.282	57.496	57.71	57.924	58.137	58.351

续表

温度/℃	0	1	2	3	4	5	6	7	8	9
40	58.565	58.779	58.993	59.207	59.421	59.635	59.848	60.062	60.276	60.49
50	60.704	60.918	61.132	61.345	61.559	61.773	61.987	62.201	62.415	62.628
60	62.842	63.056	63.27	63.484	63.698	63.911	64.125	64.339	64.553	64.767
70	64.981	65.194	65.408	65.622	65.836	66.05	66.264	66.478	66.692	66.906
80	67.12	67.333	67.547	67.761	67.975	68.189	68.403	68.617	68.831	69.045
90	69.259	69.473	69.687	69.901	70.115	70.329	70.544	70.762	70.972	71.186
100	71.4	71.614	71.828	72.042	72.257	72.471	72.685	72.899	73.114	73.328
110	73.542	73.751	73.971	74.185	74.4	74.614	74.828	75.043	75.258	75.477
120	75.686	75.901	76.115	76.33	76.545	76.759	76.974	77.189	77.404	77.618
130	77.833	78.048	78.263	78.477	78.692	78.907	79.122	79.337	79.552	79.767
140	79.982	80.197	80.412	80.627	80.843	81.058	81.272	81.488	81.704	81.919
150	82.134									

2.2.3 热电阻的测量电路

热电阻的阻值不高；工业用热电阻安装在生产现场，离控制室较远，因此，热电阻的引线电阻对测量结果有较大的影响。目前，热电阻接线方式有两线制、三线制和四线制三种。

1. 两线制接法

两线制的接线方式如图 2-8 所示，在热电阻感温体的两端各连一根导线。设每根导线的电阻值为 r，则电桥平衡条件为

$$R_2 R_3 = R_1 (R_t + 2r) \tag{2-7}$$

因此有

$$R_t = \frac{R_2 R_3}{R_1} - 2r \tag{2-8}$$

很明显，如果在实际测量中不考虑导线电阻，即忽略式 (2-7) 中的 $2r$，则测量结果就将引入误差。

2. 三线制接法

为解决导线电阻的影响，工业热电阻大多采用三线制电桥连接法，如图 2-9 所示。图中 R_t 为热电阻，其三根引出导线相同，阻值都是 r。其中一根与电桥电源相串联，它对电桥的平衡没有影响；另外两根分别与电桥的相邻两臂串联，当电桥平衡时，可得下列关系

$$(R_3 + r) R_2 = (R_t + r) R_1 \tag{2-9}$$

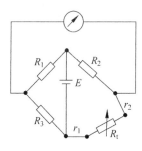

图 2-8 两线制接法

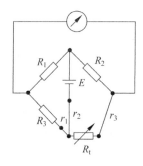

图 2-9 三线制接法

所以有

$$R_t = \frac{(R_3 + r)R_2 - rR_1}{R_1} \tag{2-10}$$

如果使 $R_1 = R_2$，则式(2-10)就和 $r = 0$ 时的电桥平衡公式完全相同，即说明此种接法导线电阻 r 对热电阻的测量毫无影响。注意：以上结论只有在 $R_1 = R_2$，且只有在平衡状态下才成立。为了消除从热电阻感温体到接线端子间的导线对测量结果的影响，一般要求从热电阻感温体的根部引出导线，且要求引出线一致，以保证它们的电阻值相等。

3. 四线制接法

三线制接法是工业测量中广泛采用的方法。在高精度测量中，可设计成四线制的测量电路，如图 2-10 所示。图中 I 为恒流源的电流，测量仪表 V 一般用直流电位差计，热电阻上引出电阻值各为 r_1,r_4 和 r_2,r_3 的 4 根导线，分别接在电流和电压回路，电流导线上 r_1,r_4 引起的电压降，不在测量范围内，而电压导线上虽有电阻但无电流(认为内阻无穷大，测量时没有电流流过电位差计)，所以 4 根导线的电阻对测量都没有影响。

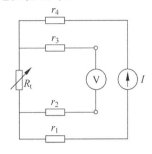

图 2-10　四线制接法

2.3　热敏电阻

本节内容思维导图如图 2-11 所示。

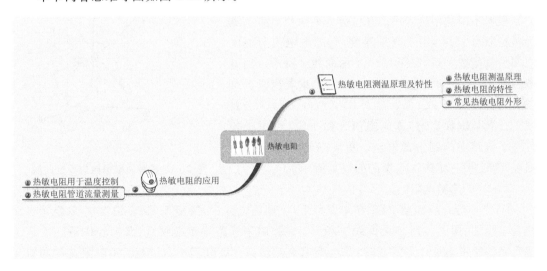

图 2-11　2.3节思维导图

2.3.1　热敏电阻测温原理及特性

1. 热敏电阻测温原理

热敏电阻是利用半导体的电阻值随温度显著变化这一特性制成的一种热敏元件，其特点是电阻率随温度而显著变化。它主要由敏感元件、引线和壳体组成。根据使用要求，可制成珠状、片状、杆状、垫圈状等各种形状。热敏电阻的符号如图 2-12 所示。

热敏电阻与热电阻相比,具有电阻值和电阻温度系数大、灵敏度高(比热电阻大 1～2 个数量级);体积小(最小直径可达 0.1～0.2mm,可用来测量"点温")、结构简单坚固(能承受

图 2-12 热敏电阻的符号

较大的冲击、振动);热惯性小、响应速度快(适用于快速变化的测量场合);使用方便;寿命长;易于实现远距离测量(本身阻值一般较大,无须考虑引线电阻对测量结果的影响)等优点,得到了广泛的应用。目前它存在的主要缺点是:互换性较差,同一型号的产品特性参数有较大差别;稳定性较差;非线性严重,且不能在高温下使用。随着技术的发展和工艺的成熟,热敏电阻的缺点逐渐得到改进。

热敏电阻的测温范围一般为－50～＋350℃。可用于液体、气体、固体、高空气象、深井等方面对温度测量精度要求不高的场合。

2. 热敏电阻的特性

热敏电阻可分为负温度系数热敏电阻和正温度系数热敏电阻两大类。所谓正温度系数(Positive Temperature Coefficient,PTC)是指电阻的变化趋势与温度的变化趋势相同,负温度系数(Negative Temperature Coefficient,NTC)是指当温度上升时,电阻值反而下降的变化特性。

1) NTC 热敏电阻

NTC 热敏电阻研制的较早,也比较成熟。最常见的是由金属氧化物组成的,如锰、钴、铁、镍、铜多种氧化物混合烧结而成。

根据不同的用途,NTC 又可分为两大类:第一类为负指数型 NTC,用于测量温度,它的电阻值与温度之间呈负指数关系,如图 2-13 中的曲线 2 所示。测温范围在－30～100℃,多用于空调、电热水器测温。第二类为突变型 NTC,又称临界温度型(CTR)。当温度上升到某临界点时,其电阻值突然下降,可用于各种电子电路中抑制浪涌电流。负突变型热敏电阻的温度-电阻特性如图 2-13 中的曲线 1 所示。

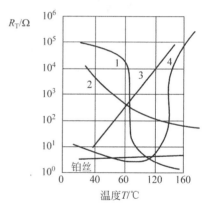

图 2-13 各种热敏电阻的特性曲线

2) PTC 热敏电阻

PTC 也分为线性型 PTC 和突变型 PTC 两类。其中,突变型 PTC 的温度-电阻特性曲线呈非线性,如图 2-13 中的曲线 4 所示。它在电子线路中多起限流、保护的作用。当 PTC 感受到的温度超过一定限度时,其电阻值突然增大。线性型 PTC 的温度-电阻特性曲线呈线性,其线性度和互换性均较好,如图 2-13 中的曲线 3 所示。

正温度系数的热敏电阻的阻值与温度的关系可表示为

$$R_T = R_0 \exp[A(t - t_0)] \tag{2-11}$$

式中:R_T、R_0——温度 $t(K)$ 和 $t_0(K)$ 时的电阻值;

  A——热敏电阻的材料常数;

  $t_0 = 273.15K$,即 0℃时的绝对温度。

大多数热敏电阻具有负温度系数,其阻值与温度的关系可表示为:

$$R_{\mathrm{T}} = R_0 \exp\left(\frac{B}{t} - \frac{B}{t_0}\right) \tag{2-12}$$

式中：B——热敏电阻的材料常数（单位 K，由材料、工艺及结构决定，B 一般为 1500～6000K）。

PTC 热敏电阻的阻值随温度升高而增大，且有斜率最大的区域，当温度超过某一数值时，其电阻值朝正的方向快速变化。其用途主要是彩电消磁、各种电器设备的过热保护等。

CTR 也具有负温度系数，但在某个温度范围内电阻值急剧下降，曲线斜率在此区段特别陡，灵敏度极高。主要用作温度开关。

各种热敏电阻的阻值在常温下很大，通常都在数 kΩ 以上，所以连接导线的阻值（最多不过 10Ω）几乎对测温没有影响，不必采用三线制或四线制接法，给使用带来方便。

另外，热敏电阻的阻值随温度改变显著，只要很小的电流流过热敏电阻，就能产生明显的电压变化，而电流对热敏电阻自身有加热作用，所以应注意不要使电流过大，防止带来测量误差。

3. 其他常见热敏电阻的外形

几种常见热敏电阻的外形如图 2-14 所示。

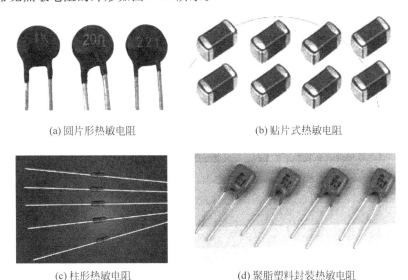

(a) 圆片形热敏电阻　　　　　　　　　(b) 贴片式热敏电阻

(c) 柱形热敏电阻　　　　　　　　　(d) 聚脂塑料封装热敏电阻

图 2-14　几种热敏电阻的外形

2.3.2　热敏电阻的应用

1. 热敏电阻用于温度控制

图 2-15 是利用热敏电阻作为测温元件，进行自动控制温度的电加热器，电位器 R_{P} 用于调节不同的控温范围。测温用的热敏电阻 R_{T} 作为偏置电阻接在 VT_1、VT_2 组成的差分放大器电路内，当温度变化时，热敏电阻的阻值变化，引起 VT_1 集电极电流变化，影响二极管 VD 支路电流，从而使电容 C 充电电流发生变化，相应的充电速度发生变化，则电容电压升到单结晶体管 VT_3 峰点电压的时刻发生变化，即单结晶体管的输出脉冲产生相移，改变了晶闸管 VT_4 的导通角，从而改变了加热丝的电源电压，达到自动控制温度的目的。

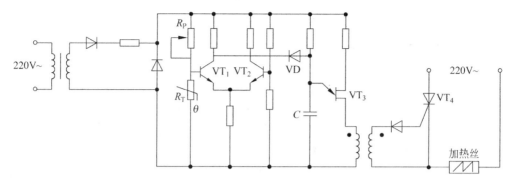

图 2-15　热敏电阻温度控制

热敏电阻温度上下限报警电路如图 2-16 所示。

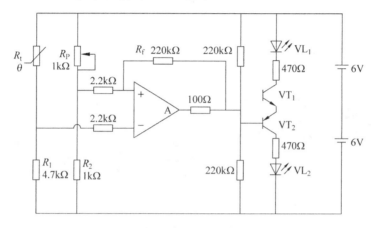

图 2-16　温度上下限报警电路

2. 热敏电阻管道流量测量

图 2-17 中 R_{T1} 和 R_{T2} 是热敏电阻，R_{T1} 放在被测流量管道中，R_{T2} 放在不受流体干扰的容器内，R_1 和 R_2 是普通电阻，4 个电阻组成电桥。

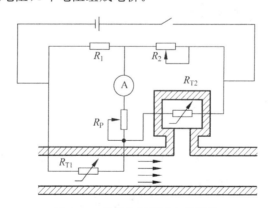

图 2-17　热敏电阻管道流量测量

当流体静止时，使电桥处于平衡状态。当流体流动时，要带走热量，使热敏电阻 R_{T1} 和 R_{T2} 散热情况不同，R_{T1} 因温度变化引起阻值变化，电桥失去平衡，电流表有指示。因为 R_{T1}

的散热条件取决于流量的大小,因此测量结果反映流量的变化。

2.4　热电偶

本节内容思维导图如图 2-18 所示。

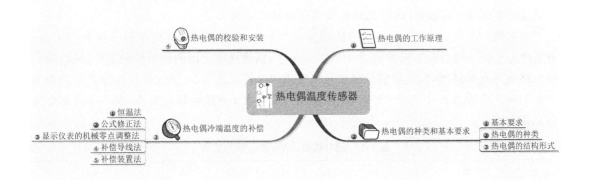

图 2-18　2.4 节思维导图

热电偶传感器是将温度转换成电动势的一种测温传感器。与其他测温装置相比,它具有精度高、测温范围宽、结构简单、使用方便和可远距离测量等优点。

2.4.1　热电偶测温的工作原理

1. 热电效应

如图 2-19 所示,将两种不同材料的导体 A、B 的两个端点分别连接而构成一个闭合回路,若两个接点处温度不同,则回路中会产生电动势,从而形成电流,这个物理现象称为热电效应。热电效应是 1821 年由 Seeback 发现的,故也称为塞贝克效应。在该热电偶回路中,把 A、B 两导体的组合称为热电偶,A、B 两种导体称为热电极,在 t 端的接点称为工作端或热端,在 t_0 端的接点称为自由端或冷端。热电偶回路原理如图 2-20 所示。

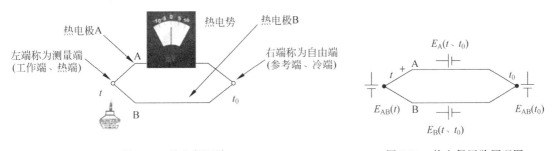

图 2-19　热电偶回路　　　　　　　　　　图 2-20　热电偶回路原理图

热电效应的本质是指热电偶本身吸收了外部的热能,当受热物体中的电子随着温度梯度由高温区往低温区移动时,所产生电流或电荷堆积的一种现象。热电势由两部分组成,一部分是两种导体的接触电势,另一部分是单一导体的温差电势。接触电势(又称珀尔电动势)是由于两种不同导体的自由电子密度不同而在接触处形成的电势;温差电势(又称汤姆逊电动势)是在同一导体中由于两端温度不同而使导体内高温端的自由电子向低温端扩散形成的电势。

因此,热电偶回路的热电势仅与热电极材料和热电偶两个端点温度有关,而与热电偶的形状尺寸无关。当两个热电极的材料选定后,且冷端温度 t_0 保持不变,则热电偶回路产生的热电势 $E_{AB}(t,t_0)$ 就与热端温度 t 具有单值函数关系。因此,测得热电势 $E_{AB}(t,t_0)$,就可以确定被测温度 t 的数值,这就是热电偶测温的基本原理。

为了使用方便,标准化热电偶的热端温度与热电势之间的对应关系都有函数表可查。通常令 $t_0=0℃$,然后在不同的温差 $(t-t_0)$ 情况下,精确地测定出回路总热电动势,并将所测得的结果列成表格(称为热电偶分度表),供使用时查阅。表 2-3~表 2-6 是几种常见热电偶的分度表。应注意 t_0 不等于 $0℃$ 时,不能使用分度表由 t 直接查热电势值,也不能由热电势值直接查 t。

表 2-3　S 型(铂铑₁₀-铂)热电偶分度表

测量端温度 /℃	0	10	20	30	40	50	60	70	80	90
	热电动势/mV									
0	0.000	0.055	0.113	0.173	0.235	0.299	0.365	0.432	0.502	0.573
100	0.645	0.719	0.795	0.872	0.950	1.029	1.109	1.190	1.273	1.356
200	1.440	1.525	1.611	1.698	1.785	1.873	1.962	2.051	2.141	2.232
300	2.232	2.414	2.506	2.599	2.692	2.786	2.880	2.974	3.069	3.164
400	3.260	3.356	3.452	3.549	3.645	3.743	3.840	3.938	4.036	4.135
500	4.234	4.333	4.432	4.532	4.632	4.732	4.832	4.933	5.034	5.136
600	5.237	5.339	5.442	5.544	5.648	5.751	5.855	5.960	6.064	6.169
700	6.274	6.380	6.486	6.592	6.699	6.805	6.913	7.020	7.128	7.236
800	7.354	7.454	7.563	7.672	7.782	7.892	8.003	8.114	8.225	8.336
900	8.448	80560	8.673	8.786	8.899	9.012	9.126	9.240	9.355	9.470
1000	9.585	9.700	9.816	9.932	10.048	10.165	10.282	10.400	10.517	10.635
1100	10.754	10.872	10.991	11.110	11.229	11.348	11.467	11.587	11.701	11.827
1200	11.947	12.067	12.188	12.308	12.429	12.550	12.671	12.792	12.913	13.034
1300	13.155	13.276	13.397	13.519	13.640	13.761	13.883	14.004	14.125	14.247
1400	14.368	14.489	14.610	14.731	14.852	14.973	15.094	15.215	15.336	15.456
1500	15.576	15.697	15.817	15.937	16.057	16.176	16.296	16.415	16.534	16.653
1600	16.771	16.890	17.008	17.125	17.245	17.360	17.477	17.594	17.711	17.826

表 2-4　B 型(铂铑₃₀-铂铑₆)热电偶分度表

测量端温度 /℃	0	10	20	30	40	50	60	70	80	90
	热电动势/mV									
0	−0.000	−0.002	−0.003	−0.002	0.000	0.002	0.006	0.011	0.017	0.025
100	0.033	0.043	0.053	0.065	0.078	0.092	0.107	0.123	0.140	0.159
200	0.178	0.199	0.220	0.243	0.266	0.291	0.317	0.344	0.372	0.401
300	0.431	0.462	0.494	0.527	0.561	0.596	0.632	0.669	0.707	0.746
400	0.786	0.827	0.870	0.913	0.957	1.002	1.048	1.095	1.143	1.192

续表

测量端温度/℃	0	10	20	30	40	50	60	70	80	90
	热电动势/mV									
500	1.241	1.292	1.344	1.397	1.450	1.505	1.560	1.617	1.674	1.732
600	1.791	1.851	1.912	1.974	2.036	2.100	2.164	2.230	2.296	2.363
700	2.430	2.499	2.569	2.639	2.710	2.782	2.855	2.928	3.003	3.078
800	3.154	3.231	3.308	3.387	3.466	3.546	3.626	3.708	3.790	3.873
900	3.957	4.041	4.126	4.212	4.298	4.368	4.474	4.562	4.652	4.742
1000	4.833	4.924	5.016	5.109	5.202	5.297	5.391	5.487	5.583	5.680
1100	5.777	5.875	5.973	6.073	6.172	6.273	6.374	6.475	6.577	6.680
1200	6.783	6.887	6.991	7.096	7.202	7.308	7.414	7.521	7.628	7.736
1300	7.845	7.953	8.063	8.172	8.283	8.393	8.504	8.616	8.727	8.839
1400	8.952	9.065	9.178	9.291	9.405	9.519	9.634	9.748	9.863	9.979
1500	10.094	10.210	10.325	10.441	10.558	10.674	10.790	10.907	11.024	11.141
1600	11.257	11.374	11.491	11.608	11.725	11.842	11.959	12.076	12.193	12.310
1700	12.426	12.543	12.659	12.776	12.892	13.008	13.124	13.239	13.354	13.470
1800	13.585									

表 2-5　K 型（镍铬-镍硅）热电偶分度表

测量端温度/℃	0	10	20	30	40	50	60	70	80	90
	热电动势/mV									
−0	−0.000	−0.392	−0.777	−1.156	−1.527	−1.889	−2.243	−2.586	−2.920	−3.242
+0	0.000	0.397	0.798	1.203	1.611	2.022	2.436	2.850	3.266	3.681
100	4.095	4.508	4.919	5.327	5.733	6.137	6.539	6.939	7.338	7.373
200	8.137	8.537	8.938	9.341	9.745	10.151	10.560	10.969	11.381	11.793
300	12.207	12.623	13.039	13.456	13.874	14.292	14.712	15.132	15.552	15.974
400	16.395	16.818	17.241	17.664	18.088	18.513	18.938	19.363	19.788	20.214
500	20.640	21.066	21.493	21.919	22.346	22.772	23.198	23.624	24.050	24.476
600	24.092	25.327	25.751	26.176	26.599	27.022	27.445	27.867	28.288	28.709
700	29.128	29.547	29.965	30.383	30.799	31.214	31.629	32.042	32.455	32.866
800	33.277	33.686	34.095	34.502	34.909	35.314	35.718	36.121	36.524	36.952
900	37.325	37.724	38.122	38.519	38.915	39.310	39.703	40.096	40.488	40.897
1000	41.296	41.657	42.045	42.432	42.817	43.202	43.585	43.968	44.349	44.729
1100	45.108	45.486	45.863	46.238	46.612	46.985	47.365	47.726	48.095	48.462
1200	48.828	49.192	49.555	49.916	50.276	50.633	50.990	51.344	51.697	52.094
1300	52.398									

表 2-6　E 型(镍铬-铜镍)热电偶分度表

测量端温度/℃	0	10	20	30	40	50	60	70	80	90
	热电动势/mV									
−0	−0.000	−0.581	−1.151	−1.709	−2.254	−2.787	−3.306	−3.811	−4.301	−4.777
+0	0.000	0.591	1.192	1.801	2.419	3.047	3.683	4.329	4.983	5.646
100	6.319	6.996	7.633	8.377	9.078	9.787	10.501	11.222	11.949	12.681
200	13.419	14.161	14.909	15.661	16.417	17.178	17.942	18.710	19.481	20.256
300	21.033	21.814	22.597	23.383	24.171	24.961	25.754	26.549	27.345	28.143
400	28.943	19.744	30.546	31.305	32.155	32.960	33.767	34.574	35.382	36.190
500	36.999	37.808	38.617	39.426	40.236	41.045	41.853	42.662	43.470	44.278
600	45.085	45.891	46.697	47.502	48.306	19.109	49.911	50.713	51.513	52.312
700	53.110	53.907	54.703	55.498	56.291	57.083	57.873	58.663	59.451	60.273
800	61.022									

2. 热电偶回路的主要性质

在实际测温时,热电偶回路中必然要引入测量热电势的显示仪表和连接导线。因此,掌握了热电偶的测温原理之后,还要进一步掌握热电偶的一些基本定律,并在实际测温中灵活而熟练地应用。

1) 均质导体定律

由一种均质导体组成的闭合回路,不论其几何尺寸和温度分布如何,都不会产生热电势。这条定律说明:

(1) 热电偶必须由两种材料不同的均质热电极组成。

(2) 热电势与热电极的几何尺寸(长度、截面积)无关。

(3) 由一种导体组成的闭合回路中存在温差时,如果回路中产生了热电势,那么该导体一定是不均匀的。由此可检查热电极材料的均匀性。

(4) 两种均质导体组成的热电偶,其热电势只决定于两个接点的温度,与中间温度的分布无关。

2) 中间导体定律

由不同材料组成的闭合回路中,若各种材料接触点的温度都相同,则回路中热电势的总和等于零。由此定律可以得到如下结论。

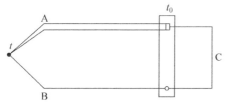

图 2-21　第三种导体接入热电偶回路

在热电偶回路中,接入第三、第四种,或者更多种均质导体,只要接入的导体两端温度相等,如图 2-21 所示,则它们对回路中的热电势没有影响。即

$$E_{ABC}(t, t_0) = E_{AB}(t, t_0) \qquad (2\text{-}13)$$

式中,C 导体两端温度相同。

从实用观点看,这个性质很重要,正是由于这个性质存在,我们才可以在回路中引入各种仪表、连接导线等,而不必担心会对热电势有影响,而且也允许采用任意的焊接方法来焊制热电偶。同时应用这一性质可以采用开路热电偶对液态金属和金属壁面进行温度测量,如图 2-22 所示,只要保证两热电极 A、B 插入地方的温度一致,则对整个回路的总热电势将

不产生影响。

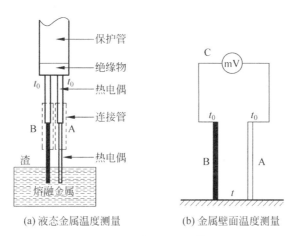

(a) 液态金属温度测量　　　(b) 金属壁面温度测量

图 2-22　开路热电偶的使用

3) 中间温度定律

两种不同材料组成的热电偶回路,其接点温度为 t、t_0 的热电势,等于该热电偶在接点温度分别为 t、t_n 和 t_n、t_0 时的热电势的代数和。t_n 为中间温度。如图 2-23 所示,即

$$E_{AB}(t,t_0) = E_{AB}(t,t_n) + E_{AB}(t_n,t_0) \tag{2-14}$$

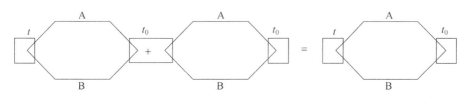

图 2-23　中间温度定律

由此定律可以得到如下结论。

(1) 已知热电偶在某一给定冷端温度下进行的分度,只要引入适当的修正,就可在另外的冷端温度下使用。这就为制定和使用热电偶分度表奠定了理论基础。

(2) 为使用补偿导线提供了依据。

一般把在 $0\sim100℃$ 内和所配套使用的热电偶具有同样热电特性的两根廉价金属导线称为补偿导线。则有

① 当在热电偶回路中分别引入与材料 A、B 有同样热电性质的材料 A′、B′,如图 2-24 所示。A′、B′ 组合成为补偿导线,其热电特性为

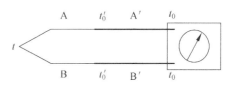

图 2-24　热电偶补偿导线接线图

$$E_{AB}(t'_0,t_0) = E_{A'B'}(t'_0,t_0) \tag{2-15}$$

回路总电势为

$$E_{AB}(t,t_0) = E_{AB}(t,t'_0) + E_{A'B'}(t'_0,t_0) = E_{AB}(t,t'_0) + E_{AB}(t'_0,t_0) \tag{2-16}$$

只要 t、t_0 不变,接 A′、B′ 后不论接点温度如何变化,都不会影响总热电势,这就是引入补偿导线的原理。

② 标准电极定律:当工作端和自由端温度为 t 和 t_0 时,用导体 A、B 组成热电偶的热电

势等于 AC 热电偶和 CB 热电偶的热电动之代数和。即

$$E_{AB}(t,t_0) = E_{AC}(t,t_0) + E_{CB}(t,t_0) \qquad (2\text{-}17)$$

或

$$E_{AB}(t,t_0) = E_{AC}(t,t_0) - E_{BC}(t,t_0) \qquad (2\text{-}18)$$

利用标准电极定律可以方便地从几个热电极与标准电极组成热电偶时所产生的热电势,求出这些热电极彼此任意组合时的热电势,而不需要逐个进行测定。由于纯铂丝的物理化学性能稳定,熔点较高,易提纯,所以目前常用纯铂丝作为标准电极。

2.4.2 热电偶的种类和基本要求

1. 热电偶基本要求

从应用的角度看,并不是任何两种导体都可以构成热电偶。为了保证测温具有一定的准确度和可靠性,一般要求热电极材料满足下列基本要求。

(1) 物理性质稳定,在测温范围内,热电特性不随时间变化;

(2) 化学性质稳定,不易被氧化和腐蚀;

(3) 组成的热电偶产生的热电势率大,热电势与被测温度成线性或近似线性关系;

(4) 电阻温度系数小,这样热电偶的内阻随温度变化就小;

(5) 复制性好,即同样材料制成的热电偶,它们的热电特性基本相同;

(6) 材料来源丰富,价格便宜。

但是,目前还没有能够满足上述全部要求的材料,因此选择热电极材料时,只能根据具体情况,按照不同测温条件和要求选择不同的材料。根据使用的热电偶的特性,常用热电偶可分为标准化热电偶和非标准化热电偶两大类。

2. 热电偶的种类

1) 标准化热电偶

标准化热电偶的工艺比较成熟,应用广泛,性能优良稳定,能成批生产。同一型号可以互相调换和统一分度,并有配套显示仪表。国产标准化热电偶,如铂铑$_{10}$-铂、铂铑$_{30}$-铂铑$_6$等。表 2-7 列出了几种常用标准化热电偶的测温范围及特点。

表 2-7　常用热电偶

名称	型号	分度号	测温范围 /℃	100℃时热 电势/mV	特　　点
铂铑$_{30}$-铂铑$_6$	WRR	B(LL-2)[①]	0~1800	0.033	使用温度高,范围广,性能稳定,精度高,易在氧化和中性介质中使用;但价格贵,热电势小,灵敏度低
铂铑$_{10}$-铂	WRP	S(LB-3)[①]	0~1600	0.645	使用温度范围广,性能稳定,精度高,复现性好。但热电势较小,高温下铑易升华,污染铂极,价格贵,一般用于较精密的测温中
镍铬－镍硅	WRN	K(EU-2)[①]	−200~1300	4.095	热电势大,线性好,价廉,但材质较脆,焊接性能及抗辐射性能较差
镍铬-考铜	WRK	E(EA-2)[①]	0~300	6.95	热电势大,线性好,价廉,测温范围小,考铜易受氧化而变质

①:括号内为我国旧的分度号。

2) 非标准化热电偶

非标准化热电偶有钨-铼丝热电偶、铱-铑丝热电偶、铁-康铜丝热电偶等。非标准化热电偶在高温、低温、超低温、真空和核辐射等特殊环境中使用,具有特别良好的性能。它们在节约贵重稀有金属方面具有重要意义。这类热电偶无统一分度表。

3. 热电偶的结构形式

为了保证热电偶可靠、稳定地工作,对它的结构要求包括:组成热电偶的两个热电极的焊接必须牢固;两个热电极彼此之间应很好地绝缘,以防短路;补偿导线与热电偶自由端的连接要方便可靠;保护套管应能保证热电极与有害介质充分隔离。

由于热电偶的用途和安装位置不同,其外形也各不相同。热电偶的结构形式常分为以下几种。

1) 普通型热电偶

普通型热电偶是工程实际中最常用的一种形式,其结构大多由热电极、绝缘套管、保护套管和接线盒 4 部分组成,如图 2-25 所示。

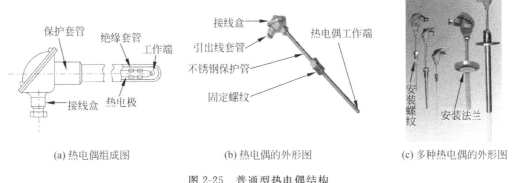

(a) 热电偶组成图　　　　(b) 热电偶的外形图　　　　(c) 多种热电偶的外形图

图 2-25　普通型热电偶结构

(1) 热电极

热电偶常以热电极材料种类来定名,例如,铂铑-铂热电偶、镍铬-镍硅热电偶等。其直径大小由材料价格、机械强度、导电率以及热电偶的用途和测量范围等因素决定。热电偶的长度由使用情况、安装条件,特别是工作端在被测介质中的插入深度来决定。

(2) 绝缘套管

绝缘套管又称绝缘子,用来防止两根热电极短路,其材料的选用视使用的温度范围和对绝缘性能的要求而定。绝缘套管一般制成圆形,中间有孔,长度为 20mm,根据热电偶长度可多个串起来使用,常用的材料是氧化铝和耐火陶瓷等。

(3) 保护套管

保护套管的作用是使热电极与测温介质隔离,使其免受化学侵蚀或机械损伤。热电极在套上绝缘套管后再装入保护套管内。对保护套管的基本要求是经久耐用及传热良好。常用的保护套管材料有金属和非金属两类,应根据热电偶类型、测温范围和使用条件等因素来选择套管的材料。

(4) 接线盒

接线盒供连接热电偶和测量仪表之用。接线盒固定在热电偶的保护套管上,一般用铝合金制成,分为普通式和密封式两类,为防止灰尘、水分及有害气体侵入保护套管内,接线盒出线孔和盖子均用垫片及垫圈加以密封,接线端子上注明热电极的正、负极性。普通型热电偶结构如图 2-25 所示。

普通型热电偶主要用于测量气体、蒸汽和液体介质的温度。根据测温范围和测温环境不同,可选择合适的热电偶和保护套。按其安装时的连接形式,可分为螺纹连接和法兰连接两种。按使用状态的要求,又可分为密封式和高压固定螺纹式。

2)铠装热电偶

铠装热电偶的外形像电缆,也称缆式热电偶。它是由金属套管、绝缘材料和热电偶丝三者组合成一体的特殊结构的热电偶。热电偶的套管外径最细能达 0.25mm,长度可达 100m以上。铠装热电偶具有体积小、精度高、响应速度快、可靠性好、耐振动、抗冲击、可挠性好和便于安装等优点,因此特别适用于结构复杂(如狭小弯曲管道内)的温度测量。使用时,可以根据需要截取一定长度,将一端护套剥去,露出热电极,焊成结点,即成热电偶。

特点:内部的热电偶丝与外界空气隔绝,有着良好的抗高温氧化、抗低温水蒸气冷凝、抗机械外力冲击的特性。铠装热电偶可以制作得很细,能解决微小、狭窄场合的测温问题,且具有抗震、可弯曲、超长等优点。铠装热电偶外形及结构如图 2-26 所示。

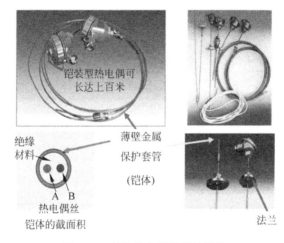

图 2-26　铠装热电偶外形及结构

3)隔爆型热电偶

隔爆型热电偶的接线盒在设计时采用防爆的特殊结构,是经过压铸而成的,有一定的厚度、隔爆空间,机构强度较高;采用螺纹隔爆接合面,并采用密封圈进行密封,因此,当接线盒内一旦放弧时,不会与外界环境的危险气体传爆,能达到预期的防爆、隔爆效果。隔爆热电偶外形及结构如图 2-27 所示。

工业用的隔爆型热电偶多用于化学工业自控系统中(由于在化工生产厂、生产现场常伴有各种易燃、易爆等化学气体或蒸汽,如果用普通热电偶则非常不安全、很容易引起环境气体爆炸)。

4)其他类型热电偶

此外,还有为快速测量各种表面温度的薄膜型热电偶,为测量各种固体表面温度的表面热电偶,为测量钢水和其他熔融金属温度而设计的消耗式热电偶,利用石墨和难熔化合物为高温热电偶材料的非金属热电偶等。薄膜热电偶外形结构如图 2-28 所示,主要由热电极、热接点、绝缘基板、引出线组成。

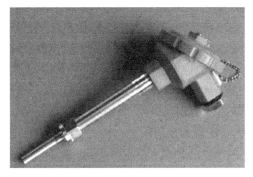

图 2-27　隔爆热电偶外形及结构

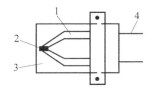

图 2-28　薄膜热电偶外形及结构

1—热电极；2—热接点；3—绝缘基板；4—引出线

2.4.3　热电偶冷端温度的补偿

由热电偶测温原理可知,只有当热电偶的冷端温度保持不变时,热电势才是被测温度的单值函数。在实际应用时,由于热电偶的热端与冷端离得很近,冷端又暴露在空间中,容易受到周围环境温度波动的影响,因而冷端温度难以保持恒定,为消除冷端温度变化对测量的影响,可采用下述几种冷端温度补偿方法。

1. 恒温法

恒温法是人为制成一个恒温装置,把热电偶的冷端置于其中,保证冷端温度恒定。常用的恒温装置有冰点槽和电热式恒温箱两种。

冰点槽的原理结构如图 2-29 所示,把热电偶的两个冷端放在充满冰水混合物的容器内,使冷端温度始终保持为 0℃。为了防止短路和改善传热条件,两支热电极的冷端分别插在盛有变压器油的试管中。这种方法测量准确度高,但使用麻烦,只适用于实验室中。在现场,常使用电加热式恒温箱。这种恒温箱通过接点控制或其他控制方式维持箱内温度恒定(常为 50℃)。

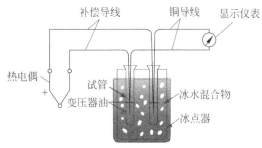

图 2-29　冰点槽

2. 公式修正法

热电偶的冷端温度偏离 0℃ 时产生的测温误差也可以利用公式来修正。测温时,如果冷端温度为 t_0,则热电偶产生的热电势为 $E_{AB}(t,t_0)$。根据中间温度定律可知 $E_{AB}(t,0)=E_{AB}(t,t_0)+E_{AB}(t_0,0)$。因此可在热电偶测温的同时,用其他温度表(如玻璃管水银温度表等)测量出热电偶冷端处的温度 t_0,从而得到修正热电势 $E_{AB}(t_0,0)$。将 $E_{AB}(t_0,0)$ 和热电势 $E_{AB}(t,t_0)$ 相加,计算出 $E_{AB}(t,0)$,然后再查相应的热电偶分度表,就可以求得被测温度 t。

3. 显示仪表的机械零点调整法

显示仪表的机械零点是指仪表在没有外电源的情况下,即仪表输入端开路时,指针停留的刻度点,一般为仪表的刻度起始点。若预知热电偶冷端温度为 t_0,在测温回路开路情况下,将仪表的刻度起始点调到 t_0 位置,此时相当于人为给仪表输入热电势 $E_{AB}(t_0,0)$,在接通测温回路后,虽然热电偶产生的热电势即显示仪表的输入热电势为 $E_{AB}(t,t_0)$,但由于机械零点调到 t_0 处,相当于已预加了一个电势 $E_{AB}(t_0,0)$,因此综合起来,显示仪表的输入电势相当于 $E_{AB}(t,t_0)+E_{AB}(t_0,0)=E_{AB}(t,0)$,则显示仪表的示值将正好为被测温度 t,消除了 $t_0 \neq 0$ 引起的示值误差。本方法简单方便,适用于冷端温度比较稳定的场所。但要注意冷端温度变化后,必须及时重新调整机械零点。在冷端温度经常变化的情况下,不宜采用这种方法。

4. 补偿导线法

热电偶特别是贵金属热电偶,一般都做得比较短,其冷端离被测对象很近,这就使冷端温度不但较高且波动也大。为了减小冷端温度变化对热电势的影响,通常要用与热电偶的热电特性相近的廉价金属导线将热电偶冷端移到远离被测对象,且温度比较稳定的地方(如仪表控制室内)。这种廉价金属导线就称为热电偶的补偿导线,其外形图如图 2-30 所示。

图 2-30 补偿导线外形图

在图 2-30 中的热电偶补偿导线连接中,A′、B′ 分别为测温热电偶热电极 A、B 的补偿导线。在使用补偿导线 A′、B′ 时应满足的条件如下。

(1) 补偿导线 A′、B′ 和热电极 A、B 的两个接点温度相同,并且都不高于 100℃;

(2) 在 0～100℃,由 A′、B′ 组成的热电偶和由 A、B 组成的热电偶具有相同的热电特性,即 $E_{AB}(t_0',t_0)=E_{A'B'}(t_0',t_0)$。

根据中间温度定律可以证明,用补偿导线把热电偶冷端移至温度 t_0 处和把热电偶本身延长到温度 t_0 处是等效的。

补偿导线虽然能将热电偶延长,起到移动热电偶冷端位置的作用,但本身并不能消除冷端温度变化的影响。为了进一步消除冷端温度变化对热电势的影响,通常还要在补偿导线冷端再采取其他补偿措施。

在使用热电偶补偿导线时必须注意型号相配,极性不能接错,补偿导线与热电偶连接端的温度不能超过100℃且必须相等。常用热电偶的补偿导线列于表2-8中。

表 2-8 常用热电偶的补偿导线

配用热电偶分度号	补偿导线型号	补偿导线正极		补偿导线负极		补偿导线在100℃的热电势允许误差/mV	
		材料	颜色	材料	颜色	A(精密级)	B(精密级)
S	SC	铜	红	铜镍	绿	0.645 ± 0.023	0.645 ± 0.037
K	KC	铜	红	铜镍	蓝	4.095 ± 0.063	4.095 ± 0.105
K	KX	镍铬	红	镍硅	黑	4.095 ± 0.063	4.095 ± 0.105
E	EX	镍铬	红	铜镍	棕	6.317 ± 0.102	6.317 ± 0.170
J	JX	铁	红	铜镍	紫	5.268 ± 0.081	5.268 ± 0.135
T	TX	铜	红	铜镍	白	4.277 ± 0.023	4.277 ± 0.047

注:补偿导线型号第一个字母与热电偶分度号相对应;第二个字母字X表示延伸型补偿导线,字母C表示补偿型补偿导线。

5. 补偿装置法

热电偶所产生的热电势为 $E_{AB}(t,t_0) = f_{AB}(t) - f_{AB}(t_0)$,当热电偶的热端温度不变,而冷端温度从初始平衡温度 t_0 升高到某一温度 t_x 时,热电偶的热电势将减小,其变化量为 $\Delta E = E_{AB}(t,t_0) - E_{AB}(t,t_x) = E_{AB}(t_x,t_0)$,如果能在热电偶的测量回路中串接一个直流电压 U_{cd}(见图 2-31),且 U_{cd} 能随冷端温度升高而增加,其大小与热电势的变化量相等,即 $U_{cd} = E_{AB}(t_x,t_0)$,则 $E_{AB}(t,t_x) + U_{cd} = E_{AB}(t,t_0)$,也就是送到显示仪表的热电势 $E_{AB}(t,t_0)$ 不会随冷端温度变化而变化,那么,热电偶由于冷端温度变化而产生的误差即可消除。

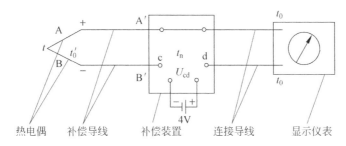

图 2-31 具有冷端温度补偿装置的热电偶测量线路

怎样产生一个随温度而变化的直流电压 U_{cd} 呢？以前用冷端温度补偿器(由一个直流不平衡电桥构成)来产生一个随冷端温度变化的 U_{cd};现在一般都在相应的温度显示仪表或温度变送器中设置热电偶冷端温度补偿电路产生 U_{cd},从而实现热电偶冷端温度自动补偿。具有冷端温度补偿装置的热电偶测量线路如图 2-31 所示。

正确使用冷端温度补偿器应注意以下几点。

(1) 热电偶冷端温度必须与冷端温度补偿器工作温度一致,否则达不到补偿效果。为此热电偶必须用补偿导线与冷端温度补偿器相连接。

(2) 要注意冷端温度补偿器在测温系统中连接时的极性。

(3) 冷端温度补偿器必须与相应型号的热电偶配套使用。

以上几种补偿法常用于热电偶和动圈显示仪表配套的测温系统中。由于自动电子电位差计和温度变送器等温度测量仪表的测量线路中已设置了冷端补偿电路,因此,热电偶与它们配套使用时不用再考虑补偿方法,但补偿导线仍然需要。

2.4.4 热电偶的校验和安装

1. 热电偶的校验

热电偶在测温过程中,由于测量端受氧化、腐蚀和污染等影响,使用一段时间后,它的热电特性发生变化,增大了测量误差。为了保证测量准确,热电偶不仅在使用前要进行检测、在使用一段时间后也要进行周期性的检验。

1) 影响热电偶检验周期的因素

(1) 热电偶使用的环境条件。环境条件恶劣的,检验周期应短些;环境条件较好的,检验周期可长些。

(2) 热电偶使用的频繁程度。连续使用的,检验周期应短些;反之,检验周期可长些。

(3) 热电偶本身的性能。稳定性好的,检验周期长;稳定性差的,检验周期短。

2) 热电偶的检验项目

工业用热电偶的检验项目主要有外观检查和允许误差检验两项。

(1) 外观检查。热电偶的外观质量通过目测进行观察,短路、断路可使用万用表检查,同时应满足以下要求。

① 测量端焊接应光滑、牢固、无气孔和夹灰等缺陷,无残留助焊剂等污物;

② 各部分装配正确,连接可靠,零件无损、缺;

③ 保护管外层无显著的锈蚀和凹痕、划痕;

④ 电极无短路、断路,极性标志正确。

(2) 允许误差检验。允许误差检验一般采用比较法,即将被检热电偶与比它精确度等级高一等的标准热电偶同置于检定用的恒温装置中,在检验点温度下进行热电势比较。这种方法的检验准确度取决于标准热电偶的准确度等级、测量仪器仪表的误差、恒温装置的温度均匀性和稳定程度。比较法的优点是设备简单、操作方便,一次能检验多支热电偶,工作效率高。

3) 校验的主要设备和仪器

(1) 管式电炉,最高工作温度为1300℃,加热管内径为50~60mm,长度为600~1000mm,用自耦变压器(0~250V,5kVA)调炉温,炉温能稳定到5min内温度变化不大于2℃。

(2) 二等标准铂铑-铂热电偶。

(3) 直流电位差计(UJ31,UJ33A 或 UJ36)。

(4) 冰点槽,恒温误差不大于0.1℃。

(5) 精密级热电偶及补偿导线。

(6) 标准水银温度计,最小分度0.1℃。

(7) 铜导线及切换开关。

(8) 被校热电偶。

4) 校验方法

热电偶300℃以上的校验在管式电炉中与标准热电偶比对,300℃以下在油浴恒温器中与标准水银温度计比对(无特别需要时,300℃以下可以不校验)。热电偶校验系统接线如图 2-32 所示。

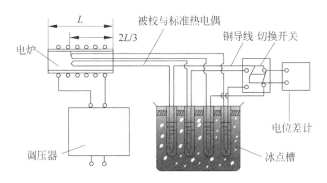

图 2-32　热电偶校验线路图

(1) 校验点包括常用温度在内,应不少于 5 点,上限点应高于最高常用温度 50℃。

(2) 将被校热电偶和标准热电偶的测量端置于管式电炉内的多孔或单孔镍块(或不锈钢块)孔内,以使它们处于相同的温度场中。

(3) 将热电偶冷端置于充有变压器油的试管内,然后将试管放入盛有适量冰、水混合物的冰点槽中,冰点槽中的温度用具有 0.1℃分度值的水银温度计测量。

(4) 当电炉温升至第一个校验点,且炉温在 5min 内变化不大于 2℃时即可读数。

(5) 校验前应检查电位差计的工作电流,读数时由标准热电偶开始依次读数,读至最后一支被校热电偶,再从该支热电偶反方向依次读数,取每支热电偶的两次读数的平均值,作为标准与被校热电偶的读数结果 E_n 和 E_x,再分别由分度表查出对应的温度 t_n 和 t_x,误差为 Δt 为:$\Delta t = t_x - t_n$。误差 Δt 值应符合允许误差的要求。大于允许误差者,则认为不合格。

若标准热电偶出厂检定证书的分度值与统一分度表值不同,则应将标准热电偶测值加上校正值后作为热电势标准值。

为了降低操作者的劳动强度,提高检定的工作质量,确保量值传递的统一性,现在大多采用了热电偶全自动检定系统,从而实现热电偶检定过程的全部自动化,即自动控温、自动检定、自动数据处理、自动打印检定结果。

2. 热电偶的安装

热电偶的安装要注意有利于测温准确,安全可靠及维修方便,而且不影响设备运行和生产操作。为了满足这些需求,需要考虑很多的问题,在此只将安装时经常遇到的一些主要问题列举如下。

1) 安装部位及插入深度

为了使热电偶热端与被测介质之间有充分的热交换,应合理选择测点位置,不能在阀门、弯头及管道和设备的死角附近装设热电偶。带有保护套管的热电偶有传热和散热损失,会引起测量误差。为了减少这种误差,热电偶应具有足够的深度。对于测量管道中流体温度的热电偶(包括热电阻和膨胀式压力表式温度计),一般都应将其测量端插入管道中心,即装设在被测流体最高流速处,如图 2-33(a)～图 2-33(c)所示。

对于高温高压和高速流体的温度测量(例如主蒸汽气温),为了减小保护套对流体的阻力和防止保护套在流体作用下发生断裂,可采取保护管浅插方式或采用热套式热电偶装设结构。浅插方式的热电偶保护套管,其插入主蒸汽管道的深度应不小于75mm;热套式热电偶的标准插入深度为100mm。当测温元件插入深度超过1m时,应尽可能垂直安装,否则就要有防止保护套管弯曲的措施,例如,加装支撑架如图2-33(d)所示或加装保护套管。

在负压管道或设备上安装热电偶时,应保证其密封性。热电偶安装后应进行补充保温,以防因散热而影响测温的准确性。在含有尘粒、粉物的介质中安装热电偶时,应加装保护屏(如煤粉管道),防止介质磨损保护套管。

热电偶的接线盒不可与被测介质管道的管壁相接触,保证接线盒内的温度不超过0~100℃。接线盒的出线孔应朝下安装,以防因密封不良,水汽灰尘与脏物等沉积造成接线端子短路。

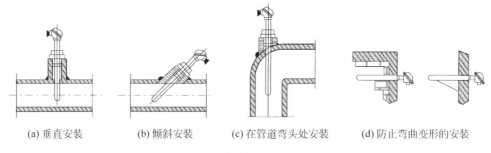

(a) 垂直安装   (b) 倾斜安装   (c) 在管道弯头处安装   (d) 防止弯曲变形的安装

图 2-33 　热电偶的安装方式

2) 金属壁表面测温热电偶的安装

(1) 焊接安装:如图2-34所示,焊接方式有三种:球形焊、交叉焊和平行焊。球形焊是先焊好热电偶,然后将热电偶的热电极焊到金属壁面上;交叉焊是将两根热电极丝交叉重叠放在金属壁面上,然后用压接焊或其他方法将热电极丝与金属面焊在一起;平行焊是将两根热电极丝分别焊在金属面上,通过该金属构成了测温热电偶。

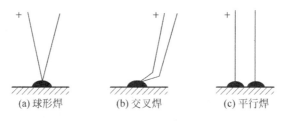

(a) 球形焊   (b) 交叉焊   (c) 平行焊

图 2-34 　金属表面热电偶焊接方式

(2) 压接安装:压接安装是将热电偶测量端置入一个比它尺寸略大的钻孔内,然后用捶击挤压工具挤压孔的四周,使金属壁与测量端牢固接触,这就是挤压安装;紧固安装是将热电偶的测量端置入一个带有螺纹扣的槽内,垫上铜片,然后用螺栓压向垫片,使测量端与金属壁牢固接触。

对于不允许钻孔或开槽金属壁,可采用导热性良好的金属块预先钻孔或开槽,用以固定测量端,然后将金属块焊在被测物体上进行测温。

3．热电偶的常用测温线路

1）单点温度测量的典型线路

热电偶测温时,可以直接与显示仪表(如电子电位差计、数字表等)配套使用,也可以与温度变送器配套,转换成标准电流信号,图 2-35 为典型的热电偶测温线路。

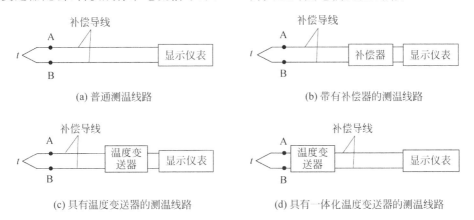

(a) 普通测温线路   (b) 带有补偿器的测温线路

(c) 具有温度变送器的测温线路   (d) 具有一体化温度变送器的测温线路

图 2-35 热电偶典型测温线路

2）两点间温差的测量

图 2-36 是用两支热电偶和一个仪表配合测量两点之间温差的线路。图中用了两支型号相同的热电偶并配用相同的补偿导线。工作时,两支热电偶产生的热电势方向相反,故输入仪表的是其差值,这一差值正反映了两支热电偶热端的温差。为了减少测量误差,提高测量精度,要尽可能选用热电特性一致的热电偶,同时要保证两支热电偶的冷端温度相同。

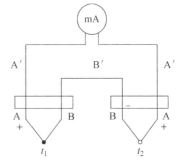

图 2-36 两点温差的测量(热电偶的反向串联)

3）多点平均温度的测量

有些大型设备,需测量多点的平均温度。可以通过热电偶并联的测量电路来实现,如图 2-37 所示。将 n 支同型号热电偶的正极和负极分别连接在一起的线路称为并联测量线路。如果 n 支热电偶的电阻均相等,则并联测量线路的总热电势等于 n 支热电偶热电势的平均值,即

$$E_{并} = \frac{E_1 + E_2 + \cdots + E_n}{n} \tag{2-19}$$

热电偶并联线路中,当其中一支热电偶断路时,不会中断整个测温系统的工作。

4）多点温度之和的测量

将 n 支同型号热电偶依次按正负极相连接的线路称为串联测量线路,如图 2-38 所示。串联测量线路的热电势等于 n 支热电偶热电势之和,即

$$E_{串} = E_1 + E_2 + \cdots + E_n = nE \tag{2-20}$$

串联线路的主要优点是热电势大,仪表的灵敏度大为增加;缺点是只要有一支热电偶断路,整个测量系统便无法工作。

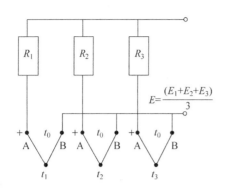

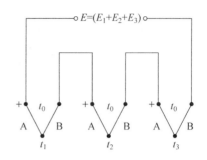

图 2-37 多点平均温度的测量(热电偶并联)　　图 2-38 多点温度之和的测量(热电偶串联)

应　用　篇

2.5　基础实训套件介绍

2.5.1　虚拟仪器

在过去的几十年,计算机技术已经融入人们生活的方方面面。很多事物,如果和计算机联系到一起,就会迸发出前所未有的活力。

对于传统的测试测量设备,与计算机相结合有两个方向:一种是以计算机技术为主体,在上面添加所需的硬件设备,实现传统仪器的功能;一种是以传统仪器为主体,在其上添加计算机的软硬件。这两种发展方向都使得仪器的功能更强大,速度更快。但其区别之处在于,把仪器移植到计算机上,更多考虑的是降低成本;而把计算机移植到仪器上,则更多的是为了满足仪器小型化的需要。

与计算机相结合以后,很多名词前面都冠以了"虚拟"这两个字,如虚拟现实、虚拟机,也包括本节要重点阐述的虚拟仪器。

虚拟仪器是相对于传统仪器来说的。传统实验平台上,运用的是台式示波器、台式信号发生器、万用表等。这些设备使用者看不到其内部结构,也无法改变其结构。一台仪器只能完成某种需求,一旦需求改变,用户需要重新购买满足新需求的仪器。而进入虚拟仪器时代,这些单一的传统仪器将会被计算机所替代。

NI 提出的虚拟仪器这个概念,是基于计算机技术的,可根据客户的具体需求定制出满足其自身要求的测试测量平台。

虚拟仪器技术是利用高性能的模块化硬件,结合高效灵活的软件来完成各种测试、测量和自动化的应用。其三大组成部分为:①高效的软件;②模块化 I/O 硬件;③软硬件平台。灵活高效的软件能帮助用户创建完全自定义的用户界面,模块化的硬件能方便地提供全方位的系统集成,标准的软硬件平台能满足对同步和定时应用的需求。基于这三大不可分割的组成部分,虚拟仪器技术拥有 4 大优势:性能高,扩展性强,开发时间少,以及出色的集成。

说到底,虚拟仪器就是基于计算机技术,用户自定义的测试测量仪器。其发展也跟随着计算机技术的发展不断向前。

将 NI 的虚拟仪器技术引入实验教学,不仅可以更新实验设备、降低实验仪器设备购置费用,并且在激发学生自主学习的积极性、促进学生动手实践和增强创新意识等方面,也收到了良好的教学效果。

2.5.2 NI ELVIS 虚拟仪器实训套件介绍

虚拟仪器实验室就是 NI 为各大院校提供的基于虚拟仪器技术的实验平台。该实验平台包含软件和硬件两大部分。软件是 LabVIEW,为 NI 的明星产品。

NI 曾经很长时间的宣传语都是"软件即仪器",从这点就可以看出,软件是虚拟仪器技术非常重要的组成部分。硬件为 NI ELVIS 实验平台。该硬件平台为 12 款常用仪器提供了硬件环境。

我们传感器课程的基础实训部分就是基于 NI ELVIS 实验平台、泛华测控自主产品传感器实验套件 LECT-1302 以及 nextpad 软件平台,为已经拥有虚拟仪器实验室的老师,提供了以下实验课程:温度测量,硅光电池特性研究,光敏二极管的光电特性研究,光敏三极管的光电特性研究,应变片实验,驻极体麦克风实验,热释电红外传感器的应用,电动机转速测定,三轴加速度传感器。

1. 何谓 ELVIS Ⅱ

NI 教学实验虚拟仪器套件,英文全称为 NI Educational Laboratory Virtual Instrumentation Suite(NI ELVIS)。ELVIS Ⅱ是一个集成式的设计和原型设计平台,适用于理工科实验室进行测量、电路、控制和嵌入式设计教学。

ELVIS Ⅱ基于灵活、开放的 NI LabVIEW 开发平台。它直接使用 USB 接口和计算机连接,使得实验平台易于搭建、维护和携带。其包含 12 种集成式仪器,如示波器、数字万用表等。并且与 Electronics Workbench Multisim 紧密结合,为学生提供一整套电路设计实验平台。

2. 虚拟仪器实训套件

虚拟仪器实训套件是基于虚拟仪器技术的实验平台。其基本组成在前言中也有所提及,是由软件和硬件两大部分组成,分别是 LabVIEW 软件平台和 ELVISⅡ硬件平台。

软件部分:NIELVIS Ⅱ基于 LabVIEW 编程,实现对硬件的配置和使用,并可使用 LabVIEW 做数据的存储以及后期的数据分析。

ELVISmx 驱动提供了 12 种仪器的软面板,以及 LV 当中的快速 VI。若使用 SignalExpress 或 NI Multisim,驱动同时也提供了在这些软件中的仪器选项。

硬件部分:NI ELVIS Ⅱ的硬件部分,给用户提供了 12 种可用仪器。并拥有用户自定义接口,供用户开发、实验之用。

3. 安装软硬件

下面具体介绍安装 LabVIEW 和 NI-DAQmx,以及 ELVIS Ⅱ的软硬件。软件安装步骤如下。

(1)若编程环境为 LabVIEW,安装 LabVIEW 8.6 或更高版本的软件。

(2)NIELVIS Ⅱ:先安装 NI-DAQmx 8.7.1 或更高版本的软件,再安装 NI ELVISmx 4.0 或者更高版本的软件。

NI ELVIS N+：先安装 NI-DAQmx 8.9 或更高版本的软件,再安装 NI ELVISmx 4.1 或者更高版本的软件。硬件安装请参照图 2-39 安装硬件。

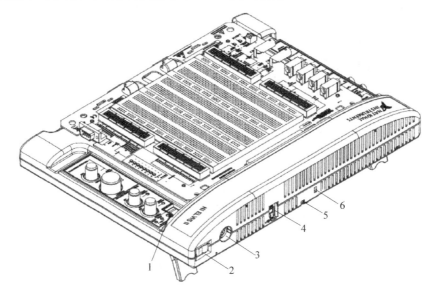

图 2-39 ELVIS Ⅱ 工作台后视图

1—原型板电源开关；2—工作台电源开关；3—AC/DC 电源接口；

4—USB 接口；5—线缆固定槽；6—Kensington 安全孔

(1) 请先确保工作台后部的电源开关是关(off)的状态。

(2) 使用 USB 线缆连接工作台和计算机。

(3) 将 AC/DC 电源线连接至工作台,并将插头插入壁装电源插座中。

(4) 按照下列步骤安装原型板：将原型板放置到工作台固定支架上,轻轻地将原型板的金手指接口推入工作台的接口左右轻推原型板,将其调整到适合的状态,不要强行插入接口中。

(5) 将工作台后部的电源开光打开,然后将原型板的电源开关打开,原型板左下方的三个 LED 灯(+15V,−15V,+5V)会点亮。

注意：若 LED 灯没有亮,说明设备供电不正常,或者硬件有问题。请先确认电源供电是否正常。若不能解决,可以寻求 NI 或泛华的技术支持。

仪器概览 ELVIS Ⅱ 的硬件设备,如图 2-40 所示,其中包括工作台和原型板两个部分。实验环境中的软件部分是 LabVIEW。接下来实验中的软件程序均基于 LabVIEW 编写。

ELVIS Ⅱ 包含以下 12 种仪器。在后面的实验中会介绍一下它们的功能以及使用方式。

(1) 任意波形发生器 Arbitrary Waveform Generator (ARB)。

(2) 波特图分析仪 Bode Analyzer。

(3) 数字输入 Digital Reader。

(4) 数字输出 Digital Writer。

(5) 万用表 Digital Multimeter(DMM)。

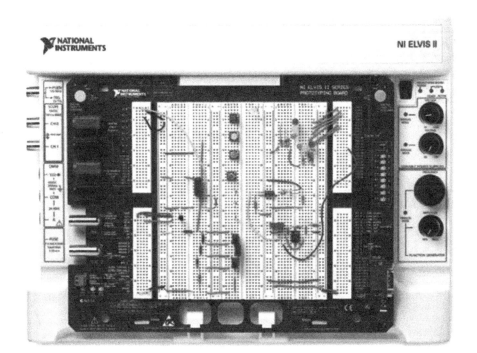

图 2-40　ELVIS Ⅱ 工作台和原型板

（6）动态信号分析仪 Dynamic Signal Analyzer(DSA)。

（7）信号发生器 Function Generator(FGEN)。

（8）阻抗分析仪 Impedance Analyzer。

（9）示波器 Oscilloscope(Scope)。

（10）两线制 C-V 分析仪 Two-Wire Current Voltage Analyzer。

（11）三线制 C-V 分析仪 Three-Wire Current Voltage Analyzer。

（12）可变电源 Variable Power Supplies (VPS)。

按照如下路径可以在"开始"菜单中打开仪器选择面板(Instrument Launcher)：Start→All Program Files→National Instruments→NI ELVISmx→NI ELVISmx Instrument Launcher，如图 2-41 所示。12 种仪器的选项都在其中。如单击 DMM 按钮,可以打开如图 2-42 所示的 DMM 的软面板(SFP)。

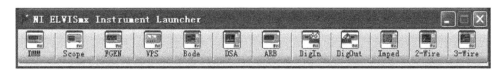

图 2-41　仪器选择面板(NI ELVISmx Instrument Launcher)

每一种仪器软面板的各个组成的说明以及使用方式在 Help 文档中都有具体的说明。打开帮助文档有两种方式,一种是直接单击某个仪器软面板中的 图标可打开帮助文档。另一种方式是在"开始"菜单中打开,具体可以参照如图 2-43 所示的位置(NI ELVISmx Help)。

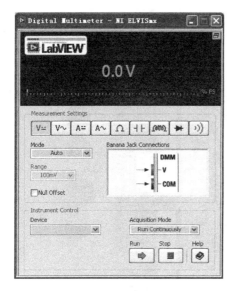

图 2-42 DMM 软面板

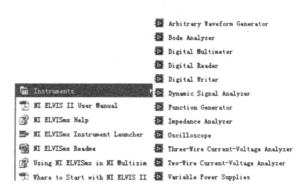

图 2-43 "开始"菜单中各个仪器的选项

如图 2-44 所示,对应每个仪器都有软面板的说明以及动手操作的说明(Take a Measurement),可以参照 Help 中该部分的内容,亲自动手操作,进一步了解各个仪器软面板的使用方式。

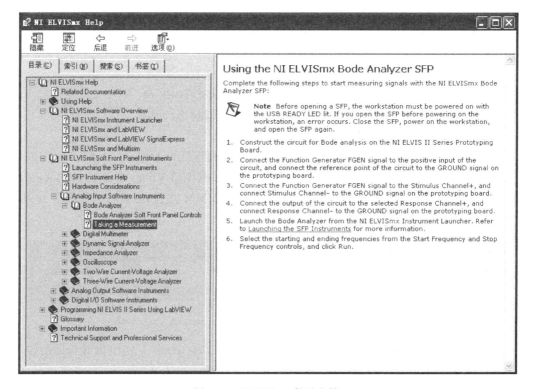

图 2-44 ELVISmx 帮助文档

4. 在 LabVIEW 中使用仪器

在 LabVIEW 中使用各个仪器功能,ELVISmx 驱动提供了各个仪器的 Express VI。在程序框图中右击,选择 Progamming→Measurement I/O→NI ELVISmx,就可以得到 ELVIS Ⅱ仪器的 Express VI 的函数选板,如图 2-45 所示。

拖选所需的仪器,放置到程序框图中,会弹出配置对话框。需要设置的参数和软面板的基本类似,如图 2-46 所示是 DMM 的 Express VI 的配置界面。配置完成后,单击 OK 按钮,就会自动生成配置好 Express VI,如图 2-47 所示。

图 2-45 仪器 Express VI

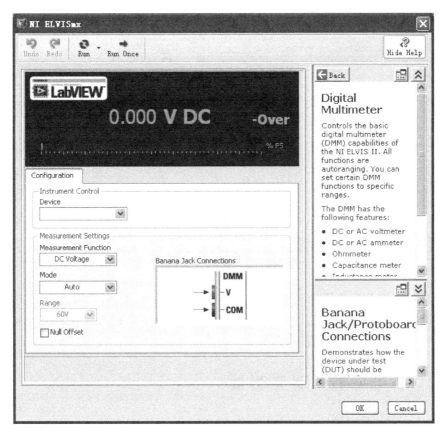

图 2-46 DMM Express VI 配置对话框

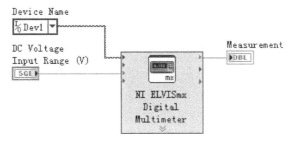

图 2-47 DMM Express VI

在生成好的 Express VI 上,添加输入端的控件以及右侧的显示控件,就可以在 LabVIEW 中使用各种仪器了。

当然,除了上述的 Express VI 形式,还可以直接应用 DAQmx 的驱动程序,完成软件编程来控制和使用 ELVIS Ⅱ硬件。在前面一部分数据采集中,已经依次介绍了各个组成的编程。

为了方便使用实验的软件平台,推荐将 ELVIS 的名称统一为 Dev1,方法如下。

(1) 在桌面或"开始"菜单中选择 MAX 🔓 。

(2) 打开 MAX 后,在左侧的选项卡中选择"我的系统"。

(3) 选择"设备和接口"。

(4) 查看 ELVIS 的名称,若不为 Dev1,右击 ELVIS,选择"重命名"。

具体的位置如图 2-48 所示。

图 2-48 MAX 示意图

LECT-1302 实验套件包含一块实验配套电路板(支持 ELVIS Ⅰ/Ⅱ),一套实验专用连线与传感器器件,配套 U 盘(包括用户手册、实验指导书、1302 相关技术文档,nextpad 安装包,1302nex 文件,产品使用教学视频等)。

2.6 基础实验:温度测量

2.6.1 实验目的

(1) 学会使用虚拟万用表(DMM)和虚拟示波器(Scope)。

(2) 了解热敏电阻、铂电阻、热电偶和 AD590 集成温度传感器的工作原理,技术参数以及使用注意事项。

(3) 了解几种温度传感器的 R-T 特性。

2.6.2 元器件准备

(1) 基础传感器实验平台。

(2) 热敏电阻、铂电阻、热电偶、AD590。

(3) 万用表表笔。

2.6.3 实验内容和步骤

1. 热敏电阻

（1）在实验平台上安装好传感器课程实验套件的板子。

（2）将热敏电阻固定在实验板上，将热敏电阻的两个引脚连接至 U801。

（3）使用平台自带的万用表（DMM）来测量电阻的阻值变化。使用 DMM(V)和 COM 两个端口分别连接 T801 和 T805。端口如图 2-49 所示。T801～T804 是相通的，T805～T808 是相通的。

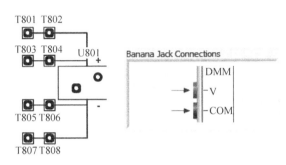

图 2-49　接线柱及 DMM 引脚

（4）打开 ELVIS 的电源，分别打开 ELVIS 工作台和原型板的电源开关。

（5）打开 ELVIS 的 DMM 软面板，在"开始"菜单中找到 NI ELVISmx Instrument Launcher，然后选择 DMM。

（6）在 DMM 中选择电阻测量，运行。查看室温下的电阻阻值。用手指接触热敏电阻，查看电阻值变化。完成本步骤后，单击软面板停止按钮。

（7）打开 nextpad，选择 1302，在主面板中选择"温度测量"。进入实验面板，选择"热敏电阻"。

（8）查看完实验原理后，切换至测试面板。选择 ELVIS 设备名称 Dev1（若 ELVIS 设备名称不是默认的 Dev1，建议在开始所有实验前，在 MAX 中将其名称修改为 Dev1），其他参数都可使用默认值，单击"开始"按钮，观察波形图及温度计所显示的结果，用手指接触热敏电阻（或使用打火机等对热敏电阻加温），观察温度和电阻值的关系。本步骤结束，单击"暂停"按钮。

（9）若需要保存本实验数据，单击"保存"按钮。选择保存路径。存储文件为压缩文档，包含波形图和 txt 数据文件。

（10）完成实验后，关闭原型板电源，将热敏电阻取下。

2. 铂电阻

（1）将铂电阻固定在实验板上，将铂电阻的正负两个引脚分别连接至 U801 的正负两端。

（2）使用万用表（DMM）来测量铂电阻的阻值变化。依旧使用 DMM(V)和 COM 两个端口分别连接 T801 和 T805。端口如图 2-49 所示。

（3）打开原型板电源，使用 DMM 软面板，使用电阻挡。观察温度变化时，铂电阻的电阻变化。完成该步骤，单击软面板停止按钮。

（4）在 nextpad 中，完成铂电阻的实验内容，同热敏电阻的步骤（8）及（9）。

（5）完成实验后，关闭原型板电源，取下铂电阻。

3. AD590

（1）使用 DMM 测量 T1203 和 T1202 之间的电阻值，调节 RP1201，直到电阻值为

10kΩ。将万用表的两个接线端口与 T1203 和 T1202 相连,使用 DMM 的电阻挡,测量阻值变化。AD590 线柱及电路原理图如图 2-50 所示。

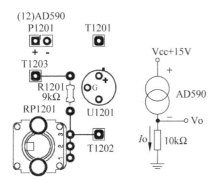

(12)AD590

图 2-50　AD590 线柱及电路原理图

(2) P1201 连接+15V 电源,左正右负。其他接线不变,即使用 DMM 测量 T1203 和 T1202 间的电压变化。

(3) 打开 ELVIS 的原型板电源开关。在 nextpad 软面板中,在温度测量实验中选 AD590,查看完实验原理后,切换至测试面板,单击"开始"按钮,测量当前温度。记录当前的室温。AD590 的测量精度高,当前室温可作为热电偶实验中的温度补偿的温度数值。

(4) 若需要保存波形数据,单击"保存"按钮。选择相应的保存路径。

(5) 实验结束后,关闭原型板电源。

4. 热电偶

(1) 将热电偶连接至 U1001 端口,注意正负极相对应正端接 T1001。

(2) 将 T1001 和 T1002 和 AI 通道连接,AI+接 T1001。

(3) 差动放大器调零,将放大器的输入端口 J1601 的正负两个端口都与地(GND)相连接,P1601 分别接+15V、GND、-15V。打开原型板电源开关,使用万用表(V)观察输出端口 J1602,调整 RP1602,直到电压值接近 0V(也可使用示波器 Scope 观察 J1602 的输出电压值)。

(4) 差动放大器放大倍数调整

① 将 J1601+接 AO0,J1601-接 GND。

② 将 J1602 接 AI0,注意正负端口一一对应。打开示波器软面板,选择通道为 AI0。

③ 使用 AO 产生 10mA 直流电压:打开 MAX→设备和接口→NI ELVIS "Dev1",在右侧选择"测试面板",在面板中选择"模拟输出",输出值改为"10m",单击刷新。

④ 运行示波器。

⑤ 调整 RP1601,直到示波器显示的输出信号为 1V(放大倍数为 100 倍)。

⑥ 本步骤完成后,去除 J1601、J1602 上的连线。

(5) 信号放大,热电偶及 RC 滤波电路如图 2-51 所示。将热电偶的输出端口 T1001 与 J1601+连接,T1002 与 J1601-连接。

(6) 低通滤波,将放大后的信号连接至低通滤波器,将 J1602 与 J901 相连接,正负两个端口相对应。选择电阻和电容分别为 10kΩ、1μF(即短接 S903)。滤波后的信号和 AI 通道相连接,连接 J902 和 AI0 通道。推荐使用示波器 Scope 软面板来观察电压变化。

(7) 冷端补偿,使用另一种温度传感器来测量冷结合点的温度(可使用 AD590 所测量的室温),将该温度转换为对应的电压值 $E(t_0, 0)$,然后对热电偶电压读数 $E(t, t_0)$ 进行补偿。

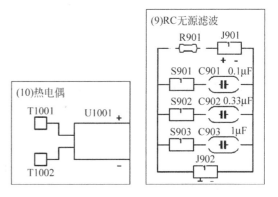

图 2-51　热电偶及 RC 滤波电路

获得 $E(t,0)$，通过查看分度表，获得所测的温度值。

（8）打开 nextpad 软面板的"温度测量"，选择"热电偶"，在测试面板中依次填写冷端补偿、$E(t_0,0)$、$E(t,t_0)$，通过对照分度表，得到"待测温度"，并在测试面板中填写好。其关系如下：

$$E(t,0) = E(t,t_0) + E(t_0,0) => T℃$$

式中：$E(t,0)$——修正后的热电势；

$E(t,t_0)$——测得的热电势；

$E(t_0,0)$——冷端补偿对应的热电势。

（9）完成实验后，关闭原型板电源，将热电偶取下。

注意：在使用示波器观察电压数值时，观察的信号为 50Hz 的正弦波，读取波形的最大最小值，求得平均数值 $V_E = (V_{max} + V_{min})/2$。温度测试实验完成后，整理使用过的元器件及连线，关闭 ELVIS 的两个电源开关。

5. 温度测试思考题

（1）使用热敏电阻及 Pt100 测温，还可以使用 1mA 恒流源来实现。在没有万用表的情况下，传统的做法是通过测量电阻两端电压的变化，推算出阻值的变化，进而转化为温度值。这种方式是常见的测温方式。使用这种方式，可以使用 AI 通道测量电阻两端的电压变化。可使用示波器来观察电压变化，也可使用 LabVIEW 编程完成实验。实验板自带 1mA 恒流源使用方式如下。

① T1101 接+5V。

② T1101 的 1 脚接热敏电阻或 Pt100 的一端，热敏电阻或 Pt100 的另一端接 GND。

③ 热敏电阻或 Pt100 的两个引脚接 AI 通道，分别接 AI0+和 AI0−，差分测量恒流源的 T1101 的 2 脚和 T1102 是相连的，可以悬空或接地。

（2）若需要对传感器做标定，可以在 nextpad 中的温度测量实验中选择"标定"，测量温度和电阻值，填写一组数据之后，刷新图标，查看绘制的 R-T 波形图。

（3）比较几种温度传感器的测量方式以及测量精准度。

2.7　技能拓展：空调室内环境温度传感器的选型

2.7.1　空调室内温度传感器

空调的温度传感器是 CPU 的"侦察兵"，时刻监视空调各部件的温度变化，它将检测到的信息经 CPU 处理后，控制空调的运行。空调控制部分共设有三个温度传感器：室内环境温度传感器，室内管温传感器和室外化霜温度传感器。

1. 室内环境温度传感器

主要检测室内温度，控制内外机的运行。

（1）温度的调节作用。当室内温度达到设定要求时，在制冷状态时，室外机停，而室内风机继续运行在"微风"状态；在制热状态时，室内机继续吹余热风，然后停机。

（2）调整空调的运行方式。当空调设定在"自动运行模式"时，控制系统则按当前的室温高低，来决定空调应以何种方式运行。当室温在 20℃ 以下时，空调自动运行在制热状态；当室温在 21～23℃ 之间时，自动运行在除湿状态；当室温在 24℃ 以上时，则运行在制冷状态。

（3）自动控制制冷、制热时室内机的风速。以用户事先设定制冷房间的温度为标准，当室温变化时，控制系统便会按照当前的室温与设定的温度之差来调整风速的大小。

① 在夏季制冷开始时,空调先启动运行在"强冷"挡,使室内风机运行在"强风"挡,将室温迅速降下来;当室温降至 29℃时,空调自动转为"弱冷"挡,室内风机运行在"中风"挡;当室温降至 27℃以下时,空调则自动转为"微冷"挡,室内风机运行也在"微风"挡。

② 在冬季自动制热运行时,在设定温度下风速也会按房间温度的高低进行"强风""中风""微风"三挡自动调节,以减少调节步骤,满足用户的要求。

2. 室内管温传感器

安装在室内蒸发器的管道上,它直接与管道相接触,主要检测室内蒸发器的盘管温度(简称管温),所测温度接近制冷系统的蒸发温度。

其作用有 4 个:一是在夏季制冷时,防止室内盘管过冷冻结,并控制室外压缩机停机;二是冬季制热开始时,防止室内机吹出冷风和盘管过热、自动控制室内机的风速和室外压缩机的开、停;三是控制室内风机的风速;四是与微计算机芯片配合,实现过冷和过热故障的自动诊断。

(1) 在夏季制冷时起防冻结保护作用。当室内盘管结冰温度低于 -2℃连续 2min 时,室外机停止运行;当室内管温上升到 7℃时或压缩机停止工作超过 6min 时,室外机继续运行。因此当盘管管温传感器阻值偏大(即检测的温度比实际的温度小)时,导致微计算机控制系统误判断为室内温度已达到设定的防冻结保护温度,使室外机可能停止运行,室内机吹自然风,出现不制冷故障。比如出现开机时制冷正常,过后不能制冷,室外机停止运行,室内机吹自然风的现象。当盘管管温传感器阻值偏小(即检测的温度比实际的温度大)时,室内蒸发器温度低于 -2℃结冰了而压缩机还在继续运行不能停机防冻结保护,使室内蒸发器上结冰,造成室内蒸发器漏水,出风少,制冷效果差。

(2) 在冬季制热开始时防止室内机吹出冷风、防过热保护,起到自动控制室内机的风速、室外机风机和压缩机启停的作用。冬季刚开机时室内盘管温度如未达到 25℃,室内风机不运行;当室内盘管温度达到 25~38℃之间时室内风机以微风工作;当管温达到 38℃以上时以设定风速工作;当管温达到 57℃持续 10s 时,停止室外风机运行;当管温超过 62℃持续 10s 时,压缩机也停止运行。只有等管温下降到 52℃时,室外机才投入运行。因此,当管温传感器出现故障时,其阻值比正常值偏大(即检测的温度比实际的温度小)时,室内机可能不能起动或一直以低风速运行,当管温传感器阻值偏小时,室外机频繁停机,使室内机吹出凉风。

(3) 在制冷或制热时,当盘管温度超出正常的温度范围时,经电路板上的集成电路 IC 进行比较计算实现故障的自动诊断。

3. 室外化霜温度传感器

主要检测室外冷凝器盘管温度。当室外盘管温度低于 -6℃连续 2min 时间,内机转为化霜状态,当室外盘管传感器阻值偏大时,室内机不能正常工作。

2.7.2 空调室内环境温度传感器选型

通过上面的介绍我们了解了空调室内环境温度传感器、室内管温传感器和室外化霜温度传感器的主要作用,从而明确了空调对传感器的具体需求,以空调室内环境温度传感器为例,空调制造厂商需要它的温度检测范围为 15~30℃,所选用的温度传感器其阻值随温度变化明显,且传感器的精度、重复性、可靠性均要求较高,还要适于检测小于 1℃的信号,而且线性度好,能够直接用于 A/D 转换。

现在根据上述的具体需求,请通过分组的方式,结合之前学习的内容,做一下空调环境温度传感器的选型工作。完成选型后,请完成如表 2-9 所示的选型表格,并上交。

表 2-9　空调室内环境温度传感器选型表

小组成员名单		班级		成绩	
自我评价		组间互评情况		教师评价	
任务名称	空调室内环境温度传感器选型				
能力目标	利用所学习温度传感器相关知识,选择适宜的空调室内温控系统的温度传感器				
信息获取	课本、上网查询、小组讨论以及请教教师				

第一项内容——总结各种温度传感器特点

（一）热电阻传感器的特点：

（二）热敏电阻传感器的特点：

（三）热电偶传感器特点：

（四）其他温度传感器特点：

……第二项内容——不同类型传感器可以满足空调温度测量的哪些要求

将搜寻到的信息填入表中（小组可以自行补充）

传感器类型	测温范围	精度	重复性	可靠性	能否直接A/D转换	使用成本	能够检测的最小温度	线性度	其他

第三项内容——最终结论

2.7.3 空调温度传感器的检修技巧

1. 一般检修技巧

温度传感器故障在空调故障中占有比较大的比例,下面简单介绍一下空调温度传感器的检修技巧。

由于温度传感器在不同的温度,有不同的阻值;并且元件本身没有任何厂家的型号和参数标识,这给我们维修空调时增加了判断难度。

一般在维修过程中是以实测阻值和资料对比,或者用手握感温头,用表测其阻值是否有变化来判断其好坏。这些可以大概判断出传感器的好坏。不过有些传感器,在用加温法时,阻值也是变化的,但其阻值已经严重偏离正常值,还有些机型不熟悉,无法知道其确定的阻值。查看空调的电路图会发现,空调的传感器电路基本相似,都是以电阻分压形式提供信号电压给 CPU 进行比较计算,以此判断外界温度的高低。CPU 向感温头供电一般是 +5V,经过温度传感器电阻变化分压后,输入 CPU 的电压一般为 2.0～3.0V,这也是传感器两头的电压。如果测出的电压严重偏离,可判断传感器已经损坏。

(1) 不同类型感温头的阻值不同,但如何判别感温头的好坏呢?很简单,就是在线测量它的电压,25℃时正常的电压一般为 2～2.5V。

(2) 因为人的体温恒定,所以用手握感温头时,它的在路电压是一定的(约为 2.17V)。

(3) 拔掉感温头的插头,在线路上测量其座子的两个插针的电阻,所得的阻值基本就是感温头在 25℃时的型号值,但经实际检验此方法不准确。如是 8kΩ 左右的电阻,那传感器感温头的型号值一般是 10kΩ;如果是 4.7kΩ 电阻,则是 5kΩ 感温头;以此类推。但有部分大型空调,变频空调外机控制板温度传感器的阻值是下偏置电阻的三倍,即以上述方法测出的阻值乘以 3,就是传感器在 25℃时的阻值。

(4) 感温头的型号值就是它在 25℃时的电阻值,通常是 5kΩ、10kΩ、15kΩ、20kΩ、50kΩ 这几种,一般都是负温度系数的,即温度越高,电阻值反而越小。

(5) 一般来说,内机管温和室温阻值是一样的。

2. 温度传感器故障实例

(1) 故障现象:空调制热效果差,风速始终很低。

(2) 原因分析:上门检查,开机制热,风速很低,出风口很热。转换空调模式,在制冷和送风模式下风速可高、低调整,高、低风速明显,证明风扇电动机正常,怀疑室内管温传感器特性改变。

(3) 解决措施:更换室内管温传感器后试机一切正常。

(4) 经验总结:空调制热时,由于有防冷风功能,当室内管温传感器检测到室内换热器管温达到 25℃以上时,室内风机以微风工作;当室内换热器管温达到 38℃以上时以设定风速工作。以上故障首先观察发现风速低,且出风温度高,故检查风机是否正常,当判定风速正常后,分析可能传感器检查温度不正确,造成室内风机不能以设定风速运转,故更换传感器。

小结

温度是表征物体冷热程度的物理量,是国际单位制中7个基本物理量之一,它与人类生活、工农业生产和科学研究有着密切关系。温度标志着物质内部大量分子无规则运动的剧烈程度。在人们的日常生活当中,对温度的测量和控制时时刻刻都存在着。

热电阻和热敏电阻作为感温元件,是利用导体和半导体的电阻值随温度升高而变化的特性来实现对温度的测量。热电偶传感器是将温度转换成电动势的一种测温传感器。与其他测温装置相比,它具有精度高、测温范围宽、结构简单、使用方便和可远距离测量等优点。

请你做一做

一、填空题

1. 热电偶所产生的热电势是_____电势和_____电势组成的,其表达式为 $E(T,T_0)=$_____。在热电偶温度补偿中补偿导线法(即冷端延长线法)是在_____和_____之间,接入_____,它的作用是_____。

2. 热电偶是将温度变化转换为_____的测温元件,热电阻和热敏电阻是将温度转换为_____变化的测温元件。

3. 热电阻最常用的材料是_____和_____,工业上被广泛用来测量中低温区的温度。在测量温度要求不高且温度较低的场合,_____热电阻得到了广泛应用。

4. 热电阻引线方式有三种,其中_____适用于工业测量,一般精度要求场合;二线制适用于引线不长,精度要求较低的场合;四线制适用于实验室测量,精度要求高的场合。

二、选择题

1. 铂热电阻PT100在0℃时的电阻值为( )Ω。
   A. 0   B. 138.51   C. 100   D. 1000

2. 测CPU散热片的温度应选用( )型热电偶。
   A. 普通   B. 铠装
   C. 薄膜   D. 隔爆

3. 热电偶的工作原理是基于( )。
   A. 电磁效应   B. 压阻效应   C. 热电效应   D. 压电效应

4. 有关热电偶特性的说明错误的是( )。
   A. 只有当热电偶两端温度不同,热电偶的两导体材料不同时才能有热电势产生
   B. 导体材料确定后,热电势的大小只与热电偶两端的温度有关
   C. 只有用不同性质的导体(或半导体)才能组合成热电偶
   D. 热电偶回路热电势与组成热电偶的材料及两端温度有关;也与热电偶的长度、粗细有关

三、简答题

1. 简述热电偶与热电阻的测量原理的异同。

2. 设一热电偶工作时产生的热电动势可表示为 $E_{AB}(t,t_0)$,其 A、B、t、t_0 各代表什么意

义？t_0 在实际应用时常应为多少？

3. 用热电偶测温时，为什么要进行冷端补偿？冷端补偿的方法有哪几种？

4. 热电偶在使用时为什么要连接补偿导线？

5. 什么是测温仪表的准确度等级？

6. 什么是热电偶？

7. 为什么要进行周期检定？

8. 利用热电偶测温具有什么特点？

9. 试说明图 2-52 中分别是测量哪些被测温度量？

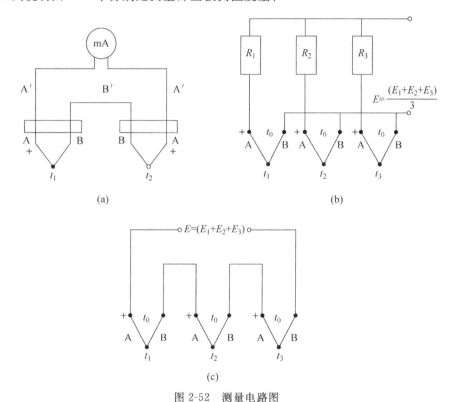

图 2-52　测量电路图

10. 试通过汽车油箱油位报警系统工作原理图（图 2-53），分析出热敏电阻是如何用于汽车油箱油位判断的？

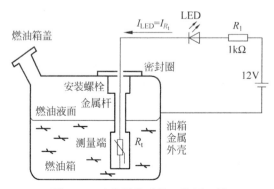

图 2-53　油位报警系统工作原理图

四、计算题

1. 用 K 型热电偶测量温度,已知冷端温度为 40℃,用高精度毫伏表测得此时的热电动势为 29.186mV,求被测的温度大小?

2. 用 K 型热电偶测钢水温度,形式如图 2-54 所示。已知 A、B 分别为镍铬、镍硅材料制成,A、B 为延长导线。问:

(1) 满足哪些条件时,此热电偶才能正常工作?

(2) A、B 开路是否影响装置正常工作? 原因是什么?

(3) 采用 A、B 的好处是什么?

(4) 若已知 $t_{01}=t_{02}=40℃$,电压表示数为 37.702mV,则钢水温度为多少?

(5) 此种测温方法的理论依据是什么?

3. 如图 2-55 所示,R_t 是 Pt100 铂电阻,分析热电阻测量温度电路的工作原理,以及三线制测量电路的温度补偿作用。

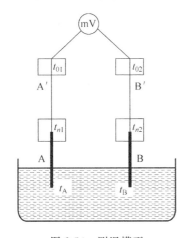

图 2-54　测温模型

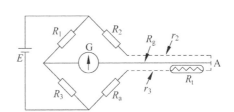

图 2-55　测温电路

4. 用镍铬-镍硅热电偶测量某低温箱温度,把热电偶直接与电位差计相连接。在某时刻,从电位差计测得热电势为 -1.19mV,此时电位差计所处的环境温度为 15℃,试求该时刻温箱的温度是多少度?(镍铬-镍硅热电偶分度表见表 2-10)

表 2-10　镍铬-镍硅热电偶分度表

测量端温度 /℃	0	1	2	3	4	5	6	7	8	9
	热电动势/mV									
-20	-0.77	-0.81	-0.84	-0.88	-0.92	-0.96	-0.99	-1.03	-1.07	-1.10
-10	-0.39	-0.43	-0.47	-0.51	-0.55	-0.59	-0.62	-0.66	-0.70	-0.74
-0	-0.00	-0.04	-0.08	-0.12	-0.16	-0.20	-0.23	-0.27	-0.31	-0.35
+0	0.00	0.04	0.08	0.12	0.16	0.20	0.24	0.28	0.32	0.36
+10	0.40	0.44	0.48	0.52	0.56	0.60	0.64	0.68	0.72	0.76
+20	0.80	0.84	0.88	0.92	0.96	1.00	1.04	1.08	1.12	1.16

第3章
CHAPTER 3

光 的 检 测

本章学习目标

- 掌握光电效应和常用光电器件。
- 掌握光电开关传感器的基础知识,熟练掌握选型、安装调试的方法,了解光电开关传感器的应用。
- 掌握光栅的基础知识,熟练掌握选型、安装调试的方法,了解光栅传感器的应用。
- 掌握光电编码器的基础知识,熟练掌握选型、安装调试的方法,了解光电编码器的应用。

本章首先介绍光电效应和常用光电器件,为后面相关的传感器的讲解打下基础。然后依次介绍光电开关传感器、光栅和光电编码器的相关基础知识,并以小任务为载体,重点介绍其选型和安装调试的方法;并介绍了传感器的常见应用。本章内容思维导图如图 3-1 所示。

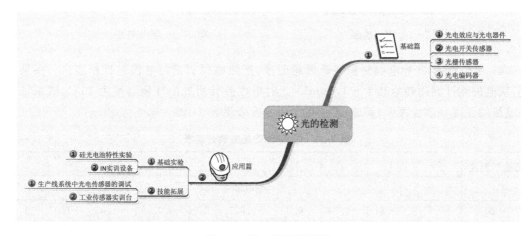

图 3-1 第 3 章思维导图

项目背景

王老板名下公司里的几条生产线面临升级改造,由公司的总工杨工负责。小张是一名刚毕业的学生,人聪明肯干,有幸加入了该项目。

生产线升级改造首要的任务就是让每日的产能统计自动化。原先都是靠人手工统计,速度慢不说,有时还出现统计出错的情况。而负责统计的林工由于日复一日做着这种重复率高而又乏味的工作早已苦不堪言,近日给老板下达最后通牒,说:"再不想想办法以后你就看不见我了。"

小张没有实际工作经验,对该项目感觉无从下手,去找总工请教。总工也正想趁着这个机会锻炼一下年轻人,他知道该生产线改造会用到光电开关、光栅和光电编码器等一系列和光有关的传感器,于是和小张说:"咱们这次产线改造项目,用到好多和光有关的传感器。这样,你先去学习一些相关知识,比如光电效应和常用光电器件,然后看看都有哪些和光有关的传感器,有不懂的随时来问我。"

于是小张怀着忐忑的心情,带着第一个任务出发了……

基　础　篇

3.1　光电效应与光电器件

本节内容思维导图如图 3-2 所示。

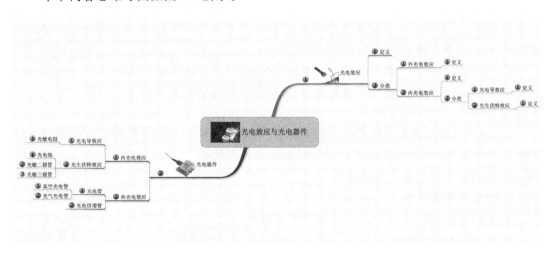

图 3-2　3.1 节思维导图

3.1.1　光电效应

1. 光电效应的定义

光电效应是物理学中一个重要而神奇的现象。在高于某特定频率的电磁波照射下,某些物质内部的电子会被光子激发出来而形成电流,即光生电,如图 3-3 所示。光电现象由德国物理学家赫兹于 1887 年发现,而正确的解释由爱因斯坦所提出。

光子是具有能量的粒子,每个光子的能量可表示为

$$E = h \cdot \nu_0 \tag{3-1}$$

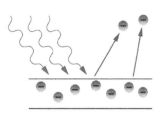

图 3-3　光电效应示意图

式中：h——普朗克常数（$=6.626 \times 10^{-34}$J·s）；

　　　ν_0——光的频率。

根据爱因斯坦假设：一个光子的能量只给一个电子。因此，如果一个电子要从物体中逸出，必须使光子能量 E 大于表面逸出功 A_0，这时，逸出表面的电子具有的动能可用光电效应方程表示为

$$E_k = \frac{1}{2}mv^2 = h \cdot v_0 - A_0 \qquad (3\text{-}2)$$

式中：m——电子的质量；

　　　v——电子逸出的初始速度。

根据光电效应方程，当光照射在某些物体上时，光能量作用于被测物体而释放出电子，即物体吸收具有一定能量的光子后所产生的电效应，这就是光电效应。光电效应中所释放出的电子叫光电子，能产生光电效应的敏感材料称作光电材料。根据光电效应可以做出相应的光电转换元件，简称光电器件或光敏器件，它是构成光电式传感器的主要部件。

通过大量的实验总结出光电效应具有如下实验规律。

(1) 每一种金属在产生光电效应时都存在极限频率（或称截止频率），即照射光的频率不能低于某一临界值。相应的波长被称作极限波长（或称红限波长）。当入射光的频率低于极限频率时，无论多强的光都无法使电子逸出。

(2) 光电效应中产生的光电子的速度与光的频率有关，而与光强无关。

(3) 光电效应的瞬时性。实验发现，即几乎在照到金属时立即产生光电流。响应时间不超过 1ns。

(4) 入射光的强度只影响光电流的强弱，即只影响在单位时间单位面积内逸出的光电子数目。在光颜色不变的情况下，入射光越强，饱和电流越大，即一定颜色的光，入射光越强，一定时间内发射的电子数目越多。

2. 光电效应的分类

光电效应可以分为内光电效应和外光电效应。

内光电效应是指物体受到光照后所产生的光电子只在物体内部运动，而不会逸出物体的现象。内光电效应多发生于半导体内，可分为因光照引起半导体电阻率变化的光电导效应和因光照产生电动势的光生伏特效应两种。光电导效应是指物体在入射光能量的激发下，其内部产生光生载流子（电子-空穴对），使物体中载流子数量显著增加而电阻减小的现象；这种效应在大多数半导体和绝缘体中都存在，但金属因电子能态不同，不会产生光电导效应。光生伏特效应是指光照在半导体中激发出的光电子和空穴在空间分开而产生电位差的现象，是将光能变为电能的一种效应。光照在半导体 PN 结或金属-半导体接触面上时，在 PN 结或金属-半导体接触面的两侧会产生光生电动势，这是因为 PN 结或金属-半导体接触面因材料不同质或不均匀而存在内建电场，半导体受光照激发产生的电子或空穴会在内建电场的作用下向相反方向移动和积聚，从而产生电位差。

外光电效应是指当光照射到金属或金属氧化物的光电材料上时，光子的能量传给光电材料表面的电子，如果入射到表面的光能使电子获得足够的能量，电子会克服正离子对它的吸引力，脱离材料表面而进入外界空间现象。即外光电效应是在光线作用下，电子逸出物体

表面的现象。

3.1.2 常用光电器件

1. 外光电效应光电器件

根据外光电效应制作的光电器件有光电管和光电倍增管。

1) 光电管及其基本特性

(1) 结构与工作原理。光电管有真空光电管和充气光电管两类。真空光电管的结构如图 3-4(a)所示,它由一个阴极(K 极)和一个阳极(A 极)构成,并且密封在一只真空玻璃管内。阴极装在玻璃管内壁上,其上涂有光电材料,或者在玻璃管内装入柱面形金属板,在此金属板内壁上涂有阴极光电材料。阳极通常用金属丝弯曲成矩形或圆形或金属丝柱,置于玻璃管的中央。在阴极和阳极之间加有一定的电压,且阳极为正极,阴极为负极。当光通过光窗照在阴极上时,光电子就从阴极发射出去,在阴极和阳极之间电场的作用下,光电子在极间做加速运动,被高电位的中央阳极收集形成电流,光电流的大小主要取决于阴极灵敏度和入射光辐射的强度。

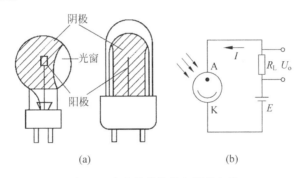

图 3-4 光电管的结构与测量电路

充气光电管的结构相同,只是管内充有少量的惰性气体如氩或氖,当充气光电管的阴极被光照射后,光电子在飞向阳极的途中和气体的原子发生碰撞,使气体电离,电离过程中产生的新电子与光电子一起被阳极接收,正离子向反方向运动被阴极接收,因此增大了光电流,通常能形成数倍于真空型光电管的光电流,从而使光电管的灵敏度增加。但充气光电管的光电流与入射光强度不成比例关系,因而使其具有稳定性较差、惰性大、温度影响大、容易衰老等一系列缺点。随着半导体光电器件的发展,真空光电管已逐步被半导体光电器件所替代。

(2) 主要性能。光电管的性能主要由伏安特性、光照特性、光谱特性、响应时间、峰值探测率和温度特性等来描述。

2) 光电倍增管及其基本特性

(1) 结构与工作原理。当入射光很微弱时,普通光电管产生的光电流很小,只有零点几微安,很不容易探测,这时常用光电倍增管对电流进行放大。图 3-5 是光电倍增管的外形和结构图。

光电倍增管主要由光阴极、次阴极(倍增极)以及阳极三部分组成。阳极是最后用来收集电子的,它输出的是电压脉冲。光电倍增管是灵敏度极高响应速度极快的光探测器,其输

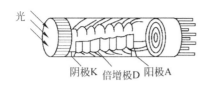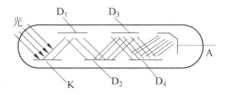

图 3-5 光电倍增管的外形和结构

出信号在很大范围内与入射光子数呈线性关系。

　　光电倍增管除光阴极外,还有若干个倍增电极。光电倍增管的工作电路如图 3-6 所示,使用时在各个倍增电极上均加上电压。阴极电位最低,从阴极开始,各个倍增电极的电位依次升高,阳极电位最高。同时,这些倍增电极用次级发射材料制成,这种材料在具有一定能量的电子轰击下,能够产生更多的"次级电子"。由于相邻两个倍增电极之间有电位差,因此存在加速电场,对电子加速。从阴极发出的光电子,在电场的加速下,打到第一个倍增电极上,引起二次电子发射。每个电子能从这个倍增电极上打出 3～6 个次级电子,被打出来的次级电子再经过电场的加速后,打在第二个倍增电极上,电子数又增加 3～6 倍,如此不断倍增,阳极最后收集到的电子数将达到阴极发射电子数的 $10^5 \sim 10^8$ 倍,即光电倍增管的放大倍数可达到几十万倍甚至到上亿倍。因此光电倍增管的灵敏度就比普通光电管高几十万倍到上亿倍,相应的电流可由零点几微安放大到 A 或 10A 级,即使在很微弱的光照下,它仍能产生很大的光电流。

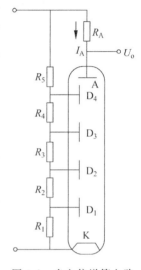

图 3-6 光电倍增管电路

　　(2) 主要参数。

　　① 倍增系数 M。倍增系数 M 等于各倍增电极的二次电子发射系数 δ 的乘积。如果 n 个倍增电极的 δ 都一样,则阳极电流为

$$I = i \cdot M = i \cdot \delta^n \tag{3-3}$$

式中: I——光电阳极的光电流;

　　　　i——光电阴极发出的初始光电流;

　　　　δ——倍增电极的电子发射系数;

　　　　n——光电倍增极数(一般 9～11 个)。

　　光电倍增管的电流放大倍数为

$$\beta = I/i = \delta^n = M \tag{3-4}$$

　　② 光电阴极灵敏度和光电倍增管总灵敏度。一个光子在阴极上所能激发的平均电子数叫作光电阴极的灵敏度。一个光子入射在阴极上,最后在阳极上能收集到的总的电子数叫作光电倍增管的总灵敏度,该值与加速电压有关。光电倍增管的最大灵敏度可达 10A/lm,极间电压越高,灵敏度越高。但极间电压也不能太高,太高反而会使阳极电流不稳。另外,由于光电倍增管的灵敏度很高,所以不能受强光照射,否则易被损坏。

　　③ 暗电流。一般把光电倍增管放在暗室里避光使用,使其只对入射光起作用(称为光激发)。但是,由于环境温度、热辐射和其他因素的影响,即使没有光信号输入,加上电压后阳极仍有电流,这种电流称为暗电流。光电倍增管的暗电流在正常应用情况下是很小的。

电流主要是由热电子发射引起,它随温度增加而增加(称为热激发);影响光电倍增管暗电流的因素还包括欧姆漏电(光电倍增管的电极之间玻璃漏电、管座漏电、灰尘漏电等)、残余气体放电(光电倍增管中高速运动的电子会使管中的气体电离产生正离子和光电子)等。有时暗电流可能很大甚至使光电倍增管无法正常工作,需要特别注意;暗电流通常可以用补偿电路加以消除。

④ 光电倍增管的光谱特性。光电倍增管的光谱特性与相同材料的光电管的光谱特性相似,主要取决于光阴极材料。

2. 内光电效应光电器件

基于光电导效应的光电器件有光敏电阻;基于光生伏特效应的光电器件典型的有光电池,此外,光敏二极管、光敏三极管也是基于光生伏特效应的光电器件。

1) 光敏电阻

(1) 光敏电阻的结构和工作原理。当入射光照到半导体上时,若光电导体为本征半导体材料,而且光辐射能量又足够强,则电子受光子的激发由价带越过禁带跃迁到导带,在价带中就留有空穴,在外加电压下,导带中的电子和价带中的空穴同时参与导电,即载流子数增多,电阻率下降。由于光的照射,使半导体的电阻变化,所以称为光敏电阻。

如果把光敏电阻连接到外电路中,在外加电压的作用下,电路中有电流流过,用检流计可以检测到该电流;如果改变照射到光敏电阻上的光度量(即照度),发现流过光敏电阻的电流发生了变化,即用光照射能改变电路中电流的大小,实际上是光敏电阻的阻值随照度发生了变化,图 3-7(a)为单晶光敏电阻的结构图。一般单晶的体积小,受光面积也小,额定电流容量低。为了加大感光面,通常采用微电子工艺在玻璃(或陶瓷)基片上均匀地涂敷一层薄薄的光电导多晶材料,经烧结后放上掩蔽膜,蒸镀上两个金(或铟)电极,再在光敏电阻材料表面覆盖一层漆保护膜(用于防止周围介质的影响,但要求该漆膜对光敏层最敏感波长范围内的光线透射率最大)。感光面大的光敏电阻的表面大多采用如图 3-7(b)所示的梳状电极结构,这样可得到比较大的光电流。如图 3-7(c)所示为光敏电阻的测量电路。

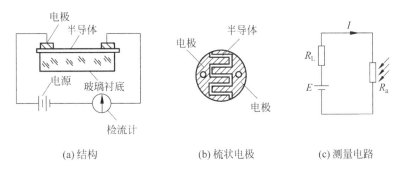

(a) 结构　　　　　　(b) 梳状电极　　　　　　(c) 测量电路

图 3-7　光敏电阻的结构

(2) 典型光敏电阻。典型的光敏电阻有硫化镉(CdS)、硫化铅(PbS)、锑化铟(InSb)以及碲化镉汞(Hg1-xCdxTe)系列光敏电阻。

(3) 光敏电阻的主要参数和基本特性。

① 暗电阻、亮电阻与光电流。暗电阻、亮电阻和光电流是光敏电阻的主要参数。光敏

电阻在未受到光照时的阻值称为暗电阻,此时流过的电流称为暗电流。在受到光照时的电阻称为亮电阻,此时的电流称为亮电流。亮电流与暗电流之差,称为光电流。

② 光敏电阻的伏安特性。在一定照度下,光敏电阻两端所加的电压与光电流之间的关系称为伏安特性。硫化镉(C_dS)光敏电阻的伏安特性曲线如图 3-8 所示,虚线为允许功耗线或额定功耗线(使用时应不使光敏电阻的实际功耗超过额定值)。

③ 光敏电阻的光照特性。光敏电阻的光照特性用于描述光电流和光照强度之间的关系,绝大多数光敏电阻光照特性曲线是非线性的,不同光敏电阻的光照特性是不同的,硫化镉光敏电阻的光照特性如图 3-9 所示。光敏电阻一般在自动控制系统中用作开关式光电信号转换器而不宜用作线性测量元件。

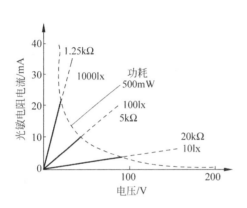

图 3-8　硫化镉光敏电阻的伏安特性

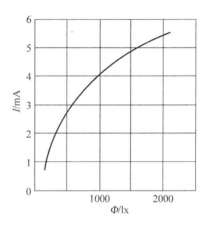

图 3-9　硫化镉光敏电阻的光照特性

④ 光敏电阻的光谱特性。对于不同波长的光,不同的光敏电阻的灵敏度是不同的,即

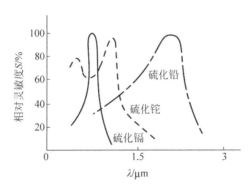

图 3-10　光敏电阻的光谱特性

不同的光敏电阻对不同波长的入射光有不同的响应特性。光敏电阻的相对灵敏度与入射波长的关系称为光谱特性。几种常用光敏电阻材料的光谱特性如图 3-10 所示。

⑤ 光敏电阻的响应时间和频率特性。实验证明,光敏电阻的光电流不能随着光照量的改变而立即改变,即光敏电阻产生的光电流有一定的惰性,这个惰性通常用时间常数来描述。时间常数越小,响应越迅速。但大多数光敏电阻的时间常数都较大,这是它的缺点之一。不同材料的光敏电阻有不同的时间常数,因此其频率特性也各不相同,与入射的辐射信号的强弱有关。

如图 3-11 所示为硫化镉和硫化铅光敏电阻的频率特性。硫化铅的使用频率范围最大,其他都较差。目前正在通过改进生产工艺来改善各种材料光敏电阻的频率特性。

⑥ 光敏电阻的温度特性。光敏电阻的温度特性与光电导材料有密切关系,不同材料的光敏电阻有不同的温度特性;光敏电阻的光谱响应、灵敏度和暗电阻都要受到温度变化的

影响。受温度影响最大的例子是硫化铅光敏电阻。其光谱响应的温度特性曲线如图 3-12 所示。

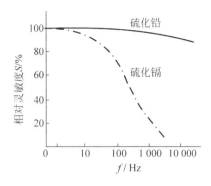

图 3-11 频率特性

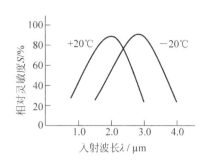

图 3-12 硫化铅光敏电阻的温度特性

随着温度的上升,其光谱响应曲线向左(即短波长的方向)移动。因此,要求硫化铅光敏电阻在低温、恒温的条件下使用。

(4)光敏电阻的应用。这里以火灾探测报警器应用为例。图 3-13 为以光敏电阻为敏感探测元件的火灾探测报警器电路,在 $1mW/cm^2$ 照度下,PbS 光敏电阻的暗电阻阻值为 $1M\Omega$,亮电阻阻值为 $0.2M\Omega$,峰值响应波长为 $2.2\mu m$,与火焰的峰值辐射光谱波长接近。

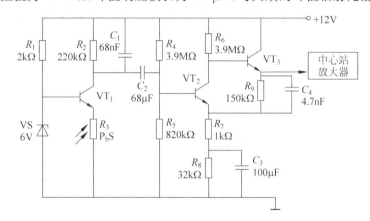

图 3-13 火灾探测报警器电路

由 VT_1、电阻 R_1、R_2 和稳压二极管 VS 构成对光敏电阻 R_3 的恒压偏置电路,该电路在更换光敏电阻时只要保证光电导灵敏度不变,输出电路的电压灵敏度就不会改变,可保证前置放大器的输出信号稳定。当被探测物体的温度高于燃点或被探测物体被点燃而发生火灾时,火焰将发出波长接近于 $2.2\mu m$ 的辐射(或"跳变"的火焰信号),该辐射光将被 PbS 光敏电阻接收,使前置放大器的输出跟随火焰"跳变"信号,并经电容 C_2 耦合,由 VT_2、VT_3 组成的高输入阻抗放大器放大。放大的输出信号再送给中心站放大器,由其发出火灾报警信号或自动执行喷淋等灭火动作。

2)光电池

(1)光电池原理。光电池实质上是一个电压源,是利用光生伏特效应把光能直接转换成电能的光电器件。由于它广泛用于把太阳能直接转变成电能,因此也称太阳能电池。一般地,能用于制造光电阻器件的半导体材料均可用于制造光电池,例如,硒光电池、硅光电池、砷化镓光电池等。

光电池结构如图 3-14(a)所示。硅光电池是在一块 N 型硅片上,用扩散的方法掺入一些 P 型杂质形成 PN 结。当入射光照射在 PN 结上时,若光子能量 hv_0 大于半导体材料的禁带宽度 E,则在 PN 结内附近激发出电子-空穴对,在 PN 结内电场的作用下,N 型区的光生空穴被拉向 P 型区,P 型区的光生电子被拉向 N 型区,结果使 P 型区带正电,N 型区带负电,这样 PN 结就产生了电位差,若将 PN 结两端用导线连接起来,电路中就有电流流过,电流方向由 P 型区流经外电路至 N 型区(如图 3-15 所示)。若将外电路断开,就可以测出光生电动势。

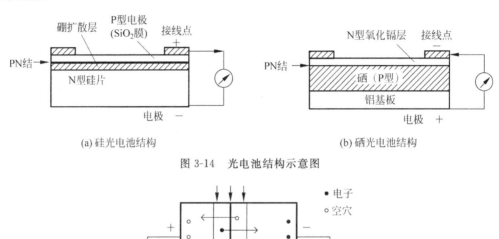

(a) 硅光电池结构 　　　　　　　　　　(b) 硒光电池结构

图 3-14　光电池结构示意图

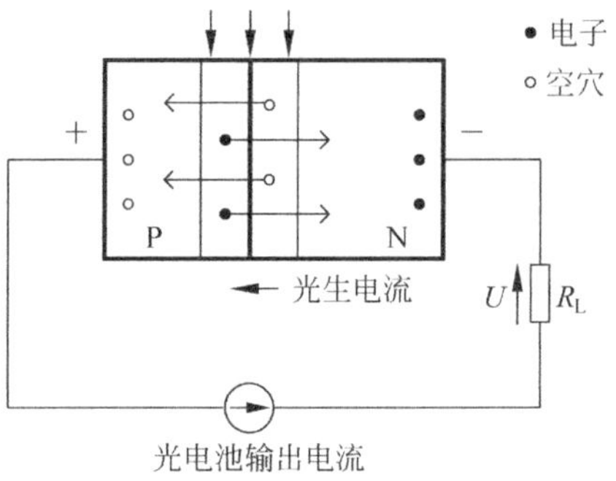

图 3-15　光电池工作原理

硒光电池是在铝片上涂硒(P 型),再用溅射的工艺,在硒层上形成一层半透明的氧化镉(N 型)。在正、反两面喷上低融合金作为电极,如图 3-14(b)所示。在光线照射下,镉材料带负电,硒材料带正电,形成电动势或光电流。

光电池的符号、基本电路及等效电路如图 3-16 所示。

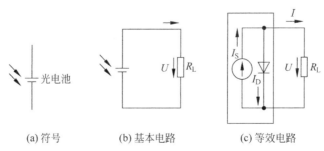

(a) 符号　　　　　(b) 基本电路　　　　　(c) 等效电路

图 3-16　光电池的符号及其电路

(2) 光电池种类。光电池的种类很多,有硅光电池、硒光电池、锗光电池、砷化镓光电池、氧化亚铜光电池等,但最受人们重视的是硅光电池。这是因为它具有性能稳定、光谱范围宽、频率特性好、转换效率高、能耐高温辐射、价格便宜、寿命长等特点。

(3) 光电池特性

① 光谱特性。光电池对不同波长的光的灵敏度是不同的。硅光电池的光谱响应波长范围为 $0.4 \sim 1.2\mu m$,而硒光电池在 $0.38 \sim 0.75\mu m$,相对而言,硅电池的光谱响应范围更宽。硒光电池在可见光谱范围内有较高的灵敏度,适宜测可见光。不同材料的光电池的光谱响应峰值所对应的入射光波长也是不同的。硅光电池在 $0.8\mu m$ 附近,硒光电池在 $0.5\mu m$ 附近。因此,使用光电池时对光源应有所选择。

② 光照特性。光电池在不同光照度(指单位面积上的光通量,表示被照射平面上某一点的光亮程度。单位:勒克斯,lm/m^2 或 lx)下,其光电流和光生电动势是不同的,它们之间的关系称为光照特性。从实验知道:对于不同的负载电阻,可在不同的照度范围内,使光电流与光照度保持线性关系。负载电阻越小,光电流与照度间的线性关系越好,线性范围也越宽。因此,应用光电池时,所用负载电阻大小,应根据光照的具体情况来决定。

③ 频率特性。光电池的 PN 结面积大,极间电容大,因此频率特性较差。

④ 温度特性。半导体材料易受温度的影响,将直接影响光电流的值。光电池的温度特性用于描述光电池的开路电压和短路电流随温度变化的情况。温度特性将影响测量仪器的温漂和测量或控制的精度等。

3) 光敏管

大多数半导体二极管和三极管都是对光敏感的,当二极管和三极管的 PN 结受到光照射时,通过 PN 结的电流将增大,因此,常规的二极管和三极管都用金属罐或其他壳体密封起来,以防光照;而光敏管(包括光敏二极管和光敏三极管)则必须使 PN 结能接收最大的光照射。光电池与光敏二极管、三极管都是 PN 结,它们的主要区别在于后者的 PN 结处于反向偏置,无光照时反向电阻很大、反向电流很小,相当于截止状态。当有光照时将产生光生的电子-空穴对,在 PN 结电场作用下电子向 N 区移动,空穴向 P 区移动,形成光电流。

(1) 光敏管的结构和工作原理。光敏二极管是一种 PN 结型半导体器件,与一般半导体二极管类似,其 PN 结装在管的顶部,以便接收光照,上面有一个透镜制成的窗口,可使光线集中在敏感面上。其工作原理和基本使用电路如图 3-17 所示。在无光照射时,处于反偏的光敏二极管工作在截止状态,这时只有少数载流子在反向偏压下越过阻挡层,形成微小的反向电流即暗电流。当光敏二极管受到光照射之后,光子在半导体内被吸收,使 P 型区的电子数增多,也使 N 型区的空穴增多,即产生新的自由载流子(即光生电子-空穴对)。这些载流子在结电场的作用下,空穴向 P 型区移动,电子向 N 型区移动,从而使通过 PN 结的反向电流大为增加,这就形成了光电流,处于导通状态。当入射光的强度发生变化时,光生载流子的多少相应发生变化,通过光敏二极管的电流也随之变化,这样就把光信号变成了电信号。达到平衡时,在 PN 结的两端将建立起稳定的电压差,这就是光生电动势。

光敏三极管(习惯上常称为光敏晶体管)是光敏二极管和三极管放大器一体化的结果,它有 NPN 型和 PNP 型两种基本结构,用 N 型硅材料为衬底制作的光敏三极管为 NPN 型,用 P 型硅材料为衬底制作的光敏三极管为 PNP 型。

这里以 NPN 型光敏三极管为例,其结构与普通三极管很相似,只是它的基极做得很

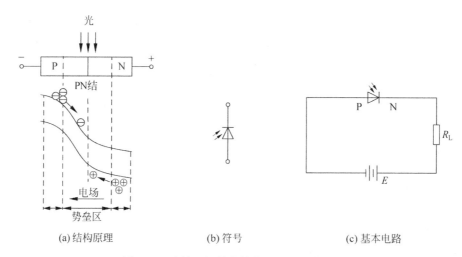

(a) 结构原理　　　　　　　(b) 符号　　　　　　(c) 基本电路

图 3-17　光敏二极管的结构原理和基本电路

大,以扩大光的照射面积,且其基极往往不接引线;即相当于在普通三极管的基极和集电极之间接有光敏二极管且对电流加以放大。光敏三极管的工作原理分为光电转换和光电流放大两个过程;光电转换过程与一般光敏二极管相同,光集电极加上相对于发射极为正的电压而不接基极时,集电极就是反向偏压,当光照在基极上时,就会在基极附近光激发产生电子-空穴对,在反向偏置的 PN 结势垒电场作用下,自由电子向集电区(N 区)移动并被集电极所收集,空穴流向基区(P 区)被正向偏置的发射结发出的自由电子填充,这样就形成一个由集电极到发射极的光电流,相当于三极管的基极电流 I_b。空穴在基区的积累提高了发射结的正向偏置,发射区的多数载流子(电子)穿过很薄的基区向集电区移动,在外电场作用下形成集电极电流 I_c,结果表现为基极电流将被集电结放大 β 倍,这一过程与普通三极管放大基极电流的作用相似。不同的是普通三极管是由基极向发射结注入空穴载流子控制发射极的扩散电流,而光敏三极管是由注入发射结的光生电流控制。PNP 型光敏三极管的工作与NPN 型相同,只是它以 P 型硅为衬底材料构成,它工作时的电压极性与 NPN 型相反,集电极的电位为负。

　　光敏三极管是兼有光敏二极管特性的器件,它在把光信号变为电信号的同时又将信号电流放大,光敏三极管的光电流可达 $0.4\sim4\mathrm{mA}$,而光敏二极管的光电流只有几十微安,因此光敏三极管有更高的灵敏度。图 3-18 给出了它的结构和基本使用电路。

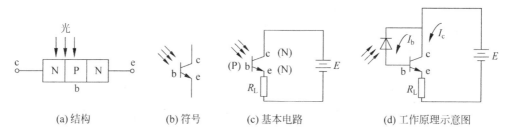

(a) 结构　　　　(b) 符号　　　　(c) 基本电路　　　　(d) 工作原理示意图

图 3-18　光敏三极管的结构和基本电路

(2) 光敏管的基本特性。

① 光谱特性。光谱特性是指光敏管在照度一定时,输出的光电流(或光谱相对灵敏度)

随入射光的波长而变化的关系。如图 3-19 所示为硅和锗光敏管（光敏二极管、光敏三极管）的光谱特性曲线。对一定材料和工艺制成的光敏管，必须对应一定波长范围（即光谱）的入射光才会响应，这就是光敏管的光谱响应。从图

中可以看出：硅光敏管适用于 $0.4\sim1.1\mu m$ 波长，最灵敏的响应波长为 $0.8\sim0.9\mu m$；而锗光敏管适用于 $0.6\sim1.8\mu m$ 的波长，其最灵敏的响应波长为 $1.4\sim1.5\mu m$。

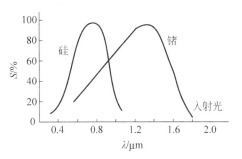

图 3-19　光敏管的光谱特性

由于锗光敏管的暗电流比硅光敏管大，故在可见光作光源时，都采用硅管；但是，在用红外光源探测时，则锗管较为合适。光敏二极管、光敏三极管几乎全用锗或硅材料做成。由于硅管比锗管无论在性能上还是制造工艺上都更为优越，所以目前硅管的发展与应用更为广泛。

② 伏安特性。伏安特性是指光敏管在照度一定的条件下，光电流与外加电压之间的关系。如图 3-20 所示为光敏二极管、光敏三极管在不同照度下的伏安特性曲线。由图可见，光敏三极管的光电流比相同管型光敏二极管的光电流大上百倍。由图 3-20（b）可见，光敏三极管在偏置电压为零时，无论光照度有多强，集电极的电流都为零，说明光敏三极管必须在一定的偏置电压作用下才能工作，偏置电压要保证光敏三极管的发射结处于正向偏置、集电结处于反向偏置；随着偏置电压的增高伏安特性曲线趋于平坦。由图 3-20（a）还可看出，与光敏三极管不同的是，一方面，在零偏压时，光敏二极管仍有光电流输出，这是因为光敏二极管存在光生伏特效应；另一方面，随着偏置电压的增高，光敏三极管的伏安特性曲线向上偏斜，间距增大，这是因为光敏三极管除了具有光电灵敏度外，还具有电流增益 β，且 β 值随光电流的增加而增大。图 3-20（b）中光敏三极管的特性曲线始端弯曲部分为饱和区，在饱和区光敏三极管的偏置电压提供给集电结的反偏电压太低，集电极的电子收集能力低，造成光敏三极管饱和，因此，应使光敏三极管工作在偏置电压大于 5V 的线性区域。

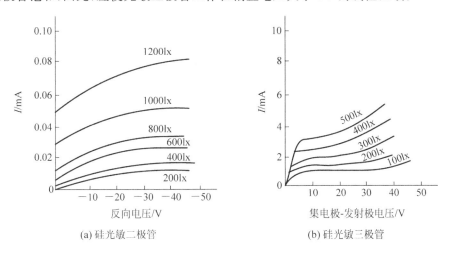

图 3-20　光敏管伏安特性

③ 光照特性。光照特性就是光敏管的输出电流 I_o 和照度 Φ 之间的关系。硅光敏管的光照特性如图 3-21 所示,从图中可以看出,光照度越大,产生的光电流越强。光敏二极管的光照特性曲线的线性较好;光敏三极管在照度较小时,光电流随照度增加缓慢,而在照度较大时(光照度为几千勒克斯)光电流存在饱和现象,这是由于光敏三极管的电流放大倍数在小电流和大电流时都有下降的缘故。

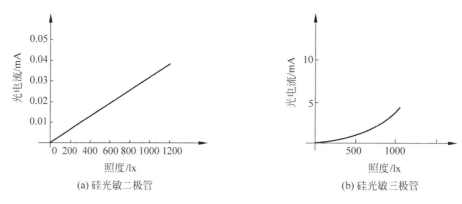

图 3-21　光敏管的光照特性

④ 频率特性。光敏管的频率特性是光敏管输出的光电流(或相对灵敏度)与光强变化频率的关系。光敏二极管的频率特性好,其响应时间可以达到 $9^{-7} \sim 10^{-8}\,\mathrm{s}$,因此它适用于测量快速变化的光信号。由于光敏三极管存在发射结电容和基区渡越时间(发射极的载流子通过基区所需要的时间),所以,光敏三极管的频率响应比光敏二极管差,而且和光敏二极管一样,负载电阻越大,高频响应越差,因此,在高频应用时应尽量降低负载电阻的阻值。图 3-22 给出了硅光敏三极管的频率特性曲线。

(3) 光敏管的应用举例。图 3-23 为路灯自动控制器电路原理图。VD 为光敏二极管。当夜晚来临时,光线变暗,VD 截止,VT_1 饱和导通,VT_2 截止,继电器 K 线圈失电,其常闭触点 K_1 闭合,路灯 HL 点亮。天亮后,当光线亮度达到预定值时,VD 导通,VT_1 截止,VT_2 饱和导通,继电器 K 线圈带电,其常闭触点 K_1 断开,路灯 HL 熄灭。

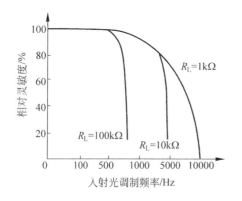

图 3-22　硅光敏三极管的频率特性

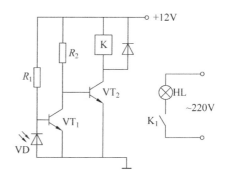

图 3-23　路灯自动控制器原理图

4) 光电耦合器件

光电耦合器件是将发光元件和光敏元件合并使用,以光为媒介实现信号传递的光电器件。发光元件通常采用砷化镓发光二极管,它由一个 PN 结组成,有单向导电性,随正向电压的提高,正向电流增加,产生的光通量也增加。光敏元件可以是光敏二极管或光敏三极管等。为了保证灵敏度,要求发光元件与光敏元件在光谱上要得到最佳匹配。

光电耦合器件将发光元件和光敏元件集成在一起,封装在一个外壳内,如图 3-24 所示。光电耦合器件的输入电路和输出电路在电气上完全隔离,仅通过光的耦合才把二者联系在一起。工作时,把电信号加到输入端,使发光器件发光,光敏元件则在此光照下输出光电流,从而实现电-光-电的两次转换。

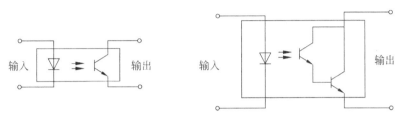

图 3-24 光电耦合器

光电耦合器实际上能起到电量隔离的作用,具有抗干扰和单向信号传输功能。光电耦合器件广泛应用于电量隔离、电平转换、噪声抑制、无触点开关等领域。

3.2 光电开关传感器工作原理及应用

本节内容思维导图如图 3-25 所示。

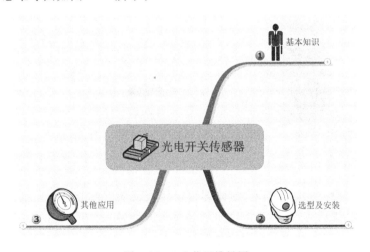

图 3-25 3.2 节思维导图

3.2.1 基本知识

杨工给小张分配了任务,让小张去查阅和光电开关有关的基础知识,然后进行下一步的工作。

1. 光电开关的定义

光电开关(光电传感器)是光电接近开关的简称,它是利用被检测物对光束的遮挡或反射,由同步回路选通电路,从而检测物体的有无。物体不限于金属,所有能反射光线的物体均可以被检测。光电开关将输入电流在发射器上转换为光信号射出,接收器再根据接收到的光线的强弱或有无对目标物体进行探测。

聪明的小张很容易就理解了,光电开关有一部分可以发出光,另一部分可以接收光,当有物体经过,光线被遮挡时,接收端就接收不到光线了。接收到和接收不到光线,光电开关的输出是不一样的。

既然如此,光电开关至少应该由两部分组成:光源与光敏元件。光源用于发射光,光敏元件用于接收光。

2. 光电开关的分类和工作原理

小张脑子很灵活,联想到前段时间购买新手机,该品牌下就有好多型号,当初挑选还花了好多时间呢。是不是光电开关也有不同的类别呢? 他去网上搜了一下,确实如此。光电开关可以分为 4 大类:对射式光电开关,镜反射式光电开关,漫反射式光电开关,槽式光电开关。

对于这些不同类型的光电开关,它们到底有什么不同呢?

首先看看对射式光电开关的外观,如图 3-26 所示。

对射式光电开关的发射器和接收器相对安放,轴线严格对准。当有物体在两者中间通过时,光束被遮断,接收器接收不到光线而产生开关信号。对射式光电开关的检测距离一般可达十几米,对所有能遮断光线的物体均可检测。对射式光电开关的工作原理如图 3-27 所示。

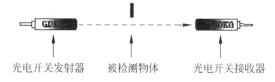

光电开关发射器　　被检测物体　　光电开关接收器

图 3-26　对射式光电开关外观图　　　　图 3-27　对射式光电开关工作原理

工作原理:当没有物品遮挡时,接收器可以接收到从发射器来的光线而产生一种开关信号;一旦有物品遮挡时,接收器接收不到光线而产生另一种开关信号。通过输出的开关信号(ON/OFF),可以判断出是否有物品遮挡。

镜反射式光电开关的外观如图 3-28 所示。

图 3-28　镜反射式光电开关外观图

通过外观图可以得知,镜反射式光电开关的最大特点是多了一面"镜子"。镜反射式光电开关集光发射器和光接收器于一体,与反射镜相对安装配合使用。反射镜使用偏光三角棱镜,能将发射器发出的光转变成偏振光反射回去,光接收器表面覆盖一层偏光透镜,只能接收反射镜反射回来的偏振光。镜反射式光电开关的工作原理如图 3-29 所示。

工作原理:与对射式光电开关类似,当没有物品遮挡时,发射器发射的光线经过反射镜反射回接收器而产生一种开关信号;一旦有物品遮挡时,接收器接收不到光线而产生另一种开关信号。通过输出的开关信号(ON/OFF),可以判断出是否有物品遮挡。

漫反射式光电开关的外观如图 3-30 所示。

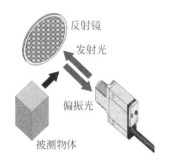

图 3-29 镜反射式光电开关工作原理图　　　　图 3-30 漫反射式光电开关外观图

漫反射型光电开关集光发射器和光接收器于一体。当被测物体经过该光电开关时,发射器发出的光线经被测物体表面漫反射由接收器接收,于是产生开关信号。漫反射式光电开关的工作原理如图 3-31 所示。

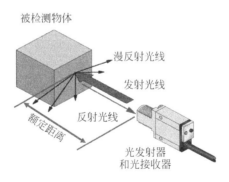

图 3-31 漫反射式光电开关工作原理图

工作原理:漫反射式光电开关的工作原理和前面两种有所区别。当没有物体遮挡时,发射器发射的光线无法产生漫反射回接收器,因此接收器接收不到光线而输出一种开关信号;当有物体遮挡时,发射器发射的光线在物体表面产生漫反射而使得接收器接收到光线,从而输出另一种开关信号。

槽式光电开关的外观如图 3-32 所示。

槽式光电开关通常是标准的 U 字形结构。其发射器和接收器做在体积很小的同一壳体中,分别位于 U 形槽的两边,并形成一光轴,两者能可靠地对准,为安装和使用提供了方便。当被检测物体经过 U 形槽且阻断光轴时,光电开关就产生表示检测到的开关量信号。槽式光电开关比较可靠,较适合高速检测。槽式光电开关的工作原理如图 3-33 所示。

图 3-32　槽式光电开关外观图

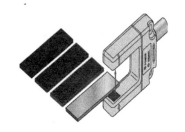

图 3-33　槽式光电开关工作原理图

工作原理：槽式光电开关的工作原理与对射式光电开关类似。在 U 形槽的一端为发射器，另一端为接收器，当没有物体遮挡时，接收器可以接收到光线输出一种开关信号；当有物体遮挡时，接收器接收不到光线从而输出另外一种开关信号。槽式光电开关适合检测高速运动物体，同时由于自身尺寸的限制，所检测物体的体积也有一定限制。

值得注意的是，上述各种光电开关的输出信号都是人为规定的，比如有的光电开关当检测到物体时，输出的是 ON 信号；而有的光电开关当检测到物体时，输出的是 OFF 信号。因此在实际应用中一定要注意仔细阅读产品使用手册，避免因为对输出信号的判断出错而导致相反的结果。

3.2.2　选型及安装

1. 性能参数

对于选择光电开关的具体型号，其实从某些程度上来说和挑选一台自己心仪的手机没有太大的区别，在挑选手机时肯定是考虑了一系列的技术参数（CPU 频率，LCD 屏幕大小，存储器大小，是否有快充等），是不是光电开关也有类似的技术参数呢？答案是肯定的。

光电开关的性能参数如下所示。

（1）检测距离：指检测体按一定方式移动，开关动作时测得的基准位置（光电开关的感应表面）到检测面的空间距离。额定动作距离指接近开关动作距离的标称值。

（2）回差距离：动作距离与复位距离之间的绝对值。

（3）响应频率：在规定 1s 的时间间隔内，允许光电开关动作循环的次数。

（4）输出状态：分为常开和常闭。当无检测物体时，常开型的光电开关所接通的负载由于光电开关内部的输出晶体管的截止而不工作；当检测到物体时，晶体管导通，负载得电工作。

（5）检测方式：根据光电开关在检测物体时发射器所发出的光线被折回到接收器的途径的不同，可分为漫反射式、镜反射式、对射式等。

（6）输出形式：分为 NPN 二线、NPN 三线、NPN 四线、PNP 二线、PNP 三线、PNP 四线、AC 二线、AC 五线（自带继电器）及直流 NPN/PNP/常开/常闭多功能等几种常用的输出形式。

（7）指向角：见光电开关的指向角示意图 θ，如图 3-34 所示。

（8）表面反射率：漫反射式光电开关发出的光线需要经检测物表面才能反射回漫反射开关的接收器，所以检测距离和被检测物体的表面反射率将决定接收器接收到光线的强度。

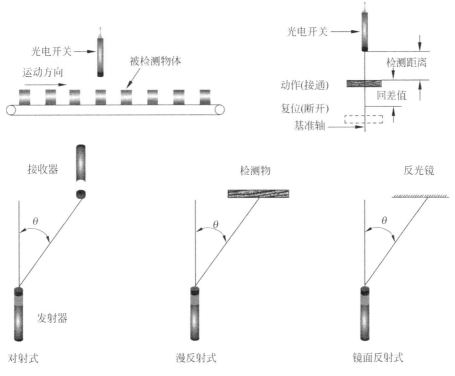

图 3-34 指向角示意图

粗糙的表面反射回的光线强度必将小于光滑表面反射回的强度,而且,被检测物体的表面必须垂直于光电开关的发射光线。常用材料的反射率如表 3-1 所示。

表 3-1 常用材料的反射率

材　　料	反射率/%	材　　料	反射率/%
白画纸	90	不透明黑色塑料	14
报纸	55	黑色橡胶	4
餐巾纸	47	黑色布料	3
包装箱硬纸板	68	未抛光白色金属表面	130
洁净松木	70	光泽浅色金属表面	150
干净粗木板	20	不锈钢	200
透明塑料杯	40	木塞	35
半透明塑料杯	62	啤酒泡沫	70
不透明白色塑料	87	人的手掌心	75

(9) 环境特性:光电开关应用的环境会影响其长期工作的可靠性。当光电开关工作于最大检测距离状态时,由于光学透镜会被环境中的污物粘住,甚至会被一些强酸性物质腐蚀,导致其使用参数和可靠性降低。较简便的解决方法就是根据光电开关的最大检测距离降额使用来确定最佳工作距离。

近年来,随着生产自动化、机电一体化的发展,光电开关已发展成系列产品,其品种规格日益增多。用户可根据生产需要,选用适当规格的产品,而不必自行设计电路和光路。

2. 安装注意事项

光电开关具有检测距离长、对检测物体的限制小、响应速度快、分辨率高、便于调整等优点。但在光电开关的安装过程中,必须保证传感器到被检测物的距离在"检测距离"范围内,同时考虑被检测物的形状、大小、表面粗糙度及移动速度等因素,在传感器布线过程中注意电磁干扰,不要在水中、降雨时及室外使用。光电开关安装在以下场所时,会引起误动作和故障,请避免使用。

（1）尘埃多的场所。

（2）阳光直接照射的场所。

（3）产生腐蚀性气体的场所。

（4）接触到有机溶剂等的场所。

（5）有振动或冲击的场所。

（6）直接接触到水、油、药品的场所。

（7）湿度高,可能会结露的场所。

3. 选型案例

某企业进行生产线改造,其中某些传感器采用光电开关,目前掌握的信息如下。

（1）该企业位于北方某城市,冬季最低温度−20℃,夏天最高气温40℃。

（2）光电开关安装位置距离物料1m。

（3）生产线生产的最快速度为20个/秒。

（4）为适应现场环境,客户提出该光电开关应该达到防腐等级C3级（级别越高防腐能力越强）。

（5）客户提出该光电开关成本不能高于300元。

联系光电开关供应商,提供的光电开关清单如表3-2所示。

表3-2　光电开关清单表

型　　号	检测距离 /m	响应频率 /(个/秒)	环境特性		成　　本 /元
			工作温度范围/℃	抗腐蚀能力	
型号1	0.5	20	−30～50℃	C4级	100
型号2	1	10	−30～50℃	C4级	100
型号3	1	20	−30～50℃	C4级	120
型号4	1	30	−30～50℃	C4级	120
型号5	1.5	20	−20～40℃	C4级	130
型号6	1.5	30	−30～50℃	C4级	120
型号7	1.5	30	−30～50℃	C4级	150

传感器的选型,一方面要紧密联系实际情况,另一方面在某些指标的选择上应比实际要求高一些,也就是所谓的"留余量"。然后根据排除法将不符合要求的型号一一排除,剩下来的即是符合要求的传感器。

如上述例子,根据该城市温度范围,即可排除型号5;根据安装位置,即可排除型号1、2、3、4;剩下型号6和7均满足要求,但型号6价格更低,因此是最佳选择。

3.2.3 光电开关的应用

生产线产能自动统计，系统结构如图 3-35 所示。

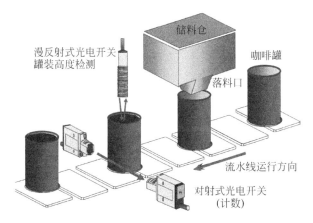

图 3-35　生产线产能自动统计系统结构图

该系统采用的是对射式光电开关进行计数。每当一个产品经过对射式光电开关时，会对发射器发射的光线进行遮挡，此时接收器输出的是一个 OFF 信号；而没有产品经过时，接收器输出的是一个 ON 信号。该输出信号传送至控制机构 PLC，由 PLC 进行计数，一旦 PLC 检测到有效的 ON→OFF→ON 的信号时，判定有一个产品经过，程序内部的计数变量加 1，实现了产能的自动统计。原来负责人工统计的工程师终于可以从日复一日的简单乏味的工作中解放出来，而将精力放在更有创造性的工作上面。

除此以外，光电开关在生活和生产中还有很多其他的应用。

1. 感应式水龙头

感应式水龙头在大商场和写字楼应用非常广泛，其核心部件是采用了漫反射式光电开关。当水龙头前面没有手时，漫反射式光电开关的接收器接收不到反射回来的光线，此时输出一种开关信号（比如是 OFF），该输出信号传送至控制器（一般是一个非常简单的单片机），控制器接收到 OFF 的信号，驱动执行机构（一个开关式的阀门）关闭从而截断水流；当水龙头前面有手出现时，因为发射器发射的光线在人手表面产生漫反射，接收器接收到漫反射回来的光线，此时输出另一种开关信号（比如是 ON），控制器驱动执行机构打开，自来水就流出来了。图 3-36 是采用了漫反射式光电开关的感应式水龙头的示意图。

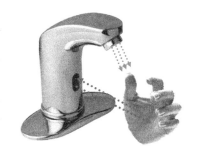

图 3-36　感应式水龙头工作示意图

2. 小区安防监控器

在一些高档小区或者工厂的围墙上，往往安装着类似于图 3-37 的安防监控器，该监控器实际上是采用了对射式光电开关。当没有物体经过时，接收器可以接收到发射器发射的光线，输出一种开关信号（比如 ON）；当有物体经过时，接收器接收不到光线输出另一种开关信号（比如 OFF），从而让控制器输出报警信号。为了扩大监视范围，一般采用多个并排的光电开关。

3. 安全区域警示

此技术在大型生产企业广泛使用。一些大型机器在运行时,如果人靠近容易产生危险,因此在安全区域以内设置了对射式光电开关,一旦检测有人进入,机器立刻停机,从而避免一些工伤事故等悲剧发生,如图 3-38 所示。

图 3-37 小区安防监控器工作示意图　　　　图 3-38 安全区域警示示意图

4. 物体的三维测量

通过一排并列的对射式光电开关,就可以将物体的尺寸测量出来。当物体经过时,有若干个接收器被遮挡(假设为 N),当每个接收器之间的间隔为已知的话(假设为 L),那么物体的尺寸就为 $N \times L$。若需要测量物体的三维尺寸(长、宽、高),则需要三排对射式光电开关。光电开关测量尺寸的工作原理如图 3-39 所示。

5. 转速测量

利用对射式光电开关还可以用来测量转速。当齿轮的凸起经过时,接收器无法接收光线,当齿轮的凹槽经过时,接收器可以接收光线,因此齿盘每转过一个齿,光电开关就输出一个脉冲。通过脉冲频率的测量或脉冲计数,即可获得齿盘转速,如图 3-40 所示。

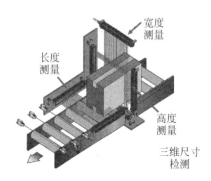

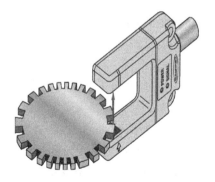

图 3-39 测量物体尺寸示意图　　　　图 3-40 测量齿轮转速示意图

3.3 光栅传感器工作原理及应用

本节内容思维导图如图 3-41 所示。

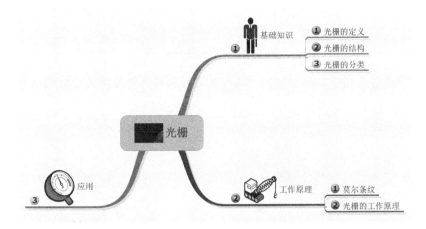

图 3-41 3.3节思维导图

3.3.1 光栅基本知识

1. 光栅和光栅尺

光栅是由大量等宽等间距的平行狭缝组成的光学器件,如图 3-42 所示。

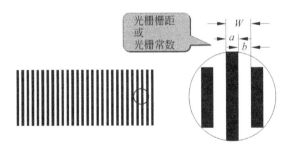

图 3-42 光栅示意图

光栅尺,也称为光栅尺位移传感器(光栅尺传感器),是利用光栅的光学原理工作的测量反馈装置。光栅尺经常应用于数控机床的闭环伺服系统中,可用作直线位移或者角位移的检测。其测量输出的信号为数字脉冲,具有检测范围大,检测精度高,响应速度快的特点。

2. 光栅的结构

光栅一般由标尺光栅(又称主光栅或长光栅)和指示光栅(又称副光栅或短光栅)组成,如图 3-43 所示。光栅计数头由光源、透镜、指示光栅(短光栅)、光敏元件和驱动线路组成。

3. 光栅的种类

光栅传感器为动态测量元件,按运动方式分为长光栅和圆光栅,长光栅用来测量直线位移,圆光栅用来测量角度位移。根据光电元件感光方式不同,可将光栅分为玻璃透射式光栅和金属反射式光栅。

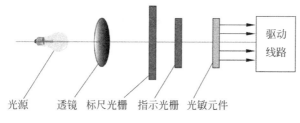

光源　透镜　标尺光栅　指示光栅　光敏元件

图 3-43　光栅组成结构图

直线玻璃透射式光栅如图 3-44(a)所示,金属反射式光栅检测装置如图 3-44(b)所示。

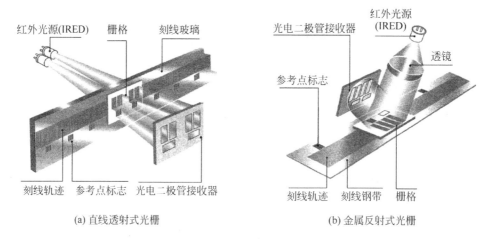

(a) 直线透射式光栅　　　　　　　　(b) 金属反射式光栅

图 3-44　光栅分类图

　　玻璃透射式光栅是在透明的光学玻璃表面制成感光涂层或金属镀膜,经过涂敷、蚀刻等工艺制成间隔相等的透明与不透明线纹,线纹的间距和宽度相等并与运动方向垂直,线纹的间距称为栅距。常用的线纹密度为 25 条/毫米、50 条/毫米、100 条/毫米、250 条/毫米。条数越多,光栅的分辨率越高。

　　圆光栅是在玻璃圆盘的圆环端面上,制成透光与不透光相间的条纹,条纹呈辐射状,相互间的夹角相等,如图 3-45 所示。

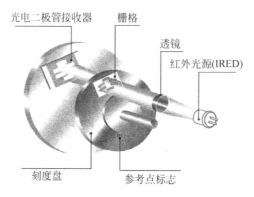

图 3-45　圆光栅示意图

4. 光栅的特点

（1）现在光栅的精度可达到微米级，再经细分电路可以达到 $0.1\mu m$。

（2）响应速度较快，可实现动态测量，易于实现检测及数据处理的自动化控制。

（3）对使用环境要求高，怕油污、灰尘及振动。

（4）由于标尺光栅一般较长，故安装、维护困难，成本高。

3.3.2　光栅工作原理

1. 莫尔条纹

莫尔条纹是两条线或两个物体之间以恒定的角度和频率发生干涉的视觉结果，当人眼无法分辨这两条线或两个物体时，只能看到干涉的花纹，这种光学现象中的花纹就是莫尔条纹。

莫尔条纹能从以下三个方面产生。

（1）双色或多色网点之间的干涉。

（2）各色网点与丝网网丝之间的干涉。

（3）作为附加的因素，由于承印物体本身的特性而发生的干涉。使用莫尔条纹防护系统的目的就在于根据选定的丝网目数、加网线数、印刷色数和加网角度来预测莫尔条纹。

2. 光栅的工作原理

在检测时，长光栅固定在机床不动部件上，长度等于工作台移动的全行程，短光栅固定在机床移动部件上，长、短光栅保持一定间隔，重叠在一起，并在自身的平面内转一个角度 θ。当光源以平行光照射光栅时，由于挡光效应和光的衍射，则在两块光栅线纹夹角的平分线相垂直的方向上，出现了明暗交替、间隔相等的粗大条纹，称为莫尔条纹，如图 3-46 所示。

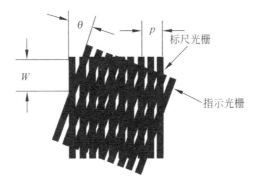

图 3-46　莫尔条纹示意图

莫尔条纹距为

$$W = \frac{P}{\sin\theta} \approx \frac{p}{\theta} \tag{3-5}$$

式中，P——光栅栅距；

　　θ——两条光栅线纹间夹角，单位为 rad。

莫尔条纹具有如下特点。

（1）放大作用：从式（3-5）可以看出，莫尔条纹的宽度是放大了的光栅栅距，它随着光栅刻线夹角而改变。θ 越小，W 越大，相当于把微小的栅距扩大了 $1/\theta$ 倍。由此可见，计量光栅起到光学放大器的作用。例如,一长光栅的栅距 $P=0.04$mm,若 $\theta=0.016$rad,则 $W=$ 2.5mm。光栅的光学放大作用与安装角度有关,而与两光栅的安装间隙无关。

(2) 均化误差作用:莫尔条纹是由光栅的大量刻线共同组成,例如,200 条/毫米的光栅,10mm 宽的光栅就由 2000 条线纹组成,这样栅距之间的固有相邻误差就被平均化了,消除了栅距之间不均匀造成的误差。

(3) 莫尔条纹的移动与栅距的移动成比例:当光栅尺移动一个栅距 P 时,莫尔条纹也刚好移动了一个条纹宽度 W。只要通过光电元件测出莫尔条纹的数目,就可知道光栅移动了多少个栅距,工作台移动的距离可以计算出来。若光栅移动方向相反,则莫尔条纹移动方向也相反。莫尔条纹移动方向与光栅移动方向及光栅夹角的关系如表 3-3 所示。

表 3-3 莫尔条纹移动方向与光栅移动方向及光栅夹角的关系

标尺光栅相对指示光栅的转角方向	标尺光栅移动方向	莫尔条纹移动方向
顺时针方向	向左	向上
	向右	向下
逆时针方向	向左	向下
	向右	向上

直线位移反映在光栅的栅距上,当光栅移动一个栅距,莫尔条纹相应移动一个纹距。根据栅距移动与莫尔条纹移动的对应关系,通过光敏元件将近似正弦的光强信号变为同频率的电压信号,再经过放大器放大,整形电路整形后,得到两路相差为 90° 的正弦波或方波。由此可知,每产生一个方波,就表示光栅移动了一个栅距。最后通过鉴向倍频电路中的微分电路变为一个窄脉冲。这样,就变成了由脉冲来表示栅距,而通过对脉冲计数便可得到工作台的移动距离。

光栅式传感器是由光源、透镜、标尺光栅、指示光栅和光电元件构成的。光栅传感器的安装比较灵活,可安装在机床的不同部位。一般将主尺(标尺光栅)安装在机床的工作台(滑板)上,随机床走刀而动,光源、聚光镜、指示光栅、光电元件和驱动线路均装在一个壳体内做成一个单独部件,这个部件称为光栅读数头,读数头固定在床身上,尽可能使读数头安装在主尺的下方。但在使用长光栅尺的数控机床中,标尺光栅往往固定在床身上不动,而指示光栅随拖板一起移动。标尺光栅的尺寸常由测量范围确定,指示光栅则为一小块,只要能满足测量所需的莫尔条纹数量即可。

3.3.3 光栅的选型和安装调试

1. 光栅的选型注意事项

光栅尺以精度见长,量程在长度 0~2m 的性价比有明显优势,常用于金属切削机床、线切割、电火花等数控设备上。因光栅尺生产工艺的原因,若测量长度超过 5m,生产制造将很困难,价格会很贵。

光栅在选型时需要注意以下参数。

1) 输出信号的选择

光栅尺的输出信号分为电流正弦波信号、电压正弦波信号、TTL 矩形波信号和 TTL 差动矩形波信号 4 种。虽然光栅尺输出信号的波形不同对数控机床线性坐标轴的定位精度、重复定位精度没有影响,但必须与数控机床系统相匹配,如果输出信号的波形与数控系统不匹配,导致机床系统无法处理光栅尺的输出信号,那么,反馈信息、补偿误差对机床线性坐标轴全闭环控制无从谈起。

2)测量方式的选择

光栅尺的测量方式分为增量式光栅和绝对式光栅两种。增量式光栅尺就是光栅扫描头通过读出到初始点的相对运动距离而获得位置信息,为了获得绝对位置,这个初始点就要刻到光栅尺的标尺上作为参考标记,所以机床开机时必须回参考点才能进行位置控制。绝对式光栅尺以不同宽度、不同间距的闪现栅线将绝对位置数据以编码形式直接制作到光栅上,在光栅尺通电的同时后续电子设备即可获得位置信息,不需要移动坐标轴找参考点位置,绝对位置值从光栅刻线上直接获得。

3)准确度等级的选择

数控机床配置光栅尺时为了提高线性坐标轴的定位精度、重复定位精度,光栅尺的准确度等级是首先要考虑的,光栅尺准确度等级有±0.01mm、±0.005mm、±0.003mm和±0.02mm。在选用高精度光栅尺时要考虑光栅尺的热性能,它是机床工作精度的关键环节,即要求光栅尺的刻线载体的热膨胀系数与机床光栅尺安装基体的热膨胀系数一致,以克服由于温度引起的热变形。

另外,光栅尺最大移动速度可达120m/min,目前可完全满足数控机床设计要求;单个光栅尺最大长度为3040mm,如控制线性坐标轴大于3040mm时可采用光栅尺对接的方式达到所需长度。

2. 光栅安装注意事项

(1)长光栅尺的安装比较灵活,可安装在机床的不同部位。一般将长光栅(标尺光栅)安装在机床的工作台(滑板)上,随机床走刀而动,短光栅(指示光栅)安装在计数头中,读数头固定在床身上。两光栅尺上的刻线密度均匀且相互平行放置,并保持一定的间隙(0.05mm或0.1mm),读数头与光栅尺尺身的间距为1~1.5mm。且安装时必须注意切屑、切削液及油液的溅落方向。

(2)如果光栅的长度超过1.5m,不仅要安装两端头,还要在整个标尺光栅尺身中有支撑。

(3)光栅尺全部安装完以后,一定要在机床导轨上安装限位装置,以免机床加工产品移动时读数头冲撞到主尺两端,从而损坏光栅尺。

(4)对于一般的机床加工环境来讲,铁屑、切削液及油污较多,因此光栅尺应安装防护罩。

3. 光栅使用注意事项

(1)定期检查各安装连接螺钉是否松动。

(2)定期用乙醇混合液(各50%)清洗擦拭光栅尺面及指示光栅面,保持玻璃光栅尺面清洁以保证光栅尺使用的可靠性。

(3)严禁剧烈振动及摔打,以免损坏光栅尺。

(4)不要自行拆开光栅传感器,更不能任意改动主栅尺与副栅尺的相对间距,否则一方面可能破坏光栅传感器的精度;另一方面还可能造成主栅尺与副栅尺的相对摩擦,损坏铬层也就损坏了栅线,从而造成光栅尺报废。

（5）光栅传感器应尽量避免在有严重腐蚀作用的环境中工作，以免腐蚀光栅铬层及光栅尺表面，影响光栅传感器质量。

图 3-47 为某公司生产的 BG1 型线位移光栅传感器，它是采用光栅进行线位移测量的高精度测量产品，与光栅数显表或计算机可构成光栅位移测量系统，适用于机床、仪器做长度测量、坐标显示和数控系统的自动测量等。其技术指标见表 3-4。

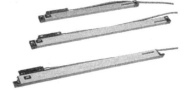

图 3-47　BG1 型线位移光栅传感器外观

表 3-4　BG1 型线位移光栅传感器技术指标

型　　号	BG1A(小型)	BG1B(中型)	BG1C(粗壮型)
光栅栅距	$20\mu m(0.020mm)$、$10\mu m(0.010mm)$		
光栅测量系统	透射式红外光学测量系统，高精度性能的光栅玻璃尺		
读数头滚动系统	垂直式五轴承滚动系统，优异的重复定位性，高精度测量精度	45°五轴承滚动系统，优异的重复定位性，高等级的测量精度	
防护尘密封	采用特殊的耐油、耐蚀、高弹性及抗老化塑胶，防水、防尘优良，使用寿命长		
分辨率	$0.5\mu m$	$1\mu m$	$5\mu m$
有效行程	$50\sim3000mm$，每隔 50mm 一种长度规格(整体光栅不接长)		
工作速度	$>60m/min$		
工作环境	温度 $0\sim50℃$		
工作电压	$(5\pm1)5\%V$、$(12\pm1)5\%V$		
输出信号	TTL 正弦波		

在选择使用光栅传感器时，根据工业环境的需要，可以选择不同参数的传感器，具体可参看相关的选型手册。

3.3.4　光栅传感器的应用

1. 一个自由度的定位

如图 3-48 所示，光栅可用于一个自由度的定位。在机床上安装一个直线光栅，通过定位 X 轴的移动距离，即可实现物体直线位置的加工。

2. 两个自由度的定位

如图 3-49 所示，光栅可用于两个自由度的定位。在机床上安装两个直线光栅，通过定位 X 轴和 Y 轴的移动距离，即可实现平面图形的加工。

图 3-48　一个自由度加工示意图

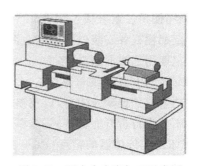

图 3-49　两个自由度加工示意图

X 轴和 Y 轴的移动距离通过数显表即可显示出来。图 3-50 是两自由度数显表的外观图。

3. 三个自由度的定位

如图 3-51 所示,光栅可用于三个自由度的定位。在机床上安装三个直线光栅,通过定位 X 轴、Y 轴和 Z 轴的移动距离,即可实现立体图形的加工。

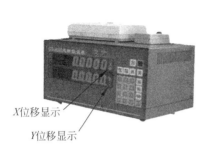

图 3-50 两自由度数显表外观图

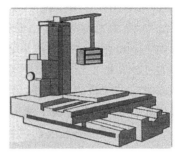

图 3-51 三自由度加工示意图

X 轴、Y 轴和 Z 轴的移动距离通过数显表即可显示出来。图 3-52 是三自由度数显表的外观图。

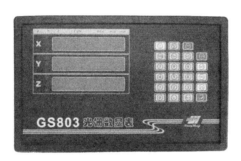

图 3-52 三自由度数显表外观图

3.4 光电编码器工作原理及应用

本节内容思维导图如图 3-53 所示。

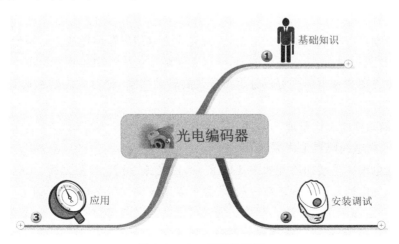

图 3-53 3.4 节思维导图

3.4.1 基础知识

1. 光电编码器的定义

光电编码器是一种通过光电转换将输出轴上的机械几何位移量转换成脉冲或数字量的传感器,是目前应用最多的传感器。一般的光电编码器主要由光栅盘和光电探测装置组成。在伺服系统中,由于光电码盘与电动机同轴,电动机旋转时,光栅盘与电动机同速旋转,经发光二极管等电子元件组成的检测装置检测输出若干脉冲信号。通过计算每秒光电编码器输出脉冲的个数就能反映当前电动机的转速。此外,为判断旋转方向,码盘还可提供相位相差90°的两个通道的光码输出,根据双通道光码的状态变化确定电动机的转向。光电编码器在工业控制和自动化领域应用非常广泛。适用于测量的物理量有速度、长度、角度和位置。光电编码器的外观如图 3-54 所示。

图 3-54　光电编码器外观图

2. 光电编码器的分类

按测量方式光电编码器可以分为旋转式编码器和直线式编码器。

旋转式编码器是通过测量被测物体的旋转角度并将测量到的旋转角度转化为脉冲电信号输出,如图 3-55 所示。

直线式编码器是通过测量被测物体的直线行程长度并将测量到的行程长度转化为脉冲电信号输出,如图 3-56 所示。

图 3-55　旋转式光电编码器外观图

图 3-56　直线式光电编码器外观图

直线式运动可以转变成旋转式运动,且旋转式光电编码器易做成全封闭形式,易于小型化,传感长度较长,有较强适应环境能力,所以在实际工业生产中得到广泛应用。

根据刻度方法和输出形式可以分为增量式旋转编码器、绝对式旋转编码器和复合式旋转编码器。

3. 光电编码器的工作原理

1) 增量式光电编码器工作原理

增量式光电编码器结构原理如图 3-57 所示,由光源、码盘、检测光栅、光电检测器件、转换电路构成。光电码盘与转轴连在一起,码盘可以用玻璃材料制作,表面镀上一层不透光的金属铬,然后在边缘刻出向心透光窄缝。透光窄缝在光电码盘圆周上等分,数量从几百条到几千条不等。这样,码盘就分成透光与不透光区域。

光源
码盘
检测光栅
光电检测
器件
转换电路
正弦波形
方波
A相
B相
Z相

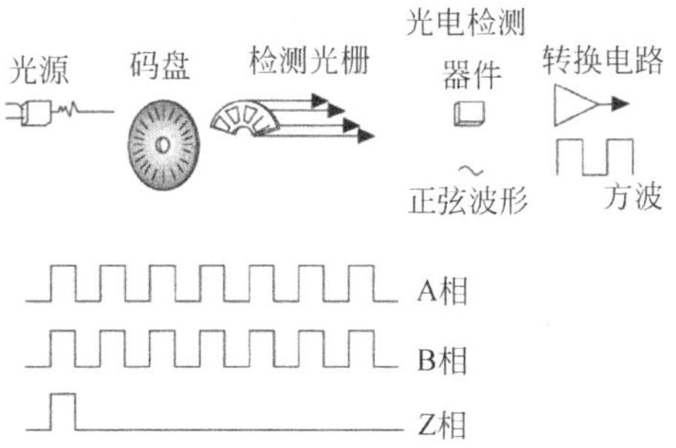

图 3-57 增量式光电编码器结构图

增量式编码器是直接利用光电转换原理输出三组方波脉冲 A、B 和 Z 相；A、B 两组脉冲相位差 90°，从而可方便地判断出旋转方向，而 Z 相为每转一个脉冲，用于基准点定位。它的优点是原理构造简单，机械平均寿命可在几万小时以上，抗干扰能力强，可靠性高，适合于长距离传输。

光电编码器的测量精度取决于它所能分辨的最小角度，这与码盘圆周上的窄缝条数有关，即能分辨的最小角度为

$$\alpha = \frac{360^\circ}{n} \tag{3-6}$$

例如，窄缝条数为 2048，则角度分辨率为 $\alpha = \frac{360^\circ}{2048} = 0.1625^\circ$。

为了得到码盘转动的绝对位置，还必须设置一个基准点，如图 3-58 所示，每当工作轴旋转一周，光电元件就产生一个 Z 相转基准脉冲信号。通常数控机床的机械原点与各轴的脉冲编码器发出的 Z 相脉冲的位置是一致的。

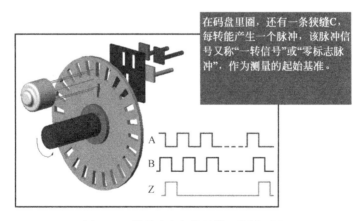

在码盘里圈，还有一条狭缝C，每转能产生一个脉冲，该脉冲信号又称“一转信号”或“零标志脉冲”，作为测量的起始基准。
A
B
Z

图 3-58 增量式光电编码器工作原理图

增量式光电编码器输出两路相位相差 90°的脉冲信号 A 和 B，当电动机正转时，脉冲信号 A 的相位超前脉冲信号 B 的相位 90°，此时逻辑电路处理后可形成高电平的方向信号。当电动机反转时，脉冲信号 A 的相位滞后脉冲信号 B 的相位 90°，此时逻辑电路处理后的方向信号为低电平。因此根据超前与滞后的关系可以确定电动机的旋转方向。其辨相的原理如图 3-59 所示。

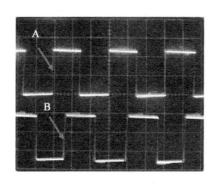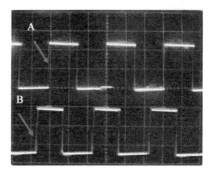

(a) A超前于B 90°，正向　　　　　　　　(b) A滞后于B 90°，反向

图 3-59　辨相示意图

增量式光电编码器的特点如下。

(1) 编码器每转动一个预先设定的角度将输出一个脉冲信号，通过统计脉冲信号的数量来计算旋转的角度，因此编码器输出的位置数据是相对的。

(2) 由于采用固定脉冲信号，因此旋转角度的起始位可以任意设定。

(3) 由于采用相对编码，因此掉电后旋转角度数据会丢失，需要重新复位。

2) 绝对式光电编码器工作原理

绝对式光电编码器按照角度直接进行编码的传感器，可直接把被测角用数字代码表示出来，指示其绝对位置，图 3-60 为绝对式光电编码器结构原理图。

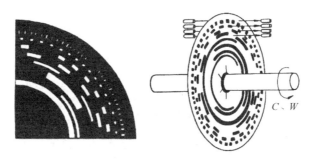

图 3-60　绝对式光电编码器结构图

在绝对光电编码器的圆形码盘上沿径向有若干同心码道，每条道由透光和不透光的扇形区相间组成，其中，黑的区域为不透光区，用"0"表示；白的区域为透光区，用"1"表示。相邻码道的扇区数目是双倍关系，码盘上的码道数就是它的二进制数码的位数，在码盘的一侧是光源，另一侧对应每一码道有一光敏元件；当码盘处于不同位置时，各光敏元件根据受光照与否转换出相应的电平信号，形成二进制数。这种编码器不需要计数器，在转轴的任意位置都可读出一个固定的与位置相对应的数字码。显然，码道越多，分辨率就越高，对于一个具有 N 位二进制分辨率的编码器，其码盘必须有 N 条码道。目前，国内已有 16 位的绝对编码器产品。

绝对式光电编码器是利用自然二进制或循环二进制（葛莱码）方式进行光电转换的，如图 3-61 所示。

由图 3-61(a)可看出码道的圈数就是二进制的位数，且高位在里，低位在外。由此可以

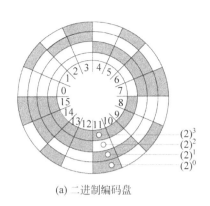
(a) 二进制编码盘

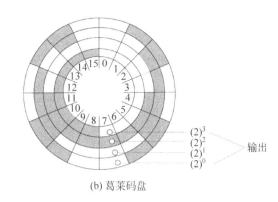
(b) 葛莱码盘

图 3-61 绝对式光电编码器码盘图

推断,若有 n 圈码道的码盘,就可以表示为 n 位二进制编码,若将圆周均分为 2^n 个数据,且分别表示其不同的位置,那么,其分辨的角度 α 为

$$\alpha = \frac{360°}{2^n} \tag{3-7}$$

$$分辨率 = \frac{1}{2^n} \tag{3-8}$$

显然,码盘的码道越多,二进制编码的位数也越多,所能分辨的角度 α 也越小,测量精度越高。

普通二进制编码盘由于相邻两扇区的计数状态相差比较大,容易产生误差,例如,由位置 0111 向位置 1000 过渡时,光敏元件安装位置不准或发光故障,可能会出现 8～15 的任一十进制数。普通二进制编码盘由于相邻两扇区图案变化时在使用中易产生较大误差,因而在实际中大都采用葛莱编码盘,如图 3-61(b)所示。

葛莱码的特点是任意相邻的两个二进制数之间只有一位是不同的,最末一个数与第一个数也是如此,这样就形成了循环,使整个循环里的相邻数之间都遵循这一规律。所以编码盘从一个计数状态转到下一个状态时,只有一位二进制码改变,所以它能把误差控制在最小单位内,提高了可靠性。

绝对式光电葛莱编码器的特点如下。

(1) 可以直接读出角度坐标的绝对值。

(2) 没有累积误差。

(3) 电源切除后位置信息不会丢失。但是分辨率是由二进制的位数来决定的,也就是说精度取决于位数,目前有 10 位、14 位等多种。

4. 编码器的常见术语

(1) 分辨率:轴旋转一次时输出的增量信号脉冲数或绝对值的绝对位置数。

(2) 输出相:增量型的输出信号数。包括 1 相型(A 相)、2 相型(A 相、B 相)、3 相(A相、B 相、Z 相),Z 相输出一次即输出一次原点用的信号。

(3) 输出相位差:轴旋转时,将 A 相、B 相各信号相互间上升或下降中的时间偏移量与信号 1 周期时间的比,或者用电气角表示信号一周期为 360°。A 相、B 相用电气角表示为 90°的相位差。

(4) 最高响应频率:响应信号所得到的最大信号频率。

(5) 轴容许力：加在轴上的负载负重的容许量。径向以直角方向对轴增加负重，而轴向以轴方向增加负重。两者都为轴旋转时容许负重，该负重的大小对轴承的寿命产生影响。

在使用光电编码器时，对编码器的一些技术术语需要了解，见表 3-5。

表 3-5 光电编码器的技术术语表

技 术 术 语	说 明
90°相位差二信号和零位信号	A、B 路相位差 90°的两信号和零位信号
UVW 信号	表示相位差 120°的三路信号（电角度）关系
电压输出	NPN 型晶体管发射极接地，集电极带负载电阻输出的电路
集电极开路输出	NPN 型直接从晶体管的集电极输出的电路
长线驱动器输出	长距离输出用集成电路，信号为正反方向输出，速度快，抗干扰能力强，还可以检测电缆的断线
长线接收器	接收由驱动器所输出信号的专用 IC。使用时请注意：长线驱动器与长线接收器必须匹配。如选取用 26LS3 长线驱动器输出，应使用 26LS32 线路接收器接收，如不匹配，将影响使用
互补输出	NPN 型和 PNP 型对管的发射极对接输出电路。这种电路反应速度快，也可以长距离传送
允许注入电流	编码器单路信号最大吸收的电流值
输出电阻	输出电路的内部阻抗
最小负载阻抗	输出电路所允许的最小负载阻抗
允许轴负载	轴所能承受轴向及径向载荷的能力
准确度	输出脉冲数累加得到的回转角与理论回转角之差的二分之一。冠以正负号
周期误差	输出脉冲数周期与理论脉冲数周期之差
相临周期误差	相邻脉冲周期之差
增量式	输出脉冲列或正弦波的周期列的方式。位置是根据累计而得到的
绝对式	把机械位移量用二进制码或葛莱码作为绝对位置而进行输出的方式
正逻辑	符号"1"是对应输出电压"H"的输出逻辑
负逻辑	符号"1"是对应输出电压"L"的输出逻辑

3.4.2 安装调试

1. 选型标准

光电编码器在选型时需要注意以下几方面。

(1) 编码器的类型：增量型或绝对型。

(2) 分辨率的精确度选择。

(3) 外形尺寸(中空轴，杆轴)。

(4) 轴允许负载。

(5) 最大允许转速。

(6) 最高响应频率(最高响应频率＝转速/60×分辨率)，注意要留有余度。

(7) 保护结构(防水，防油，灰尘等)。

(8) 轴的旋转启动转矩。

(9) 输出电路方式(长距离时，要选择线路激励器)。

2. 安装注意事项

如图 3-62 所示为编码器的安装方式,在安装中应注意以下几个方面的问题。

(a) 套式安装　　　　　　　(b) 轴式安装

图 3-62　光电编码器安装方式图

1)机械方面

(1)由于编码器属于高精度机电一体化设备,所以编码器轴与用户端输出轴之间需要采用弹性软连接,以避免因用户轴的窜动、跳动而造成编码器轴系和码盘的损坏。

(2)安装时注意允许的轴负载。

(3)应保证编码器轴与用户输出轴的不同轴度<0.20mm,与轴线的偏角<1.5°。

(4)安装时严禁敲击和摔打碰撞,以免损坏轴系和码盘。

(5)长期使用时,定期检查固定编码器的螺钉是否松动(每季度一次)。

2)电气方面

(1)接地线应尽量粗,截面积一般应大于 1.5mm²。

(2)编码器的输出线彼此不要搭接,以免损坏输出电路。

(3)编码器的信号线不要接到直流电源上或交流电流上,以免损坏输出电路。

(4)与编码器相连的电动机等设备,应接地良好,不要有静电。

(5)编码器的输出配线应采用屏蔽电缆。

(6)开机前,应仔细检查产品说明书与编码器型号是否相符,接线是否正确。

(7)长距离传输时,应考虑信号衰减因素,选用具备输出阻抗低、抗干扰能力强的型号。

(8)避免在强电磁波环境中使用。

图 3-63 所示为编码器屏蔽电缆连接图,注意屏蔽电缆外部屏蔽层应采用一点接地方式与大地连接。

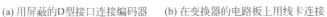

(a) 用屏蔽的D型接口连接编码器　　(b) 在变换器的电路板上用线卡连接　　(c) 编码器用屏蔽的PG接口连接

图 3-63　光电编码器屏蔽电缆连接图

3)环境方面

(1)编码器是精密仪器,使用时要注意周围有无振源及干扰源。

(2)不是防漏结构的编码器不要溅上水、油等,必要时要加上防护罩。

（3）注意环境温度、湿度是否在仪器使用要求范围之内。

很多编码器在现场能正常使用，可使用一段时间后就莫名其妙地损坏了，究其原因，很多是因为编码器的防护等级不够。有些用户以为工作环境没有尘、水汽的问题，怎么还会损坏呢？其实编码器在工作环境中，或编码器工作与停机的变化中，由于热胀冷缩的温差而造成内外气压差，防护等级差的编码器（包括其他传感器），会产生"呼吸性"水汽，由于内外压差水汽吸入编码器，因时间的积累而损坏内部光学系统或线路板，而损坏编码器，这种内部的损坏是慢性积累的，往往是今天虽还能正常使用，而内部却已积下隐患了。

这种情况在工程项目中尤为突出，例如高温、温差大地区，高湿度地区，沿海地区（空气中含盐分），因此，工程项目所使用的编码器，一定要使用标准工业级的高防护等级性能的编码器。

标准工业级的编码器的防护等级其实是分两部分的，转轴部分与外壳电气部分，有些编码器厂家会分别注明转轴部分的防护等级与电气部分的防护等级。转轴由于是旋转的，防水较难做，如仅依赖于密封精密滚珠轴承，要达到完全防水是不现实的，一般工业级的在IP64以上，如果要达到 IP66 以上，就需要有特殊工艺，有些通过双轴承内部的结构，有些通过增加橡皮挡碗来提高防护等级，但在编码器低速时好办，在较高速时就困难了，大部分在IP66以上的轴都转起来很重；而外壳电气部分必然是 IP65 以上。反映在防护等级上的机械设计，往往转轴是双轴承结构，而外壳的封装往往不依赖于外径上的螺钉固定，而是一次挤压＋O形密封圈的密封封装。在这种情况下，在编码器的外壳外径上是看不到三个螺钉固定的，如有三个螺钉固定，由于螺钉的顶入，而很可能造成外圆轻微变形而轻微破坏圆度，那样，密封性能就很难有保证了。另外，这些螺丝也会因振动与热胀冷缩而松动，影响防护等级。这类编码器，其标注的防护等级也许也很高，但那是厂家出厂的理想的实验室状态，在工程项目的使用中还是较难有保证的。

例如，在工程项目中表现优异的德国海德汉、德国 STEGMANN、TR 等编码器，在其编码器的外壳外径上，是不可能看到有依赖于三个螺钉的固定的，而在一些日系韩系的经济型系列中，就是这种依赖于三个螺钉固定的外壳（这样加工成本低，拆卸维修方便）。

工程项目中使用的编码器，应该是转轴部分的防护等级优于 IP64，外壳电气部分的防护等级优于 IP65（而且外壳外径上，应不是依赖于三个或四个螺钉固定的）。对于工程项目使用的编码器，这是需要重点考虑的因素。

3.4.3　光电编码器的应用

1. 位置测量

把输出的两个脉冲分别输入到可逆计数器的正、反计数端进行计数，可检测到输出脉冲的数量，把这个数量乘以脉冲当量（转角/脉冲）就可测出码盘转过的角度。为了能够得到绝对转角，在起始位置时，对可逆计数器要清零。

在进行直线距离测量时，通常把它装到伺服电动机轴上，伺服电动机与滚珠丝杆相连，当伺服电动机转动时，由滚珠丝杆带动工作台或刀具移动，这时编码器的转角对应直线移动部件的移动量，因此，可根据伺服电动机和丝杆的转动以及丝杆的导程来计算移动部件的位置。

2. 转速测量

转速可由编码器发出的脉冲频率或周期来测量。利用脉冲频率测量是在给定的时间内

对编码器发出的脉冲计数,然后由式(3-9)求出其转速

$$n = \frac{N_1/t}{N} = \frac{N_1}{N \cdot t} = \frac{N_1}{N} \cdot \frac{60}{t} \tag{3-9}$$

式中：t——测速采样时间；

N_1——t 时间内测得的脉冲个数；

N——编码器每转脉冲数,单位为 pulse/r,与所用编码器型号有关。

如图 3-64(a)所示为用脉冲频率法测转速的原理图。在给定时间 t 内,使门电路选通,编码器输出脉冲允许进入计数器计数,这样,可计算出 t 时间内编码器的平均转速。

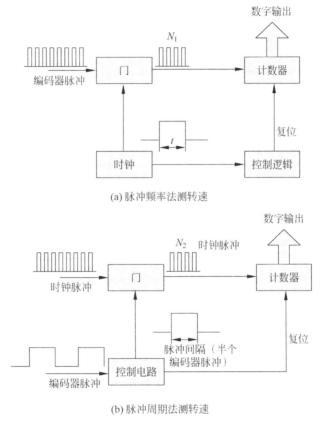

(a) 脉冲频率法测转速

(b) 脉冲周期法测转速

图 3-64   光电编码器测速原理图

利用脉冲周期法测量转速,是通过计数编码器一个脉冲间隔内(半个脉冲周期)标准时钟脉冲个数来计算其转速,因此,要求时钟脉冲的频率必须高于编码器脉冲的频率。如图 3-64(b)所示为用脉冲周期法测量转速的原理图。当编码器输出脉冲正半周时选通门电路,标准时钟脉冲通过控制门进入计数器计数,计数器输出 N_2,可得出转速的计算公式为

$$n = \frac{1}{2N_2 \cdot N \cdot T} \tag{3-10}$$

或

$$n = \frac{60}{2N_2 \cdot N \cdot T} \tag{3-11}$$

式中：N——编码器每转脉冲数，单位为 pulse/r；

　　　N_2——编码器一个脉冲间隔（即半个编码器脉冲周期）内标准时钟脉冲输出个数；

　　　T——标准时钟脉冲周期，单位为 s。

应　用　篇

3.5　基础实验：硅光电池特性实验

3.5.1　实验目的

（1）学会掌握 PN 结形成原理及其工作机理。

（2）了解 LED 发光二极管的驱动电流和输出光功率的关系。

（3）掌握硅光电池的工作原理及其工作特性。

3.5.2　元器件准备

（1）ELVIS 实验平台。

（2）LECT-1302 实验板。

（3）万用表表棒。

（4）硅光电池，LEDs（红、黄、绿）。

3.5.3　实验原理

硅光电池是一个大面积的光电二极管，它被设计用于把入射到它表面的光能转化为电能。因此，其可用作光电探测器和光电池，被广泛用于太空和野外便携式仪器等的能源。

光电池的基本结构如图 3-65 所示。当半导体 PN 结处于零偏或反偏时，在它们的结合面耗尽区存在一内电场；当有光照时，入射光子将把处于介带中的束缚电子激发到导带，激发出的电子空穴对在内电场作用下分别飘移到 N 型区和 P 型区；当在 PN 结两端加负载时就有一光生电流流过负载。

流过 PN 结两端的电流可由式（3-12）确定，式（3-21）中 I_s 为饱和电流，V 为 PN 结两端电压，T 为绝对温度，I_p 为产生的光电流。从式中可以看到，当光电池处于零偏时，$V=0$，流过 PN 结的电流 $I=I_p$；当光电池处于反偏时（在本实验中取 $V=-5V$），流过 PN 结的电流 $I=I_p-I_s$，因此，当光电池用作光电转换器时，光电池必须处于零偏或反偏状态。光电池处于零偏或反偏状态时，产生的光电流 I_p 与输入光功率 P_i 的关系如式（3-13）所示：

$$I = I_s(e^{\frac{eV}{kT}} - 1) + I_p \tag{3-12}$$

$$I_p = RP_i \tag{3-13}$$

式（3-12）中 R 为响应率，R 值随入射光波长的不同而变化，对不同材料制作的光电池 R 值分别在短波长和长波长处存在截止波长，在长波长处要求入射光子的能量大于材料的能级间隙 Eg，以保证处于介带中的束缚电子得到足够的能量被激发到导带，对于硅光电池其长波截止波长为 $\lambda_c = 1.1\mu m$，在短波长处也由于材料有较大吸收系数使 R 值很小。

　　光电池作为电池使用如图 3-66 所示。在内电场作用下,入射光子由于内光电效应把处于介带中的束缚电子激发到导带,而产生光伏电压。此时在光电池两端加一个负载就会有电流流过。当负载很小时,电流较小而电压较大;当负载很大时,电流较大而电压较小。实验时可改变负载电阻 R_L 的值来测定光电池的伏安特性。

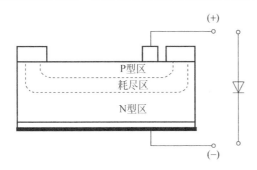

图 3-65　光电池结构示意图

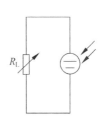

图 3-66　光电池伏安特性测定

3.5.4　实验内容和步骤

1. 无光照伏安特性

　　(1) 实验中使用的是硅光电池模块。无光照条件下,测量硅光电池正向偏压时的伏安特性。电路原理图如图 3-67 所示。

　　(2) 将 V101 和＋5V 相连,V101 上正下负。

　　(3) S101 设为断开、S102 设为连通,光电池接在 U101 处,短接 1 和 2 引脚、3 和 4 引脚。

　　(4) 用遮光套将 U101 光电池套上,遮光。

　　(5) 将电流表串联入电路,万用表(A)及 COM 端口分别与 T101 和 T102 相连。将 AI0 通道并联至电路中,AI＋接 T103,AI－接 T104。

　　(6) 打开 ELVIS 的电源和原型板电源,打开 DMM 和 Scope 的软面板。

　　(7) 改变 RP101 的阻值,观察电压电路的变化。在 nextpad 的测试面板中记录 V-I 的数值。填写好数据后,单击测试面板上的“刷新”按钮,观察伏安特性曲线。

　　(8) 实验完成后,关闭原型板开关。

2. 光照特性

　　(1) 将 V102 和 VPS＋(0～＋12V)相连,V102 上正下负,负端与 GND 相连接。LED101 处放置红色发光二极管。电路原理图如图 3-68 所示。

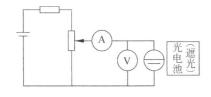

图 3-67　无光照伏安特性

图 3-68　光照特性

V-I 数据记录

电压 mV		
电流 mA		

光照特性

	1V	1.5V	2V	2.5V	3V	3.5V	4V	4.5V	5V
DMM(mV)									

（2）S101、S102 设置为断开，光电池接在 U101 处，短接 1 和 2 引脚，3 和 4 引脚，连接 T105 和 T106。

（3）用遮光套将 U101 光电池和 LED101 发光二极管套在一起。

（4）将 100Ω 的电阻连入电路，即将开关 S110 设置为连通，其他电阻开关设置为断开。

（5）将万用表（V）及 COM 端口分别与 T103 和 T104 相连接。（也可使用 Scope 软面板观察电压，使用 AI 和 T103 及 T104 相连接。）

（6）打开万用表 DMM 和可变电压源 VPS 的软面板。

（7）根据 LED 的特性，VPS 的输出电压设置为 2～5V 变化。

（8）在 nextpad 软面板中，记录不同的光强（VPS 的电压值）对应的 DMM 测得的电压值。

3. 负载特性

（1）测量输出电压与负载关系。

（2）将 V102 和 VPS+（0～+12V）相连，V102 上正下负。LED101 处放置红色发光二极管。电路原理图如图 3-69 所示。

（3）S101、S102 设置为断开，光电池接在 U101 处，短接 1 和 2 引脚，3 和 4 引脚，连接 T105 和 T106。

（4）用遮光套将 U101 光电池和 LED101 发光二极管套在一起。

（5）将万用表（V）及 COM 端口分别与 T103 和 T104 相连接。

（6）打开 DMM 和 VPS 的软面板。

（7）依次将各个电阻连入电路中。

（8）固定 VPS+的输出电压，如 5V、4V。测量在某固定光强下，光电池的负载特性。

（9）在 nextpad 的测试面板中，记录不同的负载对应的 DMM 测得的电压值。记录完毕后，单击测试面板上的"刷新"按钮，观察特性曲线。

4. 串并联伏安特性

（1）将 V102 和 VPS+相连，V102 上正下负。LED101 处放置红色发光二极管。电路原理图如图 3-70 所示。

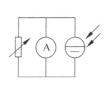

图 3-69　负载特性

负载特性数据记录

电阻 Ω	
电压 μV	

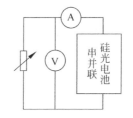

图 3-70　串并联伏安特性

串并联 V-I 数据记录

电压 mV	
电流 mA	

（2）将 S101、S102 设置为断开，光电池接在 U101 和 U102 处。

（3）串联时，连接 1 和 2 引脚，3 和 6 引脚，7 和 8 引脚。并联时，连接 1 和 2 引脚，3 和 4 引脚，5 和 6 引脚，7 和 8 引脚。

（4）用遮光套将 U101 和 U102 光电池和 LED101 发光二极管套在一起。

（5）将电流表串联入电路，万用表（A）及 COM 端口分别与 T105 和 T106 相连接。将 AI0 通道并联至电路中，AI＋接 T103，AI－接 T104。

（6）打开 DMM（A）、VPS 和 Scope 的软面板。

（7）固定 VPS＋的输出电压为 5V。依次将各电阻连入电路中，在 nextpad 中记录 V-I 的数值。绘制光电池的串并联的伏安特性曲线。

3.5.5　思考题

（1）光电池在工作时为什么要处于零偏或反偏？

（2）光电池对入射光的波长有何要求？

（3）当单个光电池外加负载时，其两端产生的光伏电压为何不会超过 0.7V？

3.6　技能拓展：生产线系统中光电传感器的调试

3.6.1　实验目的

本实验采用的是工业传感器实训台（详见 3.6.3 节），本实训模块配备的检测体为一个可以快速更换成不同性质载体（拥有不同色差、不同形状、不同大小等）的运行平台。该实训模块可完成以下实训。

（1）通过两组对射式光电传感器对不同材质不同大小不透明物体的检测，获取传感器检测距离、检测直径及指向角等性能参数；

（2）通过镜反射式光电传感器与光电反光板配合对不同材质不同大小物体的检测，获取传感器检测距离、检测直径及指向角等性能参数；

（3）通过漫反射式光电传感器对不同材质不同大小不透明物体的检测，获取该传感器检测距离、检测直径及指向角等性能参数。

通过以上实训学生可独立完成不同类型光电传感器的安装、调试及选型工作，培养其解决工业现场实际问题的能力。

3.6.2　元器件准备

（1）亚龙 OMR—欧姆龙主机单元一台。

（2）亚龙传感器测试单元一台。

（3）专用接线若干。

（4）计算机和编程器一台。

3.6.3　实训设备简介

1. 电源台及 PLC 面板介绍

电源台面板功能布局如图 3-71 所示。

打开总电源，按下电源台启动按钮直流电源供电，按下停止按钮直流电源失电（总电源急停按钮按下时总电源无法正常供电）。

PLC 面板功能布局如图 3-72 所示。

2. 测试单元传感器介绍

传感器模块功能布局图如图 3-73 所示。

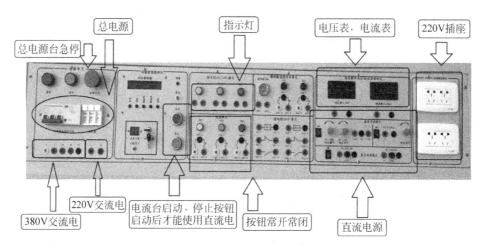

图 3-71 电源台面板功能布局图

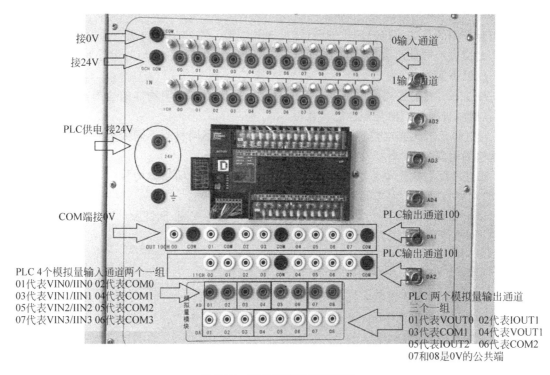

图 3-72 PLC 面板功能布局图

（1）欧姆龙光电传感器 E3T-FT13 2M（能检测直径 1.3mm 以上的不透明物体，检测距离 500mm）。

（2）欧姆龙光电传感器 ESZ-T61 2M（能检测直径 12mm 以上的不透明物体，检测距离 15mm）。

（3）欧姆龙光电传感器 E3Z-B61 2M（能检测透明小瓶 500ml 直径 65mm，检测距离 80mm）。

（4）欧姆龙光电传感器 E3Z-LS61 2M（能检测各种各样的物体，且不受背景颜色的影响，检测距离最大 200mm）。

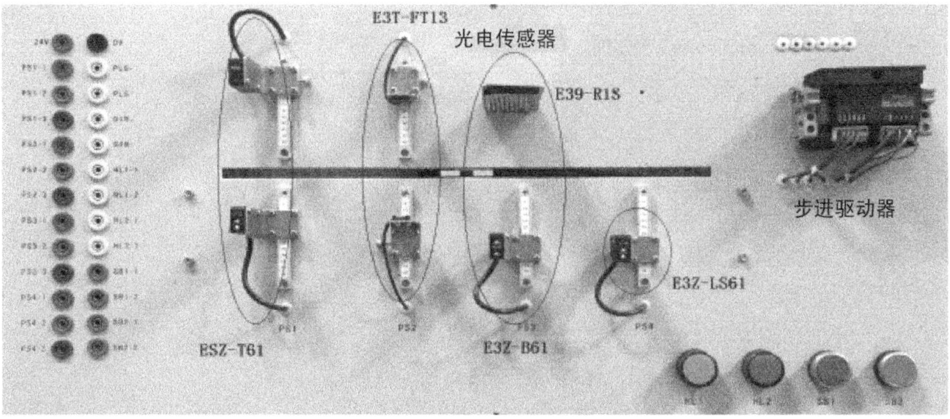

图 3-73 传感器模块功能布局图

3．系统接线

系统接线表如表 3-6 所示。

表 3-6 系统接线表

24V	步进驱动器供电正极			0V	步进驱动器供电负极		
欧姆龙光电传感器 ESZ-T61				PLS			
PS1-1	红	电源正	24V	PLS＋	步进脉冲＋	电源正	24V
PS1-2	绿	PLC 输入	0CH(00)	PLS－	步进脉冲－	PLC 输出	10CH(00)
PS1-3	蓝	电源负	0V	DIR			
欧姆龙光电传感器 E3T-FT13				DIR＋	脉冲方向＋	电源正	24V
PS2-1	红	电源正	24V	DIR－	脉冲方向－	PLC 输出	10CH(02)
PS2-2	绿	PLC 输入	0CH(01)	HL1			
PS2-3	蓝	电源负	0V	HL1-1	绿灯	电源正	24V
欧姆龙光电传感器 E3Z-B61				HL1-2	绿灯	PLC 输出	11CH(00)
PS3-1	红	电源正	24V	HL2			
PS3-2	绿	PLC 输入	0CH(02)	HL2-1	红灯	电源正	24V
PS3-3	蓝	电源负	0V	HL2-2	红灯	PLC 输出	11CH(01)
欧姆龙光电传感器 E3Z-LS61				SB1			
PS4-1	红	电源正	24V	SB1-1	启动按钮	电源负	0V
PS4-2	绿	PLC 输入	0CH(03)	SB1-2	启动按钮	PLC 输入	1CH(07)
PS4-3	蓝	电源负	0V	SB2			
				SB2-1	停止按钮	电源负	0V
				SB2-2	停止按钮	PLC 输入	1CH(08)

PLC 输入端的 0CH COM 端需要接 24V(如果需要使用 PLC 拨码开关则需要 PLC 输入端 COM 接 0V)。

PLC 输出端的 COM 端需要并联后接到电源 0V。

4．I/O 接线示意图

I/O 接线示意图如图 3-74 所示。

5．I/O 分配表

I/O 分配表如表 3-7 所示。

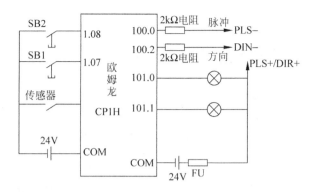

图 3-74 I/O 接线示意图

表 3-7 I/O 分配表

I/O 口	说明	I/O 口	说明
1.7	正转开关	100.0	PLS
1.8	反转开关	100.2	DIR
		101.0	启动指示
		101.1	停止指示

6. 程序下载

(1) 打开菜单: PLC→"在线工作",如图 3-75 所示。

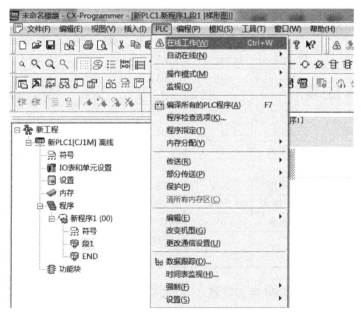

图 3-75 PLC 程序下载设置示意图

(2) 在线工作后才能执行程序写入,如图 3-76 所示。

在程序写入之前需要设置 PLC 写入内容,如果有用到模拟量 AD DA 通道则需要将"设置"勾选上,如图 3-77 所示。

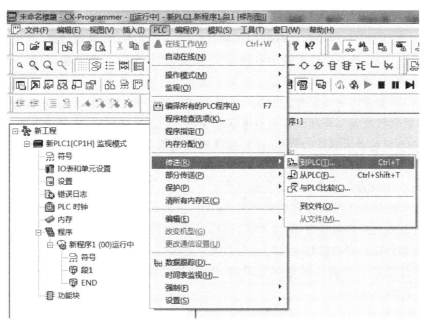

图 3-76 PLC 程序下载示意图

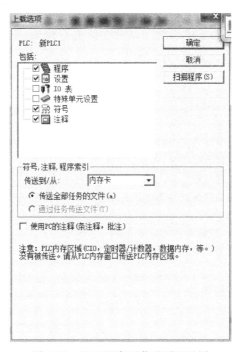

图 3-77 PLC 程序下载选项配置图

3.6.4 实验内容和步骤

1. 项目背景

某企业生产线面临升级改造。对射式、镜反射式和漫反射式光电开关将会被使用到该生产线上。本项目主要任务是对生产线进行系统测试。

2. 生产线系统测试

系统测试,英文是 System Testing,是将已经确认的软件、计算机硬件、外设、网络等其他元素结合在一起,进行信息系统的各种组装测试和确认测试。系统测试是针对整个产品系统进行的测试,目的是验证系统是否满足了需求规格的定义,找出与需求规格不符或与之矛盾的地方,从而提出更加完善的方案。系统测试发现问题之后要经过调试找出错误原因和位置,然后进行改正。是基于系统整体需求说明书的黑盒类测试,应覆盖系统所有联合的部件。对象不仅包括需测试的软件,还要包含软件所依赖的硬件、外设甚至包括某些数据、某些支持软件及其接口等。

针对该生产线进行系统测试的功能如下。

(1) 正常运转按下绿色正向启动按钮,电动机正转运行,生产线传送带正向运行。

(2) 按下红色反转启动按钮,电动机反转,生产线传送带反向运行。

(3) 按红色反转启动按钮 5s 以上,电动机停止运行。

(4) 当传送带上的物体经过光电开关,光电开关检测有物体通过时,PLC 上相应的 LED 亮起,否则熄灭。

3. 实训步骤

(1) 分组,每个小组至少 4 人,分别扮演市场经理、客户、研发工程师和现场工程师的角色。

(2) 市场经理与客户根据上述系统测试的功能进行讨论,市场经理编写系统安装调试指导手册(样例见表 3-8),客户审核。

表 3-8　系统功能测试样例表

主标签号	01
副标签号	01
功能描述	正常运转按下绿色正向启动按钮,电动机正转运行,生产线传送带正向运行。 按下红色反转启动按钮,电动机反转,生产线传送带反向运行。 按红色反转启动按钮 5s 以上,电动机停止运行。 当传送带上的物体经过光电开关,光电开关检测有物体通过时,PLC 上相应的 LED 亮起,否则熄灭
测试工具	亚龙 OMR—欧姆龙主机单元一台 亚龙传感器测试单元一台 专用接线若干 计算机和编程器一台
测试人员	
测试日期	
初始状态	整体电源:断电 所有的接线都已按照要求接好并检查确认无误 传感器模块的卡槽处于初始位置
最终状态	整体电源:断电
通过标准	所有测试步骤均通过

(3) 研发工程师利用上述实训设备模拟生产线系统,提供技术方案。

(4) 研发工程师根据上述系统测试的功能进行 PLC 编程,内部调试。

（5）现场工程师根据研发工程师提供的技术方案进行系统安装,将电源开关拨到关状态,严格按 3.6.3 节的要求进行接线,注意 24V 电源的正负不要短接不要接反,电路不要短路,否则会损坏 PLC 触点。

（6）现场工程师根据研发工程师提供的 PLC 程序进行下载,并将 PLC 置于 RUN 状态。

（7）现场工程师根据系统安装调试指导手册进行测试,记录测试结果。

（8）现场工程师与客户审核测试结果,若客户无异议则签字,验收完成。

实验步骤如表 3-9 所示。

表 3-9　实验步骤

步骤	实　际　输　入	期　望　输　出	结果	实际输出
1.	系统整体上电	实训台电源指示灯亮 PLC 电源指示灯亮		
2.	在传感器模块的卡槽上放置被测物体			
3.	按下光电传感器模块上的绿色按钮	被测物体从左向右移动		
4.	当被测物体还未经过光电开关,观察 PLC 的 LED 灯状态	LED 灯状态为熄灭		
5.	当被测物体经过光电开关时,观察 PLC 的 LED 灯状态	LED 灯状态为亮		
6.	当被测物体依次通过三个光电开关后,按下红色按钮	被测物体从右向左移动		
7.	当被测物体还未经过光电开关,观察 PLC 的 LED 灯状态	LED 灯状态为熄灭		
8.	当被测物体经过光电开关时,观察 PLC 的 LED 灯状态	LED 灯状态为亮		
9.	长按红色按钮超过 5s	被测物体停止移动		
10.	系统整体断电	所有 LED 均熄灭		

小结

通过本章的学习,我们掌握了光电效应的基本概念和常用光电器件;掌握了光电开关传感器的基础知识,熟练掌握选型、安装调试的方法,了解光电开关传感器的应用;掌握了光栅传感器的基础知识,熟练掌握选型、安装调试的方法,了解光栅传感器的应用;掌握了光电编码器的基础知识,熟练掌握选型、安装调试的方法,了解光电编码器的应用。

请你做一做

一、填空题

1. 根据外光电效应制作的光电器件有_____和_____。

2. 光电管有_____和_____两类。

3. 光电管的性能主要由_____、_____、_____、_____和_____等来描述。

4. 光电倍增管主要由_____、_____以及_____三部分组成。阳极是最后用来收集电子的,它输出的是_____。

5. 基于光电导效应的光电器件有_____;基于光生伏特效应的光电器件典型的有_____,此外,_____、_____也是基于光生伏特效应的光电器件。

6. _____、_____和_____是光敏电阻的主要参数。

7. 光电开关可以分为4大类:_____、_____、_____、_____。

8. 光栅一般由_____和_____组成。

9. 光电编码器按测量方式可以分为_____和_____。

10. 光栅尺的输出信号分为_____、_____、_____和_____4种。

二、选择题

1. 一个光子在阴极上所能激发的平均电子数叫作光电阴极的(　　)。
   A. 光照特性　　　　B. 灵敏度　　　　　C. 光谱特性　　　　D. 伏安特性

2. 光敏电阻在未受到光照时的阻值称为(　　)。
   A. 暗电阻　　　　　B. 亮电阻　　　　　C. 等效电阻　　　　D. 最小电阻

3. (　　)是将发光元件和光敏元件合并使用,以光为媒介实现信号传递的光电器件。
   A. 光电池　　　　　B. 光电耦合器件　　C. 光敏管　　　　　D. 光敏电阻

4. 光电倍增管的光谱特性与相同材料的光电管的光谱特性相似,主要取决于(　　)。
   A. 光阳极材料　　　　　　　　　B. 灵敏度
   C. 光阴极材料　　　　　　　　　D. 光照特性

5. 亮电流与暗电流之差,称为(　　)。
   A. 最大电流　　　　B. 最小电流　　　　C. 极限电流　　　　D. 光电流

6. 光敏电阻产生的光电流有一定的惰性,这个惰性通常用(　　)来描述。
   A. 时间常数　　　　B. 灵敏度　　　　　C. 光照特性　　　　D. 光谱特性

7. 光敏电阻的光谱响应、灵敏度和暗电阻都要受到(　　)变化的影响。
   A. 光照强度　　　　B. 压力　　　　　　C. 温度　　　　　　D. 湿度

8. 光电开关动作距离与复位距离之间的绝对值是(　　)。
   A. 最大距离　　　　B. 最小距离　　　　C. 平均距离　　　　D. 回差距离

三、判断题

1. (　　)光电效应中产生的光电子的速度与光的频率有关,而与光强无关。

2. (　　)每一种金属在产生光电效应时都存在一极限频率(或称截止频率),即照射光的频率不能低于某一临界值。

3. (　　)外光电效应多发生于半导体内,可分为因光照引起半导体电阻率变化的光电导效应和因光照产生电动势的光生伏特效应两种。

4. (　　)随着半导体光电器件的发展,半导体光电器件已逐步被真空光电管所替代。

5. (　　)在一定照度下,光敏电阻两端所加的电压与光电流之间的关系称为伏安特性。

6. (　　)绝大多数光敏电阻光照特性曲线是线性的。

7. (　　)光敏电阻的相对灵敏度与入射波长的关系称为光谱特性。

8. (　　)不同材料的光敏电阻有不同的时间常数,与入射的辐射信号的强弱有关。

9.（　　）光电池实质上是一个电流源。

10.（　　）镜反射式光电开关的发射端和接收端在同一侧。

四、简答题

1. 什么是内光电效应和外光电效应？

2. 根据外光电效应制作的光电器件都有哪些？

3. 什么是光电开关？可以分为哪几类？

4. 光电开关的安装都有哪些注意事项？

5. 什么是光栅？它可以分成哪几类？

6. 光电编码器根据刻度方法和输出形式可以分为哪几种？

7. 增量式光电编码器的结构由哪些部件组成？

8. 增量式光电编码器码盘上的窄缝条数共有 1200 条,它的角度分辨率是多少？

9. 绝对式光电编码器的码盘共有 5 圈,那么它的角度分辨率是多少？

10. 编码器的常用术语都有哪些？

第4章

压力的检测

本章学习目标

- 熟练掌握常用检测压力的方法。
- 了解压电式和压阻式压力传感器的工作原理。
- 了解常用力传感器的典型应用。
- 学会压力传感器的选型方法。
- 可以对简单测力系统进行分析和设计。

压力传感器是工业实践、仪器仪表控制中最为常用的一种传感器,并广泛应用于各种工业自控环境。压电式传感器和压阻式传感器是两种常用的测量压力的仪器仪表,本章的学习任务是在掌握这两种压力传感器工作原理的基础上,熟悉它们在一些领域的典型应用,通过应用篇的基础实验和技能拓展学会并可以总结出加速度传感器的使用和压力传感器的选型方法。本章内容思维导图如图 4-1 所示。

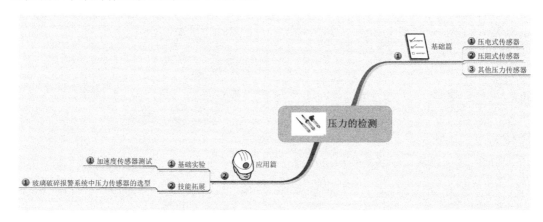

图 4-1　第 4 章思维导图

项目背景

王经理的公司里最近采购了一批压力变送器用于压力和液位的测量,现需要进行产品的安装和调试工作。小张觉得这是一个千载难逢的机会,正好可以学习一下压力的检测方法,所以开始和技术人员一起学习设备工作原理并进行安装调试工作。

在工作过程中,小张发现压力变送器的种类很多,在不同场合需要选择不同类型的压力变送器进行压力和液位的检测。经过和老师傅们请教,他决定一边工作一边将压力传感器的相关知识进行补充,特别是常见的压电式压力传感器和压阻式压力传感器,以及典型压力传感器的应用。

基 础 篇

4.1　压电式传感器工作原理及应用

本节内容思维导图如图 4-2 所示。

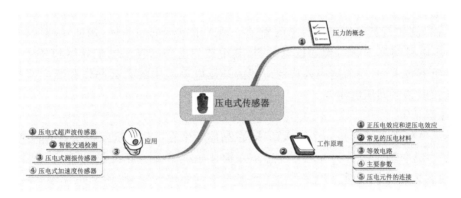

图 4-2　4.1 节思维导图

4.1.1　压力的概念

垂直作用在单位面积上的力称为压力。基本单位为"帕斯卡",简称"帕",符号为 Pa,常用的单位还有 kPa、MPa 以及 Bar(巴),1Bar ＝100kPa。

常见的压力类型包括大气压力、绝对压力、表压和差压等。大气压力是指地球表面上的空气柱重量所产生的压力,1 个标准大气压等于 101.325kPa;绝对压力的零点以绝对真空为基准,又称总压力或全压力;表压的零点以当地大气压为参考点,当绝对压力小于当地大气压力时,表压为负压,可以用真空度来表示;差压是指任意两个压力之差,差压式液位计和差压式流量计就是利用测量差压的大小来确定液位和流量大小的。

4.1.2　压电式传感器的工作原理

1. 正压电效应和逆压电效应

压电式传感器是一种典型的发电型传感器,以电介质的压电效应为基础。某些电介质当沿着一定方向施加力变形时,内部产生极化现象,同时在它表面会产生符号相反的电荷;当外力去掉后,又重新恢复不带电状态;当作用力方向改变后,电荷的极性也随之改变,这种现象称为正压电效应,如图 4-3 所示。此外,压电效应是可逆的,在介质极化的方向施加电场时,电介质会产生形变,将电能转化成机械能,这种现象称为逆压电效应,也称为"电致伸缩"。压电元件可以将机械能转化成电能,也可以将电能转化成机械能,能量是可以互相转换的,示意图如图 4-4 所示。

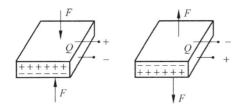

图 4-3　正压电效应示意图　　　　　图 4-4　压电元件的能量转换示意图

2. 常见的压电材料

在自然界中,大多数晶体都具有压电效应,但多数晶体的压电效应过于微弱。具有实用价值的压电材料基本上可分为三大类:压电晶体、压电陶瓷和新型压电材料。压电晶体是一种单晶体,例如石英晶体等;压电陶瓷是一种人工制造的多晶体,例如钛酸钡、锆钛酸铅等;新型压电材料属于新一代的压电材料,其中较为重要的有压电半导体和高分子压电材料。在传感器技术中,目前国内外广泛应用的是压电单晶中的石英晶体和压电多晶中的钛酸钡与锆钛酸铅系列压电陶瓷。

1) 石英晶体

石英晶体的理想外形是一个正六面体,在晶体学中它可用三根互相垂直的轴来表示,如图 4-5 所示,纵向轴 Z-Z 称为光轴;经过正六面体棱线并垂直于光轴的 X-X 轴称为电轴;与 X-X 轴和 Z-Z 轴同时垂直的 Y-Y 轴(垂直于正六面体的棱面)称为机械轴。实验发现,当晶体受到沿 X(即电轴)方向的力作用时,它在 X 方向产生正压电效应,而 Y、Z 方向则不产生压电效应。晶体在 Y(即机械轴)方向的力作用下,使它在 X 方向产生正压电效应,在 Y、Z 方向则不产生压电效应。沿 Z(即光轴)方向加作用力,晶体不产生压电效应。通常把沿电轴 X-X 方向的力作用下产生电荷的压电效应称为"纵向压电效应",而把沿机械轴 Y-Y 方向的力作用下产生电荷的压电效应称为"横向压电效应",沿光轴 Z-Z 方向受力则不产生压电效应。

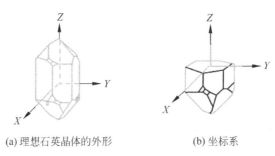

(a) 理想石英晶体的外形　　　　　(b) 坐标系

图 4-5　石英晶体

石英是一种具有良好压电特性的压电晶体,其介电常数和压电系数的温度稳定性好。在 20～200℃范围内,温度每升高 1℃,压电系数仅减少 0.016%。但是当到 573℃时,压电特性完全失去,这就是居里点温度。石英晶体的突出优点是性能非常稳定、机械强度高、绝缘性能好,但价格昂贵且压电系数低,因此一般仅用于标准仪器或要求较高的传感器中。

2）压电陶瓷

压电陶瓷也是一种常用的压电材料。它与石英晶体不同,石英晶体是单晶体,压电陶瓷是人工制造的多晶体压电材料,它具有类似铁磁材料磁畴结构的电畴结构。每个单晶形成一单个电畴,无数单晶电畴的无规则排列,极化效应互相抵消,所以没有压电效应。为了使压电陶瓷具有压电效应,须做极化处理,在一定温度下,极化面上加高压电场,电畴方向同外电场方向,剩余极化很强,出现压电效应,如图 4-6 所示。

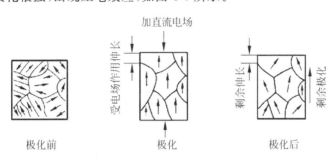

图 4-6　压电陶瓷的极化处理

压电陶瓷中应用最为广泛的是钛酸钡与锆钛酸铅。钛酸钡($BaTiO_3$)是由碳酸钡($BaCO_3$)和二氧化钛(TiO_2)按 1：1 分子比例在高温下合成的压电陶瓷,具有很高的介电常数和较大的压电系数(约为石英晶体的 50 倍);不足之处是居里温度低(120℃),温度稳定性和机械强度不如石英晶体。锆钛酸铅是由 $PbTiO_3$ 和 $PbZrO_3$ 组成的固溶体,它与钛酸钡相比,压电系数更大,居里温度在 300℃ 以上,各项机电参数受温度影响小,时间稳定性好。此外,在锆钛酸铅中添加一种或两种其他微量元素(如铌、锑、锡、锰、钨等)还可以获得不同性能的 PZT 材料。因此,锆钛酸铅压电陶瓷是目前压电式传感器中应用最广泛的压电材料。

3）新型压电材料

新型压电材料中较为重要的有压电半导体和高分子压电材料。1968 年出现了多种压电半导体材料,如硫化锌、碲化镉、氧化锌、硫化镉、碲化锌和砷化镓等。它们既有压电特性,又有半导体性质,因此,可研制压电传感器,也可制作成半导体电子器件,还可将二者结合研制新型集成压电传感器。这种力敏器件具有灵敏度高、响应时间短等优点。

高分子压电材料主要分成高分子压电薄膜和高分子压电陶瓷薄膜。高分子压电薄膜是某些高分子聚合物经延展和拉伸以及电场极化后具有压电性能的材料,如聚二氟乙烯。它的优点是耐冲击、不易破碎、稳定性好、频带宽。高分子压电陶瓷薄膜是在高分子化合物中加入压电陶瓷粉末制成的,这种复合材料保持了高分子压电陶瓷薄膜的柔软性,又具有较高的压电系数。

3. 等效电路

当压电传感器中的压电晶体承受被测机械应力的作用时,在它的两个极面上出现极性相反但电量相等的电荷。可把压电传感器看成一个静电发生器,也可把它视为两极板上聚集异性电荷,中间为绝缘体的电容器,其电容量为 $C_a = \dfrac{\varepsilon S}{d}$,当两极板聚集异性电荷时,则两极板呈现一定的电压,其大小为 $U_a = \dfrac{q}{C_a}$,压电传感器的等效电路如图 4-7 所示。

如果施加于压电晶片的外力不变,积聚在极板上的电荷又无泄漏,那么在外力继续作用

时,电荷量将保持不变。这时在极板上积聚的电荷与力的关系为

$$q = DF \qquad (4\text{-}1)$$

式中：q——电荷量；

    F——作用力,单位为 N；

    D——压电常数,单位为 C/N,与材质及切片的方向有关。

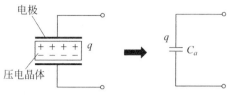

图 4-7 压电传感器的等效电路

式(4-1)表明,电荷量 q 与作用力 F 成正比。当然,在作用力终止时,电荷就随之消失。需要注意的是,利用压电式传感器测量静态或准静态值时,必须采取一定的措施,使电荷从压电晶片上经测量电路的漏失减小到足够小的程度。而压电元件在交变力的作用下,电荷可以不断补充,可以供给测量回路以一定的电流,故只适用于动态测量。

4. 主要参数

压电材料的主要参数包括压电常数、弹性常数、介电常数、电阻和居里点。其中,压电常数是单位作用力在压电材料上产生的电荷,是压电体把机械能转变成电能或把电能转变成机械能的转变系数,它反映压电材料弹性性能与介电性能之间的耦合关系,体现了该压电材料的灵敏度,压电系数与材料本身的性质和极化处理条件有关,压电系数越高,压电材料的能量转换的效率越高。弹性常数也称刚度,它决定着压电器件的固有频率和动态特性；对于一定形状、尺寸的压电元件,其固有电容与介电常数有关,而固有电容又影响着压电传感器的频率下限；压电材料的电阻会减少电荷泄漏,从而改善压电传感器的低频特性；居里点是压电材料开始丧失压电特性的温度。

5. 压电元件的连接

单片压电元件产生的电荷量甚微,为了提高压电传感器的输出灵敏度,在实际应用中常采用两片(或两片以上)同型号的压电元件粘结在一起,如图 4-8 所示。从作用力看,元件是串接的,因而每片受到的作用力相同,产生的变形和电荷数量大小都与单片时相同。图 4-8(a)从电路上看是并联接法,类似两个电容的并联。所以,外力作用下正负电极上的电荷量增加了一倍,电容量也增加了一倍,输出电压与单片时相同。图 4-8(b)从电路上看是串联的,两压电片中间粘接处正负电荷中和,上、下极板的电荷量与单片时相同,总电容量为单片的 1/2,输出电压增大了一倍。

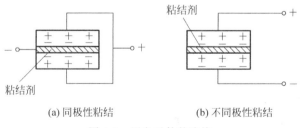

(a) 同极性粘结   (b) 不同极性粘结

图 4-8 压电元件的连接

4.1.3 压电式传感器的应用

1. 压电式超声波传感器

压电式超声波传感器是利用压电材料的压电效应原理来工作的。一般情况下,压电式

超声波传感器由发生器和接收器组成。压电式超声波发生器是利用逆压电效应的原理将高频电振动转换成高频机械振动,从而产生超声波。当外加交变电压的频率等于压电材料的固有频率时会产生共振,此时产生的超声波最强。压电式超声波接收器是利用正压电效应原理进行工作的。当超声波作用到压电晶片上时引起晶片伸缩,在晶片的两个表面便产生极性相反的电荷,这些电荷被转换成电压经放大后送到测量电路,最后记录或显示出来。压电式超声波传感器的结构如图4-9所示。

使用压电式超声波传感器可以进行医学超声波检测、超声波探伤、超声波液位检测、厚度检测、流量检测和频谱分析等。可见,超声波传感器为人类带来了更多的检测方法,各种超声波传感器产品如图4-10所示,本书将在后续章节中对超声波传感器进行详细介绍,这里不再赘述。

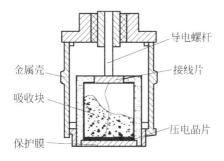

图 4-9　压电式超声波传感器结构图　　　　图 4-10　各种超声波传感器产品

2. 智能交通检测

将高分子压电电缆或者压电薄膜埋在公路上,可以获取车型分类信息(包括轴数、轴距、轮距、单双轮胎),或者完成车速监测、收费站称重、闯红灯拍照、停车区域监控、交通数据信息采集等任务。压电电缆和压电薄膜的实物图如图4-11所示。

图 4-11　压电电缆和压电薄膜实物图

压电薄膜通常很薄,不但柔软、密度低、灵敏度极好,而且具有很强的机械韧性,其柔顺性比压电陶瓷高10倍。它柔性、质轻、韧度高,可制成较大面积和多种厚度。此外,可以直接贴附在机件表面,而不会影响机件的机械运动,非常适用于需要大带宽和高灵敏度的应变传递。

可以利用压电式传感器对车辆进行行驶中称重,判断正在高速行驶中的车辆,尤其是驶过桥梁的车辆是否超载,由视频系统拍下车牌号记录在案,这项技术在很多国家得到了应用。在车速检测系统中使用压电式传感器可以得到良好的效果,通常在每条车道上安装两个传感器并计算出车辆的速度,当轮胎经过传感器 A 时,启动电子时钟,当轮胎经过传感器 B 时,时钟停止。传感器之间的距离已知,将两个传感器之间的距离除以两个传感器信号的时间周期,就可得出车速。另外,压电式传感器也可作为闯红灯照相机的触发器,照相机控制器与红绿灯控制器相连以便只在红灯时完成动作。用两个传感器确定车辆到达停车线前的车速,如果红灯已亮并且车速大于预置值,就会自动拍下第一张照片。第一张照片证明红灯已亮而且车辆在红灯亮时未超越停车线,并可证明车速及已亮红灯的时间。第二张照片根据车速在第一次拍照后一定的时间内拍出,一般来说为 $1\sim2s$。第二张照片证明事实上车辆越了停车线进入交叉路口并闯了红灯。

3. 压电式测振传感器

振动可分为机械振动、土木结构振动、运输工具振动、武器或爆炸引起的冲击振动等。从振动的频率范围来分,有高频振动、低频振动和超低频振动等。从振动信号的统计特征来看,可将振动分为周期振动、非周期振动以及随机振动等。测振用的传感器又称拾振器,有接触式和非接触式之分。接触式中有磁电式、电感式、压电式等;非接触式中又有电涡流式、电容式、霍耳式、光电式等。下面通过桥墩水下缺陷的探测来介绍压电式测振传感器。

图 4-12(a)为用压电式加速度传感器探测桥墩水下部位裂纹的示意图。通过放电炮的方式使水箱振动(激振器),桥墩将承受垂直方向的激励,用压电式加速度传感器测量桥墩的响应,将信号经电荷放大器进行放大后送入数据记录仪,再将记录下的信号输入频谱分析设备,经频谱分析后就可判定桥墩有无缺陷。没有缺陷的桥墩为一坚固整体,加速度响应曲线为单峰,如图 4-12(b)所示。若桥墩有缺陷,则其力学系统变得更为复杂,激励后的加速度响应曲线将显示出双峰或多峰,如图 4-12(c)所示。

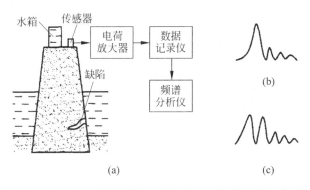

图 4-12　压电式测振传感器探测桥墩水下部位裂纹示意图

4. 压电式加速度传感器

加速度传感器作为测量物体运动状态的一种重要的传感器,主要分为压阻式、电容式、压电式、振弦式等类型。压电式加速度传感器是以压电材料为转换元件,将加速度输入转化成与之成正比的电荷或电压输出的装置,具有结构简单、重量轻、体积小、耐高温、固有频率高、输出线性好、测量的动态范围大、安装简单的特点。

压电式加速度传感器又称为压电加速度计,它也属于惯性式传感器。它是典型的有源传感器。利用某些物质如石英晶体、人造压电陶瓷的压电效应,在加速度计受振时,质量块加在压电元件上的力也随之变化。压电敏感元件是力敏元件,在外力作用下,压电敏感元件的表面产生电荷,从而实现非电量电测量的目的。

如图 4-13 所示,压电式加速度传感器由基座、压电片、质量块、弹簧和壳体组成。实际测量时,将图中的基座与待测物刚性地固定在一起。当待测物运动时,基座与待测物以同一加速度运动,压电片受到质量块与加速度相反方向的惯性力的作用,在晶体的两个表面上产生交变电荷(电压)。当振动频率远低于传感器的固有频率时,传感器的输出电荷(电压)与作用力成正比。电信号经前置放大器放大,即可由一般测量仪器测试出电荷(电压)大小,从而得出物体的加速度。压电加速度传感器的压敏元件采用具有压电效应的压电片,弹簧是传感器的核心,其结构决定着传感器的各种性能和测量精度,弹簧结构设计的优劣对加速度传感器性能的好坏起着至关重要的作用。

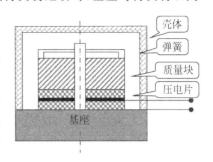

图 4-13　压电式加速度传感器结构图

4.2　压阻式传感器工作原理及应用

本节内容思维导图如图 4-14 所示。

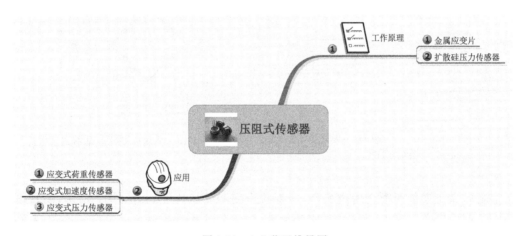

图 4-14　4.2 节思维导图

4.2.1　压阻式传感器的工作原理

1. 金属应变片

导电材料的电阻与材料的电阻率、几何尺寸(长度与截面积)有关,在外力作用下发生机械变形,引起该导电材料的电阻值发生变化,这种现象称为应变效应。

人们通过粘结在弹性元件上的应变片的阻值变化来测量压力值,常用于测量力、扭矩、张力、位移、转角、速度、加速度和振幅等。传感器将被测量的变化转换成传感器元件电阻值的变化,再经过转换电路变成电信号输出。

金属应变片一般由应变敏感元件、基片和覆盖层、引出线三部分组成。应变敏感元件一一般由金属丝、金属箔等组成,它把机械应变转化成电阻的变化。基片和覆盖层起固定和保护敏感元件、传递应变和电气绝缘作用,如图 4-15 所示。

应变敏感元件一般分为金属丝式、金属箔式和薄膜式三种。金属丝式应变片的金属电阻丝(合金,电阻率高,直径约 0.02mm)粘贴在绝缘基片上,上面覆盖一层薄膜,变成一个整体,这种应变片制作简单、性能稳定、成本低、易粘贴。金属箔式应变片利用光刻、腐蚀等工艺制成一种很薄的金属箔栅,厚度一般为 0.003~0.010mm,粘贴在基片上,上面再覆盖一层薄膜制成。这样制成的应变片表面积和截面积之比大,散热条件好,允许通过的电流较大,可制成各种需要的形状,便于批量生产。金属薄膜应变片是采用真空蒸镀或溅射式阴极扩散等方法,在薄的基底材料上制成一层金属电阻材料薄膜以形成应变片。这种应变片有较高的灵敏度系数,允许电流密度大,工作温度范围较广。在常温下,金属箔式应变片已逐步取代了金属丝式应变片。

金属应变片的基本测量电路如图 4-16 所示,当 $R_L \to \infty$ 时,电桥输出电压 $U_o = E\left(\dfrac{R_2}{R_1+R_2} - \dfrac{R_4}{R_3+R_4}\right)$,当 $R_1R_4 = R_2R_3$ 时电桥平衡,输出电压 $U_o = 0$,若 R_1 由应变片替代,当电桥开路时,不平衡电桥输出电压为 $U_o = E\left(\dfrac{R_2}{R_1+\Delta R+R_2} - \dfrac{R_4}{R_3+R_4}\right)$。

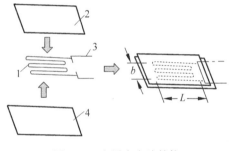

图 4-15　金属应变片结构
1—敏感元件;2—覆盖层;3—引出线;4—基片

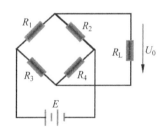

图 4-16　金属应变片的基本测量电路

在此基础上安装两个金属应变片,即受拉应变和受压应变,如图 4-17 所示,桥臂电阻 R_1 和 R_2 都由应变片替代,接入电桥相邻桥臂,这种接法称为半桥差动电桥。此时,不平衡电桥输出的电压为 $U_o = E\left(\dfrac{R_2-\Delta R_2}{R_1+\Delta R_1+R_2-\Delta R_2} - \dfrac{R_4}{R_3+R_4}\right)$,假设 $R_1 = R_2 = R_3 = R_4$ 且 $\Delta R_1 = \Delta R_2$,可以得出 $U_o = -\dfrac{\Delta R_1 E}{2R_1}$,$U_o$ 与 $\dfrac{\Delta R_1}{R_1}$ 呈线性关系,半桥差动电桥无非线性误差,电压灵敏度比使用单只应变片提高了一倍。如果想继续提高电压灵敏度,可以使用全桥差动电桥,如图 4-18 所示,电桥四臂接入 4 片应变片,两个受拉应变,两个受压应变,两个应变符号相同的接入相对桥臂上。若满足相同的条件,则输出电压为 $U_o = -\dfrac{\Delta R_1 E}{R_1}$,可见,全桥差动电桥也无非线性误差,电压敏度是使用单只应变片的 4 倍,比半桥差动又提高了一倍。

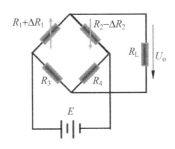
图 4-17　金属应变片半桥差动电桥

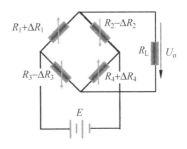
图 4-18　金属应变片全桥差动电桥

2. 扩散硅压力传感器

扩散硅压力传感器测量压力的原理来自压阻效应,即硅、锗等半导体材料组成的元件受到压缩或拉伸时,电阻率就要发生变化。

$$\frac{\mathrm{d}\rho}{\rho} = \pi\sigma \tag{4-2}$$

式中: σ——作用于材料的轴向应力;

$\qquad$ π——半导体材料在受力方向的压阻系数;

$\qquad$ ρ——电阻率。

扩散硅压力传感器的结构如图 4-19 所示,传感器硅膜片两边有两个压力腔:一个是和被测压力相连接的高压腔;另一个是低压腔,通常和大气相通。当膜片两边存在压力差时,膜片产生变形,膜片上各点产生应力。4 个扩散在硅膜片上的电阻在应力作用下,阻值发生变化,电桥失去平衡,输出相应的电压,经过放大输出,电压与膜片两边的压力差成正比。需要注意的是这 4 个应变电阻按照全桥差动电桥方式进行连接,既提高了灵敏度又消除了非线性误差。

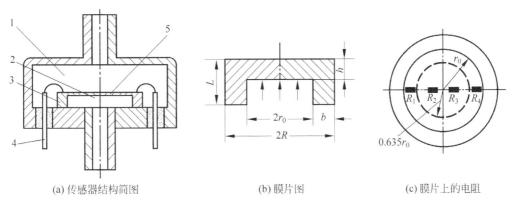

(a) 传感器结构简图　　　　(b) 膜片图　　　　(c) 膜片上的电阻

图 4-19　压阻式压力传感器结构简图

1—低压腔;2—高压腔;3—硅杯;4—引线;5—硅膜片

扩散硅压力传感器体积小,结构比较简单,动态响应也好,灵敏度高,能测出十几帕的微压,长期稳定性好,频率响应高,便于生产,成本低。但是,测量准确度受到非线性和温度的影响,一般需要利用微处理器对非线性和温度进行补偿,减少与补偿误差的措施如下。

1) 恒流源供电桥

使用恒流源为电桥供电可以有效减小温度带来的误差。如图 4-20 所示的恒流源供电的全桥差动电路，假设 ΔR_T 为温度引起的电阻变化，$I_{ABC} = I_{ADC} = \dfrac{I}{2}$，电桥的输出为 $U_o = \dfrac{1}{2}I(R + \Delta R + \Delta R_T) - \dfrac{1}{2}I(R - \Delta R + \Delta R_T) = I\Delta R$，可见，电桥的输出电压与电阻变化成正比，与恒流源电流成正比，但与温度无关，因此测量不受温度的影响。

2) 温度补偿

扩散硅受到温度影响后，要产生零点温度漂移和灵敏度温度漂移。因此必须采用温度补偿措施。零点温度漂移是由于 4 个扩散电阻的阻值及其温度系数的不一致引起的，一般用串、并联电阻法补偿。如图 4-21 所示，R_S 为串联电阻，R_P 是并联电阻。串联电阻主要起调零作用，并联电阻主要起补偿作用。由于零点漂移，导致 B、D 两点电位不等，如当温度升高时，R_2 增加比较大，使 D 点的电位低于 B 点，B、D 两点的电位差即为零点漂移。可在 R_2 上并联一个温度系数为负、阻值较大的电阻 R_P 用来约束 R_2 的变化。当温度变化时，可减少或消除 B、D 点之间的电位差，达到补偿的目的。

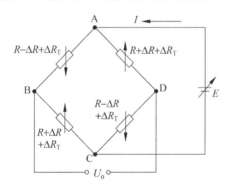 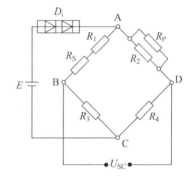

图 4-20　恒流源供电的全桥差动电路　　　图 4-21　温度补偿示意图

灵敏度温度漂移是由于压阻系数随温度变化而引起的。温度升高时，压阻系数变小；温度降低时，压阻系数变大。补偿灵敏度温漂可采用在电源回路中串联二极管的方法。温度升高时，因为灵敏度降低，这时如果提高电桥的电源电压，使电桥的输出适当增大，便可以达到补偿的目的。反之，温度降低时，灵敏度升高，如果使电源电压降低，电桥的输出适当减小，同样可达到补偿的目的。图 4-21 中，二极管 PN 结的温度特性为负值，温度每升高 1℃ 时，正向压降减小 1.9～2.5mV。将适当数量的二极管串联在电桥的电源回路中。电源采用恒压源，当温度升高时，二极管的正向压降减小，于是电桥的桥压增加，使其输出增大。只要计算出所需二极管的个数，将其串入电桥电源回路，便可以达到补偿的目的。

3) 选型案例

在传感器的选型方法方面，有时可以通过排除法将不符合条件的型号排除掉，剩下的就是最佳选择。但是许多时候，情况要更加复杂，大部分型号的所有性能参数都符合要求，如果没有一个方法去选择，会让人眼花缭乱，无从下手。

幸运的是，在实际应用中有实用的方法，可以针对这种情况"好中选优"，具体步骤如下。

第一步，在表格中列出所有型号。

第二步,在表格中列出所有的性能参数,形成一个矩阵,如图 4-22 所示。

第三步,不同的应用场合,对每个性能参数要求是不一样的。因此要紧紧根据实际需求,给每一个型号性能参数的重要性打分,分数可以为 1~9 分,如图 4-23 所示。

性能参数	重要性	型号1	型号2	型号3	型号4
性能参数1					
性能参数2					
性能参数3					
性能参数4					

图 4-22   性能参数/型号矩阵示意图

性能参数	重要性	型号1	型号2	型号3	型号4
性能参数1	5				
性能参数2	6				
性能参数3	7				
性能参数4	8				

图 4-23   性能参数重要性示意图

第四步,给每个型号的性能参数打分,如图 4-24 所示。

第五步,统计每个型号的总得分。算法为:总得分＝(性能参数 1 重要性×性能参数 1 分数)＋(性能参数 2 重要性×性能参数 2 分数)＋…＋(性能参数 N 重要性×性能参数 N 分数)。分数最高为最佳选择,如图 4-25 所示。

性能参数	重要性	型号1	型号2	型号3	型号4
性能参数1	5	5	6	7	8
性能参数2	6	8	7	6	5
性能参数3	7	6	7	5	5
性能参数4	8	6	4	6	7

图 4-24   性能参数打分示意图

性能参数	重要性	型号1	型号2	型号3	型号4
性能参数1	5	5	6	7	8
性能参数2	6	8	7	6	5
性能参数3	7	6	7	5	5
性能参数4	8	6	4	6	7
总得分		163	152	143	153

图 4-25   总得分算法示意图

4.2.2 压阻式传感器的应用

压阻式压力传感器广泛应用于称重和测力领域:一是作为敏感元件,直接用于被测试件的应变测量;二是作为转换元件,通过弹性元件构成传感器,对任何能转变成弹性元件应变的其他物理量做间接测量。

1. 应变式荷重传感器

应变式荷重传感器常见的形式包括柱(筒)式力传感器和悬臂梁式力传感器,柱(筒)式力传感器的应变片粘贴在弹性体外壁应力分布均匀的中间部分,如图 4-26 和图 4-27 所示,应变片对称地粘贴多片,横向贴片可提高灵敏度并做温度补偿用。这种力传感器抗干扰能力强、测量精度高、性能稳定可靠、安装方便,广泛用于各种电子衡器和各种力值测量中,如汽车衡、轨道衡、吊勾秤、料斗秤等领域。

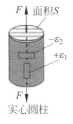

图 4-26   柱(筒)式力传感器

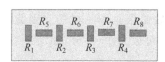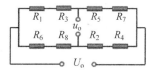

图 4-27　柱(筒)式力传感器圆柱面展开图及桥路连接

　　悬臂梁式力传感器广泛应用在电子秤、电子天平和吊钩秤等称重场合,梁的形式较多,如平行双孔梁和 S 形拉力梁等,如图 4-28 所示。

图 4-28　悬臂梁式力传感器

2. 应变式加速度传感器

　　如图 4-29 所示,应变式加速度传感器由悬臂梁、应变片、质量块、机座外壳组成。悬臂梁自由端固定质量块,壳体内充满硅油,产生必要的阻尼。当壳体与被测物体一起做加速度运动时,悬臂梁在质量块的惯性作用下做反方向运动,使梁体发生形变,粘贴在梁上的应变片阻值发生变化。通过测量阻值的变化求出待测物体的加速度。

　　应变式加速度传感器不适用于频率较高的振动和冲击场合,一般适用频率为 $10\sim60\mathrm{Hz}$。它的实物图如图 4-30 所示。

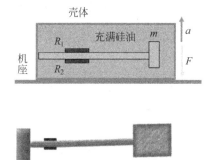

图 4-29　应变式加速度传感器示意图　　　　图 4-30　应变式加速度传感器实物图

3. 应变式压力传感器

　　应变式压力传感器主要用来测量流动介质的动态或静态压力,如动力管道设备的进出口气体或液体的压力、发动机内部的压力、枪管及炮管内部的压力、内燃机管道的压力等。压力传感器大多采用膜片式或筒式弹性元件,如图 4-31 所示。薄壁筒上贴有两片工作应变片,实心部分贴有两片温度补偿片。实心部分在筒内有压力时不产生形变。当无压力时,

4 片应变片组成的全桥平衡；当被测压力 P 进入应变筒的腔内时，圆筒发生形变，电桥失衡。

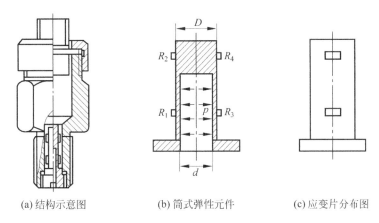

(a) 结构示意图   (b) 筒式弹性元件   (c) 应变片分布图

图 4-31　应变式压力传感器结构示意图

4.3　其他压力传感器

本节内容思维导图如图 4-32 所示。

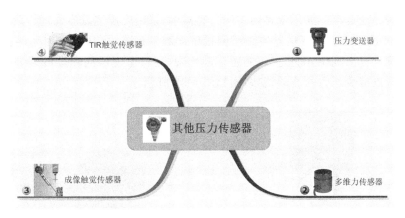

图 4-32　4.3 节思维导图

4.3.1　压力变送器

压力变送器是将一个非标准的传感器信号，经过电路处理后，转换成标准的电信号（电流、电压、频率等）输出。常用的标准信号有标准电流输出（二线制 4～20mA）和标准电压输出（三线制 0～5V、三线制 1～5V、三线制 0.5～4.5V）。

根据液体产生的压力和深度成正比，压力变送器可以转换成液位变送器。常见的安装方式包括投入式、法兰式、螺纹式和插入式。在敞开式容器的液位测量中，经常采用投入式压力变送器来进行液位的测量，如图 4-33 所示，电缆线直接从探头部分引出，输出 4～20mA 的简易形式，使产品连接现场更简单。这种压力变送器适合在测量现场较稳定的环境中使用,一般直接将传感器头投入到被测液位的底部,尽量远离泵、阀位置安装。它的优点是,灵敏度高,长期稳定性好,压力传感器直接感测被测液位压力,不受介质起泡、沉积的影响,测量膜片与介质大面积接触,不易堵塞,便于清洗;无机械传动部件,无机械磨损,无机械故障,可靠性强。但是,投入式传感器的引出电缆不宜浸泡在腐蚀性液体中。投入式压力变送器的实物如图 4-34 所示。

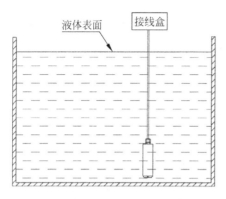

图 4-33　投入式压力变送器的使用

图 4-34　投入式压力变送器的实物

　　法兰式压力变送器采用较大内孔和法兰连接方式,适用于非密封场合,尤其是黏稠、浆状或颗粒状介质的液体,不易堵塞,便于清洗,其外观如图 4-35 所示。

　　螺纹式压力变送器一般用于封闭式压力容器中,采用差压测量方式进行液位的测量,其外观如图 4-36 所示。差压变送器的高压侧接密闭容器底端,低压侧接密闭容器顶端,通过对差压的检测计算出液位,配套安装的还有截止阀、高低压连通阀和排污阀等,有的环境需要安装平衡罐以减少压力的波动,安装图如图 4-37 所示。

图 4-35　法兰式压力变送器的外观

图 4-36　螺纹式压力变送器的外观

　　插入式压力变送器分为直杆和软管式两种,直杆式压力传感器与接线盒之间的线缆采用不锈钢管封装防护,它具有较强的硬度,可以直接插入到被测液体底部。软管式压力传感器与接线盒之间的线缆采用不锈钢柔性软管封装防护,使其既具有一定的强度,又具有一定的柔软性,适于安装,插入式压力变送器的外观如图 4-38 所示。

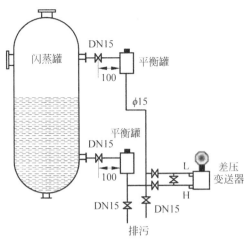

图 4-37　差压液位变送器的安装

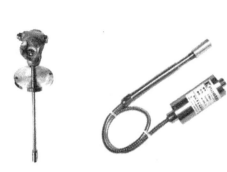

图 4-38　插入式压力变送器的外观

压力变送器在工艺管道上正确的安装位置与被测介质有关，为获得最佳的测量效果，应注意考虑以下几点。

（1）防止压力传感器与腐蚀性或过热的介质接触。

（2）防止渣滓在导管内沉积。

（3）测量液体压力时，取压口应开在流程管道侧面，以避免沉淀积渣。

（4）测量气体压力时，取压口应开在流程管道顶端，并且传感器也应安装在流程管道上部，以便积累的液体容易注入流程管道中。

（5）导压管应安装在温度波动小的地方。

（6）测量蒸汽或其他高温介质时，需接加缓冲管等冷凝器，不应使压力传感器的工作温度超过极限。

（7）冬季发生冰冻时，安装在室外的压力传感器必须采取防冻措施，避免引压口内的液体因结冰体积膨胀，导致传感器损坏。

（8）测量液体压力时，压力传感器的安装位置应避免液体的冲击，以免传感器过电压损坏。

（9）接线时，将电缆穿过防水接头或绕性管并拧紧密封螺帽，以防雨水等通过电缆渗漏进压力传感器壳体内。

4.3.2　多维力传感器

机器人力控制系统由多维力传感器、计算机、工业机器人、控制器等组成，用来完成预定工作任务。常见的多维力传感器主要分为三维力传感器和六维力传感器。

三维力传感器能同时检测三维空间的三个力信息，控制系统不但能检测和控制机器人抓取物体的握力，还能检测物体的重量，如图 4-39 所示。其中，三维指力传感器有侧装和顶装两种，侧装式一般用于二指机器人夹持器，顶装式一般用于多手指灵巧手。

六维力传感器能同时检测三维空间的全力信息，包括三个力分量和三个力矩分量，可以用来检测方向和大小不断变化的力和力矩以及检测接触力的作用点。该传感器一般还包括解耦单元和数据处理单元。六维力传感器是智能机器人重要的传感器，广泛应用于精密装配、自动磨削、双手协调等作业中，例如机器人上的腕力传感器、指间力传感器和关节力传感

器,同时在航空、航天、机械加工、汽车等行业中也得到了广泛的应用。例如国产 Smart300
系列传感器,如图 4-40 所示,弹性体灵敏度高、刚性好、维间耦合小、有机械过载保护功能。
综合解耦桥路信号输出为三维空间的 6 个分量,可直接用于力控制;采用标准串口和并口输
入输出。产品既可与控制计算机组成两级计算机系统,也可连接终端,构成独立的测试装置。

图 4-39　三维力传感器

图 4-40　Smart300 系列六维力传感器

4.3.3　成像触觉传感器

　　成像触觉传感器用于感知接触物体的形状,通过若干感知单元组成的阵列实现。如
图 4-41 所示,当表面弹性材料触头受到法向压力作用时,触杆下伸,使发光二极管射向光敏
二极管的光被遮挡,光敏二极管输出随压力大小变化的电信号。将若干这样的感知单元组
成阵列,通过 A/D 转换成数字信号,就可以得到接触物体的形状,这种触觉传感器属于光电
式成像触觉传感器。

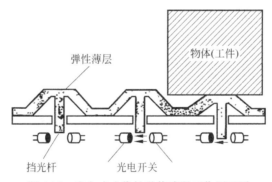
图 4-41　光电式成像触觉传感器工作原理图

　　电容式成像触觉传感器的工作原理是表面的受力使极板间的相对位移发生变化,因为
$C = \dfrac{\varepsilon S}{d}$,其中,$C$ 表示电容,ε 表示极板间的介电常数,S 表示极板的面积,d 表示极板间距离。
可以看出当极板的介电常数和面积为定值时,电容大小和极板距离成比例关系,从而反映出
和受力的关系。为了使分辨率更高,可将电容式触觉传感器排列成阵列,采用垂直交叉电极
的形式。它采用三层结构,顶层带有条形导电橡胶电极,具备柔性,底层是带有条形电容器
的印制电路板,上、下板电极引出线如图 4-42 所示。由于上、下两层电极垂直排列,构成多
个触觉单元,当表面受力后会导致相应位置的电容量发生变化,通常人们将电容信号转化成
电压信号,例如采用运算放大器测量电路。

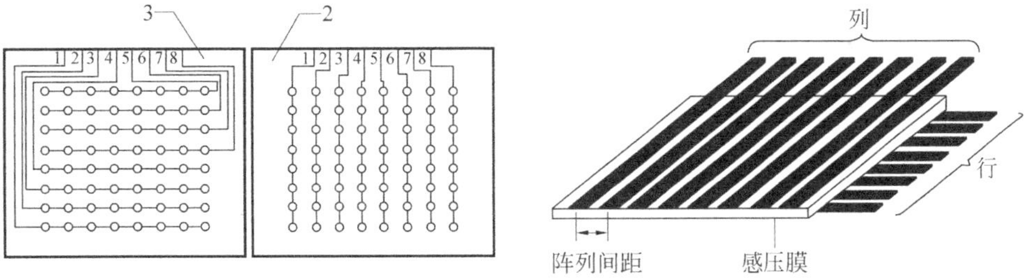

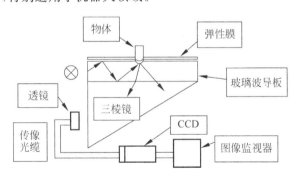

图 4-42 电容式触觉传感器阵列

4.3.4 TIR 触觉传感器

TIR 触觉传感器是基于全反射现象设计出来的,TIR 触觉传感器由白色弹性膜、玻璃波导板、光源、透明支撑板、传光光缆、传像光缆、透镜和 CCD 成像装置组成,如图 4-43 所示。光源从传光光缆中发出,入射进波导板,白色弹性膜未受到力时,波导板与白色弹性膜之间存在空气间隙,进入波导板的绝大部分光线发生全反射,CCD 成像装置检测不到光线;当白色弹性膜受到力时,在贴近的地方排掉了空气,波导板内的光线不再是光密介质射向光疏介质,同时波导板表面发生不同程度的变形,有光线从紧贴部位泄漏出来,在白色弹性膜上产生漫反射。漫反射光经波导板与三棱镜射出来,进入传像光缆,最后通过透镜进入 CCD 成像装置。随着受力的增大,白色弹性膜和波导板的接触面积越大,漫反射出的光线越强,CCD 可以得到更强的图像。传统的波导管使用玻璃制成,要求接触面必须十分平整才能得到清晰图像。随着研究的深入,透明柔软橡胶板作为波导板得到应用,它具有柔性强、分辨力高等特点,特别适用于机器人领域。

图 4-43 TIR 触觉传感器工作原理示意图

应 用 篇

4.4 基础实验:加速度传感器测试

4.4.1 实验目的

通过实验,学生可以进一步了解三轴加速度传感器的工作原理。在加速度传感器的安装调试和观察波形过程中,学生可以学习如何正确使用加速度传感器。

4.4.2 准备工作

首先,准备好相关设备和器件,包括实验套件、三轴加速度传感器、振动电动机等;其次,准备好实验过程中用到的工具和文具。

4.4.3 实验原理

1. 三轴加速度传感器

实验套件中提供的是三轴小量程加速度传感器,可以用来检测物件运动的方向以及加速度。其可根据物件运动的方向和加速度,改变输出信号,信号形式为三轴电压输出。各轴在不运动或不受重力作用时,输出电压为 1.65V。如果沿某个方向运动或受重力作用,则输出电压会根据其运动方向以及设定的传感器灵敏度改变其输出电压。可使用 AI 的三个通道来采集三个轴的电压数值,对所得数据做相应算法,获得当前物件的位置和加速度。实物图如图 4-44 所示。

三轴加速度传感器上有 12 个引脚,示意图如图 4-45 所示,每个引脚的定义如下。

Pin1:3.3V 电压源。

Pin2:5V 电压源。

Pin3:GND,即地端。

Pin4:Xout,X 轴方向的电压输出端。

Pin5:Yout,Y 轴方向的电压输出端。

Pin6:Zout,Z 轴方向的电压输出端。

Pin7:Sleep,芯片休眠控制(0-休眠,1-工作)。

Pin8、10、12:NC 悬空引脚。

Pin9:0g_detect,用来选择传感器灵敏度。

Pin11:Self_test,芯片自我测试与初始化。

其中,3.3V 和 5V 电压源只需要用其一即可。提供 5V 的选项是为了方便不提供 3.3V 的使用场合。该芯片灵敏度的选择是通过 0g_detect 端口做选择,实验中可以将该引脚悬空,根据灵敏度对照表,引脚悬空使用的是灵敏度:800mV/g。

图 4-44 三轴加速度传感器实物图

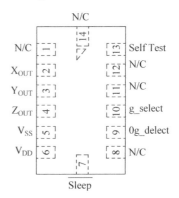

图 4-45 加速度传感器芯片引脚

2. 振动电动机

振动电动机是动力源与振动源结合为一体的激振源,振动电动机是在转子轴两端各安装一组可调偏心块,利用轴及偏心块高速旋转产生的离心力得到激振力。振动电动机每端出轴均有一个固定偏心块和一个可调偏心块,调节可调偏心块和固定偏心块之间的夹角可改变激振力的大小。振动机械设备利用振动电动机作为简单可靠而有效的动力。振动电动机在振动体上按照不同的安装组合形式,可产生不同的振动轨迹,从而有效完成各种作业。例如:

(1) 圆或椭圆振动:振动体的振动轨迹在水平面上的投影是一条直线,而在垂直面上的投影为一圆或椭圆者,其振动形式称为圆或椭圆形振动。通常将一台振动电动机安装在振动机械机体上即可产生。

(2) 直线振动:振动体的振动轨迹在水平面及垂直面上的投影都是直线者,其振动形式称为直线型振动。将两台相同型号的振动电动机安装在振动机械机体上,使两个转轴处于互相平行的位置,运行时电动机转向相反,则两台电动机运转必然同步,机体产生直线形振动。

振动电动机的激振力利用率高、能耗小、噪声低、寿命长。振动电动机只需调节两端外侧的偏心块,使之于内侧偏心块形成一定的夹角,就可无级调整激振力。

4.4.4　实验内容和步骤

(1) 按照加速度传感器的引脚定义连线。物件的 Pin2 连接＋5V,Pin3 连接地 GND,Pin4 连接 AI0＋,Pin5 连接 AI1＋,Pin6 连接 AI2＋,原型板的 AI GND 连接 GND。物件上的其他引脚都悬空。

(2) 打开 ELVIS 和原型板的开关。打开 nextpad,在 1302 实验课件中选择"加速度传感器"。

(3) 在测试面板中,设置物理通道:Dev1/ai0:2,采样率、最大值、最小值可以使用默认值。

(4) 单击"运行"按钮,可切换"波形数据""3D 矢量""彗星轨迹""小球"4 种形式,观察三轴加速度传感器三个方向的数据。

(5) 转换物件的上、下、左、右、前、后的位置,可在"3D 矢量"中观察箭头变化的方向。

(6) 分析图形和数据,填写实验表格。

(7) 使用振动电动机,操作电压为 0～3V。将电动机的两个引脚分别和 VPS＋、GND 相连接。

(8) 将振动电动机和加速度传感器绑定,打开 VPS 的软面板,运行 VPS,控制电压在 0～3V 内变化。

(9) 打开 nextpad,选择"加速度传感器",在测试面板中,观察加速度传感器采集的数据。

请同学们在仔细阅读实验目的、准备工作和实验原理的基础上,按照实验内容和步骤进行接线、上电调试等工作,并详细填写表 4-1。

表 4-1 实验表格

小组成员名单			成　绩	
自我评价		组间互评情况		
任务	了解压电加速度传感器相关知识			
信息获取	课本、上网查询、小组讨论以及请教老师			
实验过程	第一项内容——什么是压电效应？压电材料有哪些？压电式传感器在日常生活中有哪些应用？ 第二项内容——压电加速度传感器的结构及工作原理是什么？ 第三项内容——实验结果分析 (1) 对于我们所用的加速度传感器，如何根据各个通道的输出电压判断 XYZ 轴方向？ (2) 以 Z 轴为例，当传感器沿 Z 轴正方向放置和沿 Z 轴负方向放置时，输出电压差值是多少？造成差值的原因是什么？			

4.5 技能拓展：玻璃破碎报警系统中压力传感器的选型

4.5.1 玻璃破碎报警系统

玻璃破碎报警器是在玻璃破碎时发出警报的安保器件，它在人们的日常生活中有着重要的应用，多数防盗系统中都有它的身影，常见于博物馆、珠宝店等。利用压电陶瓷片可以制成玻璃破碎入侵探测器，对于高频的玻璃破碎声音进行有效检测可以达到同样目的。玻璃破碎探测器按照工作原理的不同可以大致分为两类：一类是声控型的单技术玻璃破碎探测器；另一类是双技术型玻璃破碎探测器，其中包括声控-振动型和次声波-玻璃破碎高频声响型。声控-振动型是将声控与振动探测两种技术组合在一起，只有同时探测到玻璃破碎时发出的高频声音信号和敲击玻璃引起的振动，才输出报警信号。次声波-玻璃破碎高频声响双技术探测器是将次声波探测技术和玻璃破碎高频声响探测技术组合到一起，只有同时探测敲击玻璃和玻璃破碎时发出的高频声响信号和引起的次声波信号才触发报警。

玻璃破碎探测器要尽量靠近所要保护的玻璃，尽量远离噪声干扰源，如尖锐的金属撞击声、铃声、汽笛的啸叫声等，减少误报警。

4.5.2 压电式玻璃破碎报警器

压电陶瓷片具有正压电效应：压电陶瓷片在外力作用下产生扭曲、变形时将会在其表面产生电荷，且产生的电荷量 Q 与作用力成正比。压电传感器还具有一个重要特点：只能用于测量动态变化的信号，高频响应较好。

玻璃破碎时会产生 $10\sim15\mathrm{kHz}$ 的高频声音信号，该信号可使压电传感器的压电元件产生正压电效应。因而压电陶瓷片可对玻璃破碎信号进行有效检测，并对 $10\mathrm{kHz}$ 以下的声音有较强的抑制作用，从而检测玻璃是否发生破碎。玻璃破碎声发射频率的高低、强度的大小同玻璃的厚度、材料有关。使用石英玻璃在 $25℃$、湿度 25% 时的破碎频率为 $12\mathrm{kHz}$。

4.5.3 压力传感器的选型

请同学们通过各种渠道获取信息，使用一种力传感器设计出玻璃破碎报警系统并完成表 4-2。

表 4-2 玻璃破碎报警器的设计

小组成员名单		成　　绩	
自我评价		组间互评情况	
任务	使用一种力传感器设计出玻璃破碎报警系统		
信息获取	课本、上网查询、小组讨论以及请教老师		
过程问题			
实验过程	第一项内容——分析玻璃破碎时声音信号特点。 第二项内容——系统架构设计。 第三项内容——玻璃破碎报警传感器的选型、传感器工作原理。		
本次调研中遇到的问题			
小组成员在本项目中承担的任务			

小结

通过本章的学习,我们掌握了常用检测压力的方法;了解了压电式和压阻式压力传感器的工作原理以及常用力传感器的典型应用;在此基础上,通过基础实验的锻炼和技能拓展的提升,学会了压力传感器的选型方法并可以对简单测力系统进行分析和设计。

请你做一做

一、填空题

1. 压电式传感器的工作原理是某些物质在外界机械力作用下,其内部产生机械压力,从而引起极化现象,这种现象称为_____;相反,某些物质在外界磁场的作用下会产生机械变形,这种现象称为_____。

2. 金属丝在外力作用下发生机械形变时它的电阻值将发生变化,这种现象称为_____效应;半导体或固体受到作用力后_____要发生变化,这种现象称为_____效应。

3. 在电桥测量中,由于电桥接法不同,输出电压的灵敏度也不同,_____接法可以得到最大灵敏度输出。

4. 电桥在测量时,由于是利用了电桥的不平衡输出反映被测量的变化情况,因此,测量前电桥的输出应调为_____。

5. 压电传感器中的压电晶片既是传感器的_____元件,又是传感器的_____元件。

6. 应变式加速度传感器直接测得的物理量是敏感质量块在运动中所受到的_____。

7. 能够承受压力并转换为与压力成一定比例关系的电信号输出的传感器称为_____。

8. 压力变送器常见的安装方式包括_____、_____、_____和_____。

9. 扩散硅压力传感器的灵敏度温度漂移是由于_____随温度变化而引起的。

10. 压力变送器的标准电流输出为二线制_____mA。

二、选择题

1. 全桥差动电路的电压灵敏度是单臂工作时的(　　)。

　　A. 不变　　　　　　　B. 2倍　　　　　　　C. 4倍　　　　　　　D. 6倍

2. 利用相邻双臂桥检测的应变式传感器,为使其灵敏度高、非线性误差小(　　)。

　　A. 两个桥臂都应当用大电阻值工作应变片

　　B. 两个桥臂都应当用两个工作应变片串联

　　C. 两个桥臂应当分别用应变量变化相反的工作应变片

　　D. 两个桥臂应当分别用应变量变化相同的工作应变片

3. 通常用应变式传感器测量(　　)。

　　A. 温度　　　　　　　B. 密度　　　　　　　C. 加速度　　　　　　D. 电阻

4. 影响金属导电材料应变灵敏系数 K 的主要因素是(　　)。

　　A. 导电材料电阻率的变化　　　　　　　B. 导电材料几何尺寸的变化

C. 导电材料物理性质的变化　　　　　　　D. 导电材料化学性质的变化

5. 金属丝应变片在测量构件的应变时,电阻的相对变化主要由(　　　　)来决定的。

A. 贴片位置的温度变化　　　　　　　　B. 电阻丝几何尺寸的变化

C. 电阻丝材料的电阻率变化　　　　　　D. 外接导线的变化

6. 压力表的精度数字是表示其(　　　　)。

A. 允许压力误差　　　　　　　　　　　B. 允许误差百分比

C. 压力等级　　　　　　　　　　　　　D. 工作范围

7. 将超声波(机械振动波)转换成电信号是利用压电材料的(　　　　)。

A. 应变效应　　　　　　　　　　　　　B. 电涡流效应

C. 压电效应　　　　　　　　　　　　　D. 电磁效应

8. 压电式传感器输出信号非常微弱,实际应用时大多采用(　　　　)放大器作为前置放大器。

A. 电压　　　　　　B. 电流　　　　　　C. 电荷　　　　　　D. 共射

9. 在以下几种传感器当中(　　　　)属于自发电型传感器。

A. 电容式　　　　　　B. 电阻式　　　　　　C. 电感式　　　　　　D. 压电式

10. 标准转换电路的工业标准信号是(　　　　)。

A. DC 4～20mA 或 DC 1～5V　　　　　　B. AC 4～20mA 或 AC 1～5V

C. DC 1～5mA 或 DC 1～5V　　　　　　D. AC 1～5mA 或 AC 1～5V

三、判断题

1. (　　　　)半导体应变片比金属应变片灵敏度低。

2. (　　　　)压电式传感器实际应用适用于测量静态压力。

3. (　　　　)将超声波(机械振动波)转换成电信号是利用压电材料的压电效应。

4. (　　　　)蜂鸣器中发出"嘀……嘀……"声的压电片发声原理是利用压电材料的压电效应。

5. (　　　　)常用的压力单位有 Pa,还有 kPa、MPa 以及 Bar。

6. (　　　　)压电材料基本上可分为三大类:压电晶体、压电陶瓷和新型压电材料。

7. (　　　　)为了使压电陶瓷具有压电效应,须做极化处理,一定温度下,极化面上加高压电场。

8. (　　　　)居里点是压电材料开始丧失压电特性的温度。

9. (　　　　)扩散硅压力传感器体积小,结构比较简单,动态响应也好,灵敏度高,长期稳定性好,频率响应高,便于生产,成本低。但是,测量准确度受到非线性和温度的影响,可以不进行补偿。

10. (　　　　)压阻传感器的灵敏度温度漂移是由于压阻系数随温度变化而引起的。温度升高时,压阻系数变大;温度降低时,压阻系数变小。

四、简答题

1. 为什么压电式传感器不能用于静态测量,只能用于动态测量中?

2. 说明电阻应变测试技术具有的独特优点。

3. 说一说常见金属应变片的组成。

4. 比较电阻应变片组成的单桥、半桥、全桥电路的特点。

5. 指出图 4-46 中压力传感器的弹性元件和传感元件分别是什么。

6. 指出图 4-47 中加速度传感器的弹性元件和传感元件分别是什么。

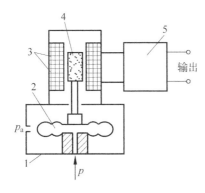

图 4-46 压力传感器

1—壳体；2—膜盒；3—电感线圈；

4—磁芯；5—转换电路

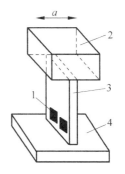

图 4-47 加速度传感器

1—应变片；2—质量块；

3—弹性悬臂梁；4—基座

7. 简述如图 4-48 所示的应变式加速度传感器的工作原理。

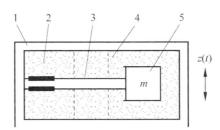

图 4-48 应变式加速度传感器

1—壳体；2—半导体应变片；3—悬臂梁；4—阻尼液；5—质量块

8. 简述应变式测力传感器的工作原理。

第 5 章

物位的检测

本章学习目标

- 掌握电容式传感器工作原理及应用。
- 掌握电感式传感器工作原理及应用。
- 掌握红外传感器工作原理及应用。
- 掌握超声波传感器工作原理及应用。

本章主要介绍用于物位检测的一些常用电容传感器、电感传感器、红外传感器和超声波传感器的结构、工作原理及典型应用,并以一个个小任务为载体,重点介绍不同类型传感器在物位检测方面的应用。本章内容的思维导图如图 5-1 所示。

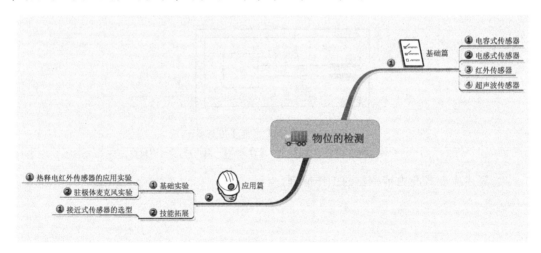

图 5-1　第 5 章思维导图

项目背景

小张从工程师那里得知:在生产过程中经常会遇到介质的液位、料位和界面的测量问题,统称为物位检测。通过物位检测可以了解容器或设备中所储存物质的体积或重量,以便调节容器中输入、输出物料的平衡,保证各环节所需的物料满足要求;同时能够了解生产是否正常进行,以便及时监视或控制物位,因此物位检测是非常重要的。现在就让我们和小张一起了解一下以下几种传感器在生产过程中承担着哪些物位检测的任务……

基　础　篇

5.1　电容式传感器工作原理及应用

本节内容思维导图如图 5-2 所示。

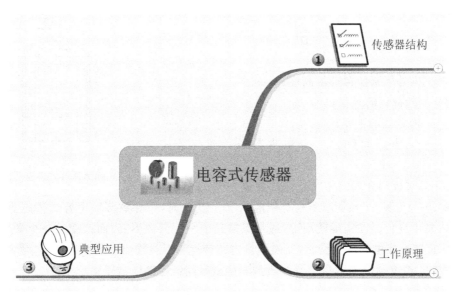

图 5-2　5.1 节思维导图

电容式传感器利用将非电量的变化转换为电容量的变化来实现对物理量的测量。除了物位检测,电容式传感器还广泛用于位移、振动、角度、加速度、压力、差压、成分含量等的测量。

5.1.1　电容式传感器的结构

电容式传感器的常见结构包括平板状和圆筒状,简称平板电容器或圆筒电容器。

1. 平板电容式传感器的结构

平板电容式传感器的结构如图 5-3 所示。在不考虑边缘效应的情况下,其电容量的计算公式为

$$C = \frac{\varepsilon \cdot A}{d} = \frac{\varepsilon_0 \varepsilon_r A}{d} \qquad (5\text{-}1)$$

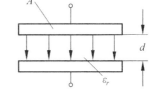

图 5-3　平板电容式传感器的结构

式中:A——两平行板所覆盖的面积;

ε——电容极板间介质的介电常数;

ε_0——自由空间(真空)介电常数,$\varepsilon_0 = 8.854 \times 10^{-12} \text{F/m}$;

ε_r——极板间介质相对介电常数;

d——两平行板间的距离。

由式(5-1)可见,当被测参数变化引起 A、ε_r 或 d 变化时,将导致平板电容式传感器的电

容量 C 随之发生变化。在实际使用中,通常保持其中两个参数不变,而只变其中一个参数,把该参数的变化转换成电容量的变化,通过测量电路转换为电量输出。因此,平板电容式传感器可分为三种:变极板覆盖面积的变面积型、变介质介电常数的变介质型和变极板间距离的变极距型。

2. 圆筒电容式传感器的结构

圆筒电容式传感器的结构如图 5-4 所示。在不考虑边缘效应的情况下,其电容量的计算公式为

$$C = \frac{2\pi\varepsilon_0\varepsilon_r l}{\ln\dfrac{R}{r}} \qquad (5\text{-}2)$$

式中:l——内外极板所覆盖的高度;

R——外极板的半径;

r——内极板的半径;

ε_0——自由空间(真空)介电常数,$\varepsilon_0 = 8.854 \times 10^{-12} F/m$;

ε_r——极板间介质的相对介电常数。

图 5-4 圆筒电容式传感器的结构

由式(5-2)可见,当被测参数变化引起 ε_r 或 l 变化时,将导致圆筒电容式传感器的电容量 C 随之发生变化。在实际使用中,通常保持其中一个参数不变,而改变另一个参数,把该参数的变化转换成电容量的变化,通过测量电路转换为电量输出。因此,圆筒电容式传感器可分为两种:变介质介电常数的变介质型和变极板间覆盖高度的变面积型。

5.1.2 电容式传感器的工作原理

1. 变面积型

1) 线位移变面积型

常用的线位移变面积型电容式传感器有平板状和圆筒状两种结构,分别如图 5-5(a)和(b)所示。

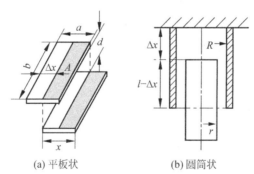

(a) 平板状　　　　　(b) 圆筒状

图 5-5 线位移变面积型电容式传感器原理图

对于平板状结构,当被测量通过移动动极板引起两极板有效覆盖面积 A 发生变化时,将导致电容量变化。设动极板相对于定极板的平移距离为 Δx,则电容的相对变化量为

$$\frac{\Delta C}{C_0} = -\frac{\Delta x}{a} \qquad (5\text{-}3)$$

由此可见,平板电容式传感器的电容改变量 ΔC 与水平位移 Δx 呈线性关系。

对于圆筒状结构,当动极板圆筒沿轴向移动 Δx 时,电容的相对变化量为

$$\frac{\Delta C}{C_0} = -\frac{\Delta x}{l} \tag{5-4}$$

由此可见,圆筒电容式传感器的电容改变量 ΔC 与轴向位移 Δx 呈线性关系。

2) 角位移变面积型

角位移变面积型电容式传感器的原理如图 5-6 所示。

当动极板有一个角位移 θ 时,有

$$\frac{\Delta C}{C_0} = \frac{\theta}{\pi} \tag{5-5}$$

式中:$C_0 = \dfrac{\varepsilon_0 \varepsilon_r A_0}{d}$——初始电容量。

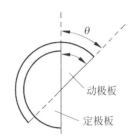

图 5-6 角位移变面积型电容式传感器原理图

由式(5-5)可见,传感器的电容改变量 ΔC 与角位移 θ 呈线性关系。变面积型电容式传感器也可接成差动形式,灵敏度同样会加倍。

2. 变介质型

变介质型电容式传感器就是利用不同介质的介电常数各不相同,通过介质的改变来实现对被测量的检测,并通过电容式传感器的电容量的变化反映出来。

1) 平板结构

平板结构变介质型电容式传感器的原理如图 5-7 所示。由于在两极板间所加介质(其介电常数为 ε_1)的分布位置不同,可分为串联型和并联型两种情况。

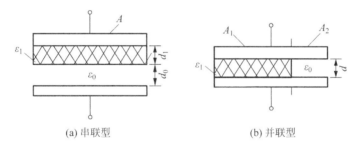

(a) 串联型   (b) 并联型

图 5-7 平板结构变介质型电容式传感器原理图

对于串联型结构,总的电容值为

$$C = \frac{\varepsilon_0 \varepsilon_1 A}{\varepsilon_1 d_0 + d_1} \tag{5-6}$$

未加入介质 ε_1 时的初始电容为

$$C_0 = \frac{\varepsilon_0 A}{d_0 + d_1} \tag{5-7}$$

介质改变后的电容增量为

$$\Delta C = C - C_0 = C_0 \cdot \frac{\varepsilon_1 - 1}{\varepsilon_1 \dfrac{d_0}{d_1} + 1} \tag{5-8}$$

可见,介质改变后的电容增量与所加介质的介电常数 ε_1 呈非线性关系。

对于并联型结构,总的电容值为

$$C = \frac{\varepsilon_0 \varepsilon_1 A_1 + \varepsilon_0 A_2}{d} \qquad (5\text{-}9)$$

当未加入介质 ε_1 时的初始电容为

$$C_0 = \frac{\varepsilon_0 (A_1 + A_2)}{d} \qquad (5\text{-}10)$$

介质改变后的电容增量为

$$\Delta C = C - C_0 = \frac{\varepsilon_0 A_1 (\varepsilon_1 - 1)}{d} \qquad (5\text{-}11)$$

可见,介质改变后的电容增量与所加介质的介电常数 ε_1 呈线性关系。

2) 圆筒结构

图 5-8 为圆筒结构变介质型电容式传感器用于测量液位高低的结构原理图。设被测介

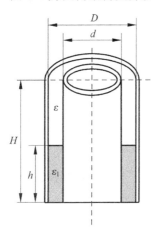

质的相对介电常数为 ε_1,液面高度为 h,变换器总高度为 H,内筒外径为 d,外筒内径为 D,此时相当于两个电容器的并联,对于筒式电容器,如果不考虑端部的边缘效应,当未注入液体时的初始电容为

$$C_0 = \frac{2\pi\varepsilon_0 H}{\ln \dfrac{D}{d}} \qquad (5\text{-}12)$$

总的电容值为

$$C = \frac{2\pi\varepsilon_0 H}{\ln \dfrac{D}{d}} + \frac{2\pi\varepsilon_0 h(\varepsilon_1 - 1)}{\ln \dfrac{D}{d}} = C_0 + \frac{2\pi h\varepsilon_0 (\varepsilon_1 - 1)}{\ln \dfrac{D}{d}} \qquad (5\text{-}13)$$

图 5-8　圆筒结构变介质型电容式
传感器液位测量原理图

电容的变化量为

$$\Delta C = C - C_0 = \frac{2\pi h\varepsilon_0 (\varepsilon_1 - 1)}{\ln \dfrac{D}{d}} \qquad (5\text{-}14)$$

由式(5-14)可见,电容增量 ΔC 与被测液位的高度 h 呈线性关系。

3. 变极距型

1) 变极距型电容式传感器的工作原理分析

当平板电容式传感器的介电常数和面积为常数,初始极板间距为 d_0 时,其初始电容量为

$$C_0 = \frac{\varepsilon_0 \varepsilon_r A}{d_0} \qquad (5\text{-}15)$$

测量时,一般将平板电容器的一个极板固定(称为定极板),另一个极板与被测体相连(称为动极板)。如果动极板因被测参数改变而位移,导致平板电容器极板间距缩小 Δd,电容量增大 ΔC,则有

$$\frac{\Delta C}{C_0} = \frac{\Delta d}{d_0 - \Delta d} \qquad (5\text{-}16)$$

如果极板间距改变很小,$\Delta d/d_0 \ll 1$,则式(5-16)可按泰勒级数展开为

$$C = C_0 + \Delta C = C_0 \left[1 + \frac{\Delta d}{d_0} + \left(\frac{\Delta d}{d_0}\right)^0 + \left(\frac{\Delta d}{d_0}\right)^3 + \cdots \right] \qquad (5\text{-}17)$$

对式(5-17)做线性化处理,忽略高次的非线性项,经整理可得

$$\Delta C = \frac{C_0}{d_0} \cdot \Delta d \tag{5-18}$$

由此可见,ΔC 与 Δd 为近似线性关系。

由式(5-18)可知,对于同样的极板间距的变化 Δd,较小的 d_0 可获得更大的电容量变化,从而提高传感器的灵敏度,但 d_0 过小,容易引起电容器击穿或短路,因此,可在极板间加入高介电常数的材料如云母。

2) 差动变极距型电容式传感器的工作原理

在实际应用中,为了既提高灵敏度,又减小非线性误差,通常采用差动结构,如图 5-9 所示。

初始时两电容器极板间距均为 d_0,初始电容量为 C_0。当中间的动极板向上位移 Δd 时,电容器 C_1 的极板间距 d_1 变为 $d_0 - \Delta d$,电容器 C_2 的极板间距 d_2 变为 $d_0 + \Delta d$。因此有

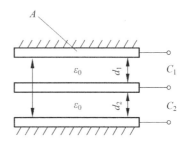

图 5-9 变极距型平板电容器的差动式结构

$$C_1 = C_0 \frac{1}{1 - \frac{\Delta d}{d_0}} \tag{5-19}$$

$$C_2 = C_0 \frac{1}{1 + \frac{\Delta d}{d_0}} \tag{5-20}$$

在 $\Delta d / d_0 \ll 1$ 时,按泰勒级数展开,可取出两个电容量的差值,得

$$\Delta C = C_1 - C_2 = C_0 \left[2\left(\frac{\Delta d}{d_0}\right) + 2\left(\frac{\Delta d}{d_0}\right)^3 + 2\left(\frac{\Delta d}{d_0}\right)^5 + \cdots \right] \tag{5-21}$$

电容值的相对变化量为

$$\frac{\Delta C}{C_0} = 2\frac{\Delta d}{d_0}\left[1 + \left(\frac{\Delta d}{d_0}\right)^2 + \left(\frac{\Delta d}{d_0}\right)^4 + \left(\frac{\Delta d}{d_0}\right)^6 + \cdots \right] \tag{5-22}$$

略去式(5-22)中的高次项(即非线性项),可得到电容量的相对变化量与极板位移的相对变化量间近似的线性关系

$$\frac{\Delta C}{C_0} \approx 2\frac{\Delta d}{d_0} \tag{5-23}$$

灵敏度为

$$K = \frac{\Delta C / C_0}{\Delta d} = \frac{2}{d_0} \tag{5-24}$$

如果只考虑式(5-21)中的前两项:线性项和三次项(误差项),忽略更高次非线性项,则此时变极距型电容式传感器的相对非线性误差近似为

$$\delta = \frac{\left| 2\left(\frac{\Delta d}{d_0}\right)^3 \right|}{\left| 2\frac{\Delta d}{d_0} \right|} \times 100\% = \left| \frac{\Delta d}{d_0} \right| \times 100\% \tag{5-25}$$

对比可知,变极距型电容式传感器做成差动结构后,灵敏度提高了一倍,而非线性误差转化为平方关系而得以大大降低。

5.1.3 电容式传感器的典型应用

电容式传感器广泛用于压力、位移、加速度、厚度、振动、液位等测量中。

1. 电容式压力传感器

图 5-10 为差动电容式压力传感器结构图。它由一个膜片动电极和两个在凹形玻璃上电镀成的固定电极组成差动电容器。差动结构的好处在于灵敏度更高、非线性得到改善。

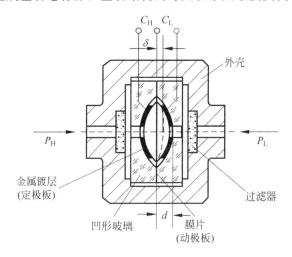

图 5-10　差动电容式压力传感器结构

当被测压力作用于膜片并使之产生位移时,使两个电容器的电容量一个增加、一个减小,该电容值的变化经测量电路转换成电压或电流输出,它反映了压力的大小。

可推导得出

$$\frac{C_L - C_H}{C_L + C_H} = K \cdot (P_H - P_L) = K \cdot \Delta P \tag{5-26}$$

式中,K——与结构有关的常数。

式(5-26)表明 $\frac{C_L - C_H}{C_L + C_H}$ 与差压成正比,且与介电常数无关,从而实现了差压-电容的转换。

2. 电容式位移传感器

图 5-11(a)是单电极的电容振动位移传感器。它的平面测端作为电容器的一个极板,通过电极座由引线接入电路,另一个极板由被测物表面构成。金属壳体与测端电极间有绝缘衬垫使彼此绝缘。工作时壳体被夹持在标准台架或其他支承上,壳体接大地可起屏蔽作用。当被测物因振动发生位移时,将导致电容器的两个极板间距发生变化,从而转化为电容器的电容量的改变来实现测量。图 5-11(b)是电容振动位移传感器的应用示意图。

3. 电容式加速度传感器

图 5-12 为差动电容式加速度传感器结构图。它有两个固定极板,中间的质量块的两个端面作为动极板。

当传感器壳体随被测对象在垂直方向做直线加速运动时,质量块因惯性相对静止,因此将导致固定电极与动极板间的距离发生变化,一个增加、另一个减小。经过推导可得

$$\frac{\Delta C}{C_0} \approx 2 \frac{\Delta d}{d_0} \frac{at^2}{d_0} \tag{5-27}$$

由此可见,此电容增量正比于被测加速度。

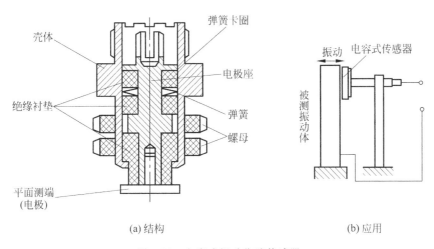

(a) 结构   (b) 应用

图 5-11　电容式振动位移传感器

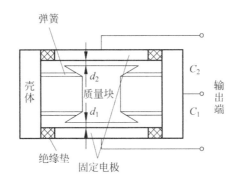

图 5-12　差动电容式加速度传感器结构

4. 电容式厚度传感器

电容式厚度传感器用于测量金属带材在轧制过程中的厚度,其原理如图 5-13 所示。在被测带材的上下两边各放一块面积相等、与带材中心等距离的极板,这样,极板与带材就构成两个电容器(带材也作为一个极板)。用导线将两个极板连接起来作为一个极板,带材作为电容器的另一极,此时,相当于两个电容并联,其总电容 $C = C_1 + C_2$。

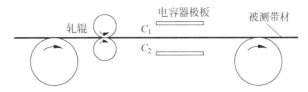

图 5-13　电容式厚度传感器原理图

金属带材在轧制过程中不断前行,如果带材厚度有变化,将导致它与上下两个极板间的距离发生变化,从而引起电容量的变化。将总电容量作为交流电桥的一个臂,电容的变化将使得电桥产生不平衡输出,从而实现对带材厚度的检测。

5.2 电感式传感器工作原理及应用

本节内容思维导图如图 5-14 所示。

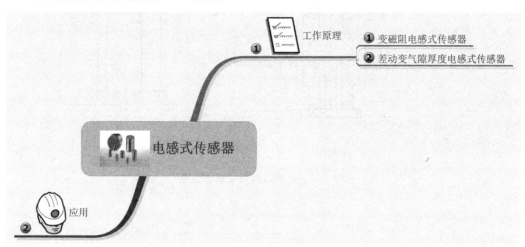

图 5-14　5.2 节思维导图

电感式传感器是建立在电磁感应基础上的,电感式传感器可以把输入的物理量(如位移、振动、压力、流量、相对密度)转换为线圈的自感系数 L 或互感系数 M 的变化,并通过测量电路将 L 或 M 的变化转换为电压或电流的变化,从而将非电量转换成电信号输出,实现对非电量的测量。

5.2.1 电感式传感器的工作原理

1. 变磁阻电感式传感器的工作原理

变磁阻电感式传感器的结构如图 5-15 所示。它由线圈、铁芯、衔铁三部分组成。在铁芯和衔铁间有气隙,气隙厚度为 δ,当衔铁移动时气隙厚度发生变化,引起磁路中磁阻变化,从而导致线圈的电感值变化。通过测量电感量的变化就能确定衔铁位移量的大小和方向。

线圈中电感量近似为

$$L = \frac{N^2}{R_m} = \frac{N^2 \mu_0 A_0}{2\delta} \tag{5-28}$$

式(5-28)表明,当线圈匝数 N 为常数时,电感 L 只是磁阻 R_m 的函数。只要改变 δ 或 A_0 均可改变磁阻并最终导致电感变化,因此变磁阻电感式传感器可分为变气隙厚度和变气隙面积两种情形,前者使用最为广泛。

由式(5-28)可知,电感 L 与气隙厚度 δ 间是非线性关系。设变磁阻电感式传感器的初始气隙厚度为 δ_0,初始电感量为 L_0,则有

$$L_0 = \frac{N^2 \mu_0 A_0}{2\delta_0} \tag{5-29}$$

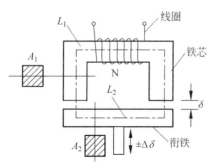

图 5-15　变磁阻电感式传感器的结构

（1）当衔铁上移 $\Delta\delta$ 时，传感器气隙厚度相应减小 $\Delta\delta$，即 $\delta=\delta_0-\Delta\delta$，则此时输出电感为

$$L = L_0 + \Delta L = \frac{N^2\mu_0 A_0}{2(\delta_0 - \Delta\delta)} = \frac{L_0}{1 - \dfrac{\Delta\delta}{\delta_0}} \tag{5-30}$$

当 $\Delta\delta/\delta_0 \ll 1$ 时，可对式(5-30)用泰勒级数展开，得

$$\frac{\Delta L}{L_0} = \frac{\Delta\delta}{\delta_0}\left[1 + \left(\frac{\Delta\delta}{\delta_0}\right) + \left(\frac{\Delta\delta}{\delta_0}\right)^2 + \cdots\right] \tag{5-31}$$

（2）当衔铁下移 $\Delta\delta$ 时，按照前面同样的分析方法，此时，$\delta=\delta_0+\Delta\delta$，可推得

$$\frac{\Delta L}{L_0} = \frac{\Delta\delta}{\delta_0}\left[1 - \left(\frac{\Delta\delta}{\delta_0}\right) + \left(\frac{\Delta\delta}{\delta_0}\right)^2 - \cdots\right] \tag{5-32}$$

对式(5-32)做线性处理并忽略高次项，可得

$$\frac{\Delta L}{L_0} = \frac{\Delta\delta}{\delta_0} \tag{5-33}$$

灵敏度定义为单位气隙厚度变化引起的电感量相对变化，即

$$K = \frac{\Delta L/L_0}{\Delta\delta} \tag{5-34}$$

将式(5-33)代入可得

$$K = \frac{\Delta L/L_0}{\Delta\delta} = \frac{1}{\delta_0} \tag{5-35}$$

由式(5-35)可见，灵敏度的大小取决于气隙的初始厚度，是一个定值。但这是在做线性化处理后所得出的近似结果，实际上，变磁阻电感式传感器的灵敏度取决于传感器工作时气隙的当前厚度。

2. 差动变气隙厚度电感式传感器的工作原理

变磁阻电感式传感器主要用于测量微小位移，为了减小非线性误差，实际测量中广泛采用差动变气隙厚度电感式传感器。

差动变气隙厚度电感式传感器的结构如图 5-16 所示。它由两个相同的电感线圈和磁路组成。测量时，衔铁与被测物体相连，当被测物体上下移动时，带动衔铁以相同的位移上下移动，两个磁回路的磁阻发生大小相等、方向相反的变化，一个线圈的电感量增加，另一个线圈的电感量减小，形成差动结构。

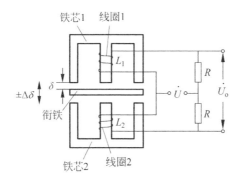

图 5-16　差动变气隙厚度电感式传感器的结构

将两个电感线圈接入交流电桥的相邻桥臂，另两个桥臂由电阻组成，电桥的输出电压与电感变化量 ΔL 有关。当衔铁上移时有

$$\Delta L = \Delta L_1 + \Delta L_2 = 2L_0 \cdot \frac{\Delta \delta}{\delta_0}\left[1 + \left(\frac{\Delta \delta}{\delta_0}\right)^2 + \left(\frac{\Delta \delta}{\delta_0}\right)^4 + \cdots\right] \tag{5-36}$$

对式(5-36)进行线性处理并忽略高次项(非线性项)可得

$$\frac{\Delta L}{L_0} = 2 \cdot \frac{\Delta \delta}{\delta_0} \tag{5-37}$$

灵敏度为

$$K = \frac{\Delta L/L_0}{\Delta \delta} = \frac{2}{\delta_0} \tag{5-38}$$

比较单线圈和差动两种变气隙厚度电感式传感器的特性可知:

(1)差动式比单线圈式的灵敏度提高一倍。

(2)差动式结构的线性度得到明显改善。

5.2.2 电感式传感器的应用

变气隙厚度电感式压力传感器由线圈、铁芯、衔铁、膜盒组成,衔铁与膜盒上部粘贴在一起。工作原理:当压力进入膜盒时,膜盒的顶端在压力 P 的作用下产生与压力 P 大小成正比的位移。于是衔铁也发生移动,使气隙厚度发生变化,流过线圈的电流也发生相应的变化,电流表指示值将反映被测压力的大小。

图 5-17 为运用差动变气隙厚度电感式压力传感器构成的变压器式交流电桥测量电路。它主要由 C 形弹簧管、衔铁、铁芯、线圈组成。它的工作原理是:当被测压力进入 C 形弹簧管时,使其发生变形,其自由端发生位移,带动与之相连的衔铁运动,使线圈 1 和 2 中的电感发生大小相等、符号相反的变化(即一个电感量增大,另一个减小)。电感的变化通过电桥转换成电压输出,只要检测出输出电压,就可确定被测压力的大小。

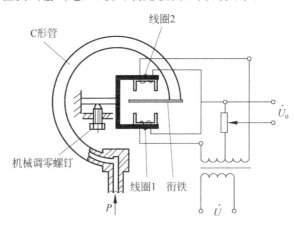

图 5-17 差动变气隙厚度电感式压力传感器结构

电感测微仪是用于测量微小尺寸变化很普遍的一种工具,常用于测量位移、零件的尺寸等,也用于产品的分选和自动检测。测量杆与衔铁连接,工作的尺寸变化或微小位移经测量杆带动衔铁移动,使两线圈内的电感量发生差动变化,其交流阻抗发生相应的变化,电桥失去平衡,输出一个幅值与位移成正比、频率与振荡器频率相同、相位与位移方向对应的调制信号。如果再对该信号进行放大、相敏检波,将得到一个与衔铁位移相对应的直流电压信号。这种测微仪的动态测量范围为 $\pm 1\text{mm}$,分辨率为 $1\mu\text{m}$,精度可达到 3%。

5.3 红外传感器工作原理及应用

本节内容思维导图如图 5-18 所示。

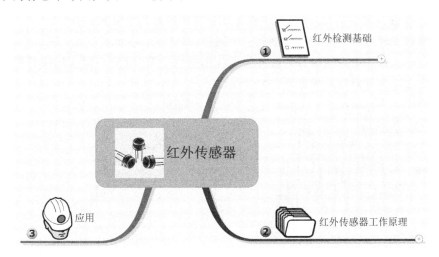

图 5-18 5.3节思维导图

5.3.1 红外检测基础

1. 红外辐射

红外辐射是一种人眼不可见的光线,俗称红外线,介于可见光中红色光和微波之间。红外线的波长为 $0.76 \sim 1000 \mu m$,对应的频率为 $4 \times 10^{14} \sim 3 \times 10^{11}$ Hz,工程上通常把红外线所占据的波段分成近红外($770 nm \sim 3 \mu m$)、中红外($3 \sim 6 \mu m$)、远红外($6 \sim 15 \mu m$)和极远红外($15 \sim 1000 \mu m$)4 个部分。波长分布如图 5-19 所示。

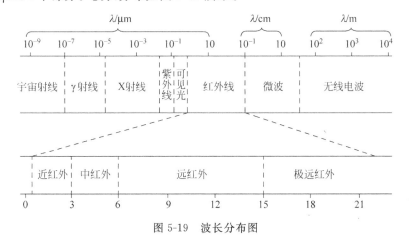

图 5-19 波长分布图

红外辐射本质上是一种热辐射。任何物体的温度只要高于绝对零度($-273.15℃$),就会向外部空间以红外线的方式辐射能量。物体的温度越高,辐射出来的红外线越多,辐射的能量就越强(辐射能正比于温度的 4 次方)。另外,红外线被物体吸收后将转化成热能。

红外线作为电磁波的一种形式,红外辐射和所有的电磁波一样,是以波的形式在空间直线传播的,具有电磁波的一般特性,如反射、折射、散射、干涉和吸收等。

2. 红外吸收及红外窗口

红外辐射在大气中传播时,由于大气中的气体分子、水蒸气以及固体微粒、尘埃等物质的吸收和散射作用,使辐射能在传输过程中逐渐衰减。空气中对称的双原子分子,如 N_2、H_2、O_2 不吸收红外辐射,因而不会造成红外辐射在传输过程中衰减。

红外辐射在通过大气层时被分割成三个波段,即 $2\sim2.6\mu m$,$3\sim5\mu m$ 和 $8\sim14\mu m$,统称为"大气窗口"。这三个大气窗口对红外技术应用特别重要,因为一般红外仪器都工作在这三个窗口之内。大气窗口分布如图 5-20 所示。

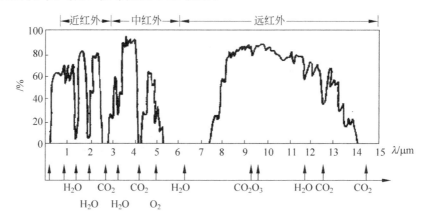

图 5-20　红外窗口

3. 红外辐射的性质

(1)金属对红外辐射衰减非常大,一般金属基本不能透过红外线。

(2)气体对红外辐射也有不同程度的吸收。

(3)介质不均匀、晶体材料的不纯洁、有杂质或悬浮小颗粒等都会引起对红外辐射的散射。

实践证明,温度越低的物体辐射的红外线波长越长。由此在应用中根据需要有选择地接收某一定范围的波长,就可以达到测量的目的。

5.3.2　红外传感器工作原理

红外传感器是利用红外辐射实现相关物理量测量的一种传感器。红外传感器的构成比较简单,它一般是由光学系统、红外探测器、信号调节电路和显示单元等几部分组成。其中,红外探测器是红外传感器的核心器件。红外探测器种类很多,按探测机理的不同,通常可分为两大类:热探测器和光子探测器。

红外线被物体吸收后将转变为热能。热探测器正是利用了红外辐射的这一热效应。当热探测器的敏感元件吸收红外辐射后将引起温度升高,使敏感元件的相关物理参数发生变化,通过对这些物理参数及其变化的测量就可确定探测器所吸收的红外辐射。

热探测器的主要优点:响应波段宽,响应范围为整个红外区域,室温下工作,使用方便。

热探测器主要有 4 种类型,分别是热敏电阻型、热电阻型、高莱气动型和热释电型。在这 4 种类型的探测器中,热释电探测器探测效率最高,频率响应最宽,所以这种传感器发展得比较快,应用范围也最广。

1. 热释电红外探测器

热释电红外探测器是一种检测物体辐射的红外能量的传感器,是根据热释电效应制成的。所谓热释电效应就是由于温度的变化而产生电荷的现象。热释电效应形成原理如图 5-21 所示。

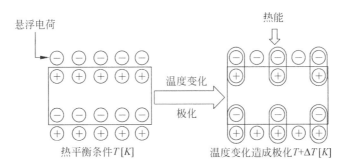

图 5-21　热释电效应形成原理

在外加电场作用下,电介质中的带电粒子(电子、原子核等)将受到电场力的作用,总体上讲,正电荷趋向于阴极、负电荷趋向于阳极,其结果使电介质的一个表面带正电、相对的表面带负电,这种现象称为电介质的"电极化"。对于大多数电介质来说,在电压去除后,极化状态随即消失,但是有一类称为"铁电体"的电介质,在外加电压去除后仍保持着极化状态。

一般而言,铁电体的极化强度 P_s(单位面积上的电荷)与温度有关,温度升高,极化强度降低。温度升高到一定程度,极化将突然消失,这个温度被称为"居里温度"或"居里点",在居里点以下,极化强度 P_s 是温度的函数,利用这一关系制成的热敏类探测器称为热释电探测器。

热释电探测器的构造是把敏感元件切成薄片,在研磨成 $5\sim50\mu m$ 的极薄片后,把元件的两个表面做成电极,类似于电容器的构造。为了保证晶体对红外线的吸收,有时也用黑化以后的晶体或在透明电极表面涂上黑色膜。当红外光照射到已经极化了的铁电薄片上时,引起薄片温度的升高,使其极化强度(单位面积上的电荷)降低,表面的电荷减少,这相当于释放一部分电荷,所以叫热释电型红外传感器。释放的电荷可以用放大器转变成输出电压。如果红外光继续照射,使铁电薄片的温度升高到新的平衡值,表面电荷也就达到新的平衡浓度,不再释放电荷,也就不再有输出信号。热释电型红外传感器的电压响应率正比于入射光辐射率变化的速率,不取决于晶体与辐射是否达到热平衡。

近年来,热释电型红外传感器在家庭自动化、保安系统以及节能领域的需求大幅度增加,热释电型红外传感器常用于根据人体红外感应实现自动电灯开关、自动水龙头开关、自动门开关等。

2. 光子探测器

光子探测器型红外传感器是利用光子效应进行工作的传感器。所谓光子效应,就是当有红外线入射到某些半导体材料上,红外辐射中的光子流与半导体材料中的电子相互作用,改变了电子的能量状态,引起各种电学现象。通过测量半导体材料中电子能量状态的变化,可以知道红外辐射的强弱。光子探测器主要有内光电探测器和外光电探测器两种,内光电探测器又分为光电导、光生伏特和光磁电探测器三种类型。半导体红外传感器广泛地应用于军事领域,如红外制导、响尾蛇空对空及空对地导弹、夜视镜等设备。

光子探测器的主要特点是灵敏度高、响应速度快,具有较高的响应频率,但探测波段较窄,一般工作于低温。

5.3.3 红外传感器的应用

1. 红外测温仪

红外测温技术在产品质量监控、设备在线故障诊断和安全保护等方面发挥着重要作用。近二十年来,非接触红外测温仪在技术上得到迅速发展,性能不断完善,功能不断增强,品种不断增多,适用范围也不断扩大,市场占有率逐年增长。与接触式测温方法相比,红外测温有响应时间快、非接触、使用安全及使用寿命长等优点。例如,在 2003 年我国发生"非典"疫情期间,一些窗口单位(如机场、港口、车站等)曾大量使用红外测温仪。

如图 5-22 所示为常见的红外测温仪方框图。它是一个光、机、电一体化的系统,测温系统主要由红外光透镜系统、红外滤光片、调制盘、红外探测器、信号调理电路、微处理器和温度传感器等部分组成。红外线通过固定焦距的透射(也有采用反射的)系统、滤光片聚焦到红外探测器的光敏面上,红外探测器将红外辐射转换为电信号输出。步进电动机可以带动调制盘转动将被测的红外辐射调制成交变的红外辐射线。红外测温仪的电路包括前置放大、选频放大、发射率(ε)调节、线性化等。现在还可以容易地制作带单片机的智能红外测温仪,其稳定性、可靠性和准确性更高。

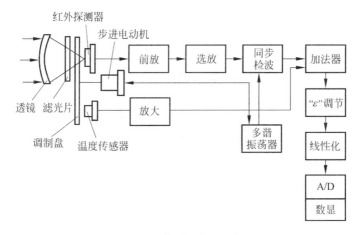

图 5-22　红外测温仪原理框图

2. 红外线气体分析仪

红外线在大气中传播时,由于大气中不同的气体分子、水蒸气、固体微粒和尘埃等物质对不同波长的红外线都有一定的吸收和散射作用,形成不同的吸收带,称为"大气窗口",从而会使红外辐射在传播过程中逐渐减弱。CO 气体对波长为 $4.65\mu m$ 附近的红外线有很强的吸收能力;CO_2 的吸收带位于 $2.78\mu m$、$4.26\mu m$ 和波长大于 $13\mu m$ 的范围。

空气中的双原子气体具有对称结构、无极性,如 N_2、O_2 和 H_2 等气体;以及单原子惰性气体,如 He、Ne、Ar 等;它们不吸收红外辐射。

红外线被吸收的数量与吸收介质的浓度有关,当射线进入介质被吸收后,其透过的射线强度 I 按指数规律减弱,由朗伯-贝尔定律确定,即

$$I = I_0 e^{-\mu cl} \tag{5-39}$$

式中：I, I_0——分别为吸收后、吸收前射线强度；

　　　μ——吸收系数；

　　　c——介质浓度；

　　　l——介质厚度。

红外线气体分析仪利用了气体对红外线选择性吸收这一特性。它设有一个测量室和一个参比室。测量室中含有一定量的被分析气体，对红外线有较强的吸收能力，而参比室（即对照室）中的气体不吸收红外线，因此两个气室中的红外线的能量不同，将使气室内压力不同，导致薄膜电容的两电极间距改变，引起电容量 C 变化，电容量 C 的变化反映被分析气体中被测气体的浓度。

图 5-23 是工业用红外线气体分析仪的结构原理图。该分析仪由红外线辐射光源、滤波气室、红外探测器及测量电路等部分组成。光源由镍铬丝通电加热发出 $3\sim10\mu m$ 的红外线，同步电动机带动切光片旋转，切光片将连续的红外线调制成脉冲状的红外线，以便于红外探测器检测。测量气室中通入被分析气体，参比室中注入的是不吸收红外线的气体（如 N_2 等）。红外探测器是薄膜电容型，它有两个吸收气室，充以被测气体，当它吸收了红外辐射能量后，气体温度升高，导致室内压力增大。

测量时（如分析 CO 气体的含量），两束红外线经反射、切光后射入测量室和参比室，由于测量室中含有一定量的 CO 气体，该气体对 $4.65\mu m$ 的红外线有较强的吸收能力；而参比室中气体不吸收红外线，这样射入红外探测器的两个吸收气室的红外线造成能量差异，使两吸收气室内压力不同，测量边的压力减小，于是薄膜偏向定片方向，改变了薄膜电容两极板间的距离，也就改变了电容量 C。被测气体的浓度越大，两束光强的差值也越大，则电容的变化量也越大，因此电容变化量反映了被分析气体中被测气体的浓度大小，最后通过测量电路的输出电压或输出频率等来反映。图 5-23 中设置滤波气室的目的是为了消除干扰气体对测量结果的影响。

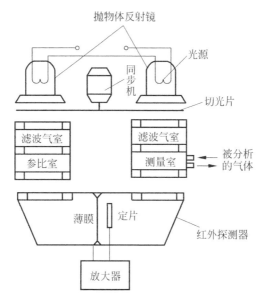

图 5-23　红外线气体分析仪结构原理图

5.4　超声波传感器

本节内容思维导图如图 5-24 所示。

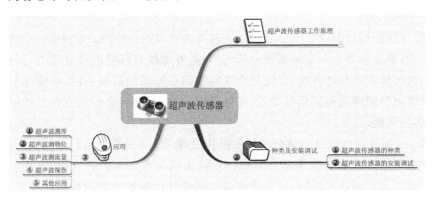

图 5-24　5.4 节思维导图

超声波传感器是一种以超声波作为检测手段的新型传感器。利用超声波的各种特性，可做成各种超声波传感器，再配上不同的测量电路，制成各种超声波仪器及装置，广泛地应用于冶金、船舶、机械、医疗等各个工业部门的超声探测、超声清洗、超声焊接，医院的超声医疗和汽车的倒车雷达等方面。

5.4.1　超声波传感器工作原理

1. 超声波及其物理性质

1）超声波的概念

频率高于 2×10^4 Hz 的机械波称为超声波。超声波的频率高、波长短、绕射小。它最显著的特性是方向性好，且在液体、固体中衰减很小，穿透力强，碰到介质分界面会产生明显的反射和折射，广泛应用于工业检测中。

2）超声波的物理性质

（1）超声波的波形。由于声源在介质中的施力方向与波在介质中的传播方向不同，所以声波的波形也有所不同，通常有以下几种。

① 纵波：质点振动方向与波的传播方向一致的波。它能在固体、液体和气体中传播。

② 横波：质点振动方向垂直于传播方向的波。它只能在固体中传播。

③ 表面波：质点的振动介于纵波与横波之间，沿着表面传播，其振幅随深度增加而迅速衰减的波。表面波随深度增加衰减很快，只能沿着固体的表面传播。为了测量各种状态下的物理量，多采用纵波。

（2）超声波的传播速度。纵波、横波及表面波的传播速度，取决于介质的弹性常数及介质密度。气体和液体中只能传播纵波，气体中声速为 344m/s，液体中声速为 900～1900m/s。在固体中，纵波、横波和表面波三者的声速成一定关系。通常可认为横波声速为纵波声速的 1/2，表面波声速约为横波声速的 90%。值得指出的是，介质中的声速受温度影响变化较大，在实际使用中注意采取温度补偿措施。

（3）超声波的反射和折射。超声波从一种介质传播到另一种介质时，在两介质的分界面上,一部分超声波被反射,另一部分则透过分界面在另一种介质内继续传播。这两种现象分别称为超声波的反射和折射。

2. 超声波传感器的工作原理

要以超声波作为检测手段,必须能产生超声波和接收超声波。完成这种功能的装置就是超声波传感器,习惯上称为超声波换能器,或超声波探头。

超声波传感器按其工作原理,可分为压电式、磁致伸缩式、电磁式等,以压电式最为常用。下面以压电式和磁致伸缩式超声波传感器为例介绍其工作原理。

1) 压电式超声波传感器

压电式超声波传感器是利用压电材料的压电效应原理来工作的。常用的压电材料主要有压电晶体和压电陶瓷。根据正、逆压电效应的不同,压电式超声波传感器分为发生器(发射探头)和接收器(接收探头)两种。

压电式超声波发生器是利用逆压电效应的原理将高频电振动转换成高频机械振动,从而产生超声波。当外加交变电压的频率等于压电材料的固有频率时会产生共振,此时产生的超声波最强。压电式超声波传感器可以产生几十 kHz 到几十 MHz 的高频超声波,其声强可达几十 W/cm^2。

压电式超声波接收器是利用正压电效应原理进行工作的。当超声波作用到压电晶片上引起晶片伸缩,在晶片的两个表面上便产生极性相反的电荷,这些电荷被转换成电压经放大后送到测量电路,最后记录或显示出来。压电式超声波接收器的结构和超声波发生器基本相同,有时就用同一个传感器兼作发生器和接收器两种用途。

通用型和高频型压电式超声波传感器结构分别如图 5-25(a)和(b)所示。通用型压电式超声波传感器的中心频率一般为几十 kHz,主要由压电晶体、圆锥谐振器、栅孔等组成;高频型压电式超声波传感器的频率一般在 100kHz 以上,主要由压电晶片、吸收块(阻尼块)、保护膜等组成。压电晶片多为圆板形,设其厚度为 δ,超声波频率 f 与其厚度 δ 成反比。压电晶片的两面镀有银层,作为导电的极板,底面接地,上面接至引出线。为了避免传感器与被测件直接接触而磨损压电晶片,在压电晶片下粘合一层保护膜(0.3mm 厚的塑料

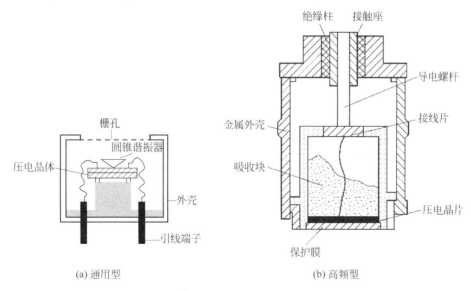

(a) 通用型　　　　　　　　　　(b) 高频型

图 5-25　压电式超声波传感器的结构

膜、不锈钢片或陶瓷片）。阻尼块的作用是降低压电晶片的机械品质,吸收超声波的能量。如果没有阻尼块,当激励的电脉冲信号停止时,晶片将会继续振荡,加长超声波的脉冲宽度,使分辨率变差。

2）磁致伸缩式超声波传感器

铁磁材料在交变的磁场中沿着磁场方向产生伸缩的现象,称为磁致伸缩效应。磁致伸缩效应的强弱即材料伸长缩短的程度,因铁磁材料的不同而各异。镍的磁致伸缩效应最大,如果先加一定的直流磁场,再通以交变电流时,它可以工作在特性最好的区域。磁致伸缩传感器的材料除镍外,还有铁钴钒合金和含锌、镍的铁氧体。它们的工作频率范围较窄,仅在几万赫兹以内,但功率可达十万瓦,声强可达几千 W/mm^2,且能耐较高的温度。

磁致伸缩式超声波发生器是把铁磁材料置于交变磁场中,使它产生机械尺寸的交替变化即机械振动,从而产生出超声波。它是用几个厚为 $0.1\sim0.4mm$ 的镍片叠加而成,片间绝缘以减少涡流损失,其结构形状有矩形、窗形等。

磁致伸缩式超声波接收器的原理是:当超声波作用在磁致伸缩材料上时,引起材料伸缩,从而导致它的内部磁场（即导磁特性）发生改变。根据电磁感应,磁致伸缩材料上所绕的线圈里便获得感应电动势。此电动势被送入测量电路,最后记录或显示出来。磁致伸缩式超声波接收器的结构与超声波发生器基本相同。

3. 超声波传感器的优点

超声波传感器有许多优点,对于普通的传感器而言,透明物体（例如玻璃杯和胶片）的检测是一个难题,其原因在于玻璃杯中装的是带颜色而又透明的液体。但这难不倒超声波传感器,因为几乎所有的物体均受声波的影响,并且反射声波。

即使被测物的颜色不同,且具有反射性,超声波传感器同样能检测,检测结果不受影响,也不需要重新调整超声波传感器。无论被测物体表面粗糙还是光滑,被测物体的形状规则还是不规则,超声波传感器均能正常工作。

无论是尘埃和污物,还是水汽和喷雾,即使在工作环境异常恶劣的场所,其性能指标所受的影响也微乎其微,即使遇到强光等条件。

5.4.2 超声波传感器的种类及安装调试

1. 超声波传感器的种类

超声波传感器按检测方式可分为对射型和反射型,反射型又可以分为限定距离型和限定区域型,限定区域型也可分为回归反射和限定区域,如表 5-1 所示。

反射型超声波传感器可检测的物体可分为以下几类,如图 5-26 所示。

图 5-26(a)中被测物为平面状,如液体、箱子、塑料片、纸、玻璃等。

图 5-26(b)中被测物为圆柱状,如罐、瓶和人体（人体保护用途除外）等。

图 5-26(c)中被测物为颗粒体或块状,如矿物、岩石、煤炭、焦炭和塑料球等。

反射效率根据这些可检测物体的形状而有所差异,图 5-26(a)的情况下,反射波回归最多,但受可检测物体倾斜的影响会变大。图 5-26(b)、图 5-26(c)的情况下,会有漫反射,反射波不一样,但受可检测物体倾斜的影响少,应用时需注意。

表 5-1　不同类型的超声波传感器

检测方式			说　　明	图　　示
对射型			对通过送波器和受波器间的物体产生的超声波光束的衰减或遮断进行检测的方式	可检测物体 送波器　　受波器
反射型	限定距离型		只对存在于距离调整旋钮设定的检测距离范围内的物体发出反射波进行检测的方式	距离调整 可检测物体 不确定区域
	限定区域型	回归反射	通过可检测物体来遮断反射板发出的正常反射波以进行检测的方式	距离设定区域 检测通过区域 反射板 可检测物体
		限定区域	只对通过距离切换开关选择设定的检测区域内存在的物体发出的反射波进行检测的方式	20　30　40　50　60　70 cm A　B　C　D　E 不确定区域 可检测物体

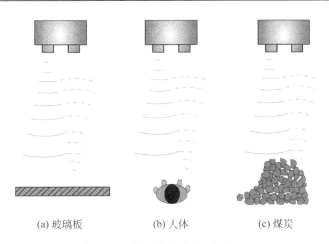

(a) 玻璃板　　　　(b) 人体　　　　(c) 煤炭

图 5-26　超声波传感器与被测物

2. 超声波传感器的安装调试

在安装超声波传感器时,应注意传感器与被测物之间的角度,如图 5-27 所示,一个垂直于声波轴的平直的目标物体将把大部分的能量反射回传感器。随着角度的变大,传感器接收到的能量将减少。在某些点上,传感器将不能"看到"目标物体。

超声波的传递与其介质有很大的关系,声波在空气中传递时,受气流的影响。由于风、鼓风机、气动设备或其他来源的气流可以使超声波的传播方向偏转或扰乱其路径,这样传感器将不能识别目标物体的正确位置,会引起误动作。如图 5-28 所示,在某些情况下,可以加装防风挡板以减小影响。因此,避免在有空气送风机等场所使用。另外,还可以选择光学传感器来避免这个问题。

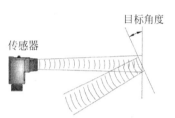

图 5-27 超声波传感器与被测物的角度一   图 5-28 超声波传感器与被测物的角度二

在检测距离的调整中,不仅是对最大检测距离,对最小检测距离也能连动或单独调整,该可检测范围称为限定区域(区域限定)。检测距离调整的结果,传感器探头面和最小检测距离间无法检测的区域称为不感应区,如图 5-29 所示。

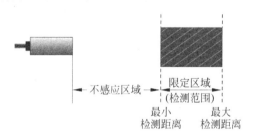

图 5-29 超声波传感器的限定区域和不感应区

对于对射型超声波传感器,应注意周围的障碍物。请注意避免因超声波束的扩大或边波瓣引起的漫反射等而引起误动作。对射型的情况下,会受地面的反射产生影响,所以在这种情况下,应在地面上粘贴布或海绵等易吸收声波的材料,或设置遮音壁,如图 5-30 所示。

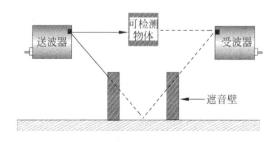

图 5-30 对射型超声波传感器的安装环境

由于超声波式传感器将空气作为传播媒介,所以若局部有温差,则会在临界面发生反射、折射,在有风的地方则会使检测区域变化,引起误动作。因此,应避免在空气屏障送风机等场所使用。由于空气喷嘴发出的喷射声包含多种频率成分,所以影响很大,请不要在这类物体附近使用。若在传感器的表面(送波、受波部)附有水滴,则会降低检测距离。气流对超声波传感器的影响如图5-31所示。

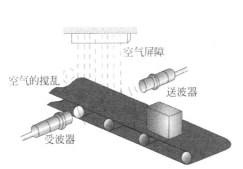

图 5-31 气流对超声波传感器的影响

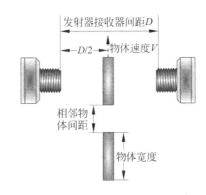

图 5-32 影响超声波传感器的因素

如图5-32所示,对于对射型超声波传感器,安装调试时还需注意以下几个方面。

(1) 物体具有直角(非圆角)。

(2) 传感器处于对准状态。

(3) 物体通过发射器和接收器的中间区域(即在 $D/2$)。

(4) 工作环境稳定,最小的气流扰动。

(5) 被测物体的运动速度,可测的最小物体宽度和相邻被测物的最小物体间距。

一般来说,当被检测的物体距离接收器或发射器较近时,物体最小的检测宽度和相邻的间距将减小。基于周围的操作环境,受对准情况和被检测物体的几何形状变化等因素影响,其结果可能不一致。

5.4.3 超声波传感器的应用

1. 超声波测厚

超声波测量厚度常采用脉冲回波法。图5-33为脉冲回波法检测厚度的工作原理。

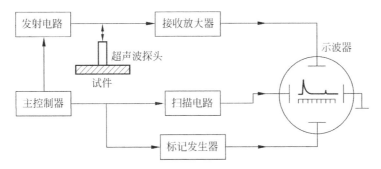

图 5-33 脉冲回波法检测厚度工作原理

在用脉冲回波法测量试件厚度时,超声波探头与被测试件某一表面相接触。由主控制器产生一定频率的脉冲信号,送往发射电路,经电流放大后加在超声波探头上,从而激励超声波探头产生重复的超声波脉冲。脉冲波传到被测试件另一表面后反射回来,被同一探头接收。若已知超声波在被测试件中的传播速度 v,设试件厚度为 d,脉冲波从发射到接收的时间间隔 Δt 可以测量,因此可求出被测试件厚度为

$$d = \frac{v\Delta t}{2} \tag{5-40}$$

为测量时间间隔 Δt,可采用如图 5-33 所示的方法,将发射脉冲和回波反射脉冲加至示波器垂直偏转板上。标记发生器所输出的已知时间间隔的脉冲,也加在示波器垂直偏转板上。线性扫描电压加在水平偏转板上。因此可以直接从示波器屏幕上观察到发射脉冲和回波反射脉冲,从而求出两者的时间间隔 Δt。当然,也可用稳频晶振产生的时间标准信号来测量时间间隔 Δt,从而做成厚度数字显示仪表。

2. 超声波测物位

存于各种容器内的液体表面高度及所在的位置称为液位;固体颗粒、粉料、块料的高度或表面所在位置称为料位。两者统称为物位。

超声波测量物位是根据超声波在两种介质的分界面上的反射特性而工作的。图 5-34 为几种超声波检测物位的工作原理图。

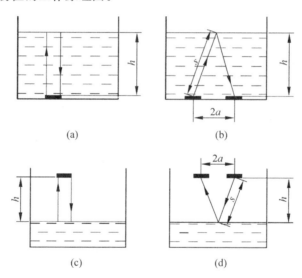

图 5-34　超声波物位检测的工作原理

根据发射和接收换能器的功能,超声波物位传感器可分为单换能器和双换能器两种。单换能器在发射和接收超声波时均使用一个换能器(图 5-34(a)和(c)),而双换能器对超声波的发射和接收各由一个换能器担任(图 5-34(b)和(d))。超声波传感器可放置于水中(图 5-34(a)和(b)),让超声波在液体中传播。由于超声波在液体中衰减比较小,所以即使产生的超声波脉冲幅度较小也可以传播。超声波传感器也可以安装在液面的上方(图 5-34(c)和(d)),让超声波在空气中传播。这种方式便于安装和维修,但超声波在空气中的衰减比较厉害。超声波传感器还可安装在容器的外壁,此时超声波需要穿透器壁,遇到液面后再反射。注意:为了让超声波最大限度地穿过器壁,需满足的条件是器壁厚度应为四分之一波

长的奇数倍。如果已知从发射超声波脉冲开始,到接收换能器接收到反射波为止的这个时间间隔,就可以求出分界面的位置,利用这种方法可以实现对物位的测量。

对于单换能器来说,超声波从发射到液面,又从液面反射回换能器的时间间隔为

$$\Delta t = \frac{2h}{v} \tag{5-41}$$

则

$$h = \frac{v\Delta t}{2} \tag{5-42}$$

式中：h——换能器距液面的距离；

v——超声波在介质中的传播速度。

对于双换能器来说,超声波从发射到被接收经过的路程为 $2s$,而

$$s = \frac{v\Delta t}{2} \tag{5-43}$$

因此,液位高度为

$$h = \sqrt{s^2 - a^2} \tag{5-44}$$

式中：s——超声波反射点到换能器的距离；

a——两换能器间距的 $1/2$。

可以看出,只要测得从发射到接收超声波脉冲的时间间隔 Δt,便可以求得待测的物位。图 5-35～图 5-42 为超声波传感器在物位检测方面的一些典型应用。

图 5-35　物件放置错误检测

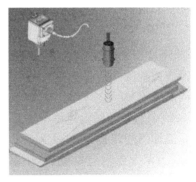

图 5-36　叠放高度测量

图 5-37　透明塑料张力控制

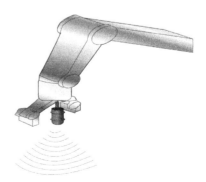

图 5-38　机械手定位

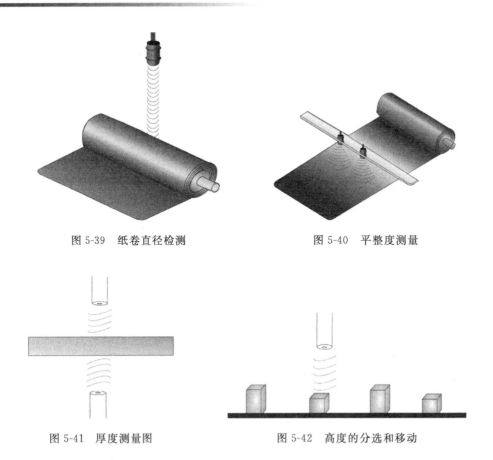

图 5-39　纸卷直径检测　　　　　　　　图 5-40　平整度测量

图 5-41　厚度测量图　　　　　　　　图 5-42　高度的分选和移动

3. 超声波测流量

超声波测量流体流量是利用超声波在流体中传输时,在静止流体和流动流体中的传播速度不同的特点,从而求得流体的流速和流量。

图 5-43 为超声波测流体流量的工作原理图。图中,v 为被测流体的平均流速,c 为超声波在静止流体中的传播速度,θ 为超声波传播方向与流体流动方向的夹角(θ 必须不等于90°),A、B 为两个超声波换能器,L 为两者之间的距离。以下以时差法为例。

当 A 为发射换能器,B 为接收换能器时,超声波为顺流方向传播,传播速度为 $c+v\cos\theta$,所以顺流传播时间 t_1 为

$$t_1 = \frac{L}{c + v\cos\theta} \qquad (5-45)$$

当 B 为发射换能器,A 为接收换能器时,超声波为逆流方向传播,传播速度为 $c-v\cos\theta$,所以逆流传播时间 t_2 为

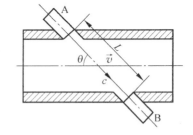

图 5-43　超声波测流体流量工作原理

$$t_2 = \frac{L}{c - v\cos\theta} \qquad (5-46)$$

因此超声波顺、逆流传播时间差为

$$\Delta t = t_2 - t_1 = \frac{L}{c - v\cos\theta} - \frac{L}{c + v\cos\theta} = \frac{2Lv\cos\theta}{c^2 - v^2\cos^2\theta} \tag{5-47}$$

一般来说,超声波在流体中的传播速度远大于流体的流速,即 $c \gg v$,所以式(5-47)可近似为

$$\Delta t \approx \frac{2Lv\cos\theta}{c^2} \tag{5-48}$$

因此被测流体的平均流速为

$$v \approx \frac{c^2}{2L\cos\theta} \Delta t \tag{5-49}$$

测得流体流速 v 后,再根据管道流体的截面积,即可求得被测流体的流量。

4. 超声波探伤

超声波探伤的方法有很多,按其原理可分为以下两大类。

1) 穿透法探伤

穿透法探伤是根据超声波穿透工件后能量的变化情况来判断工件内部质量。该方法采用两个超声波换能器,分别置于被测工件相对的两个表面,其中一个发射超声波,另一个接收超声波。发射超声波可以是连续波,也可以是脉冲信号。

当被测工件内无缺陷时,接收到的超声波能量大,显示仪表指示值大;当工件内有缺陷时,因部分能量被反射,因此接收到的超声波能量小,显示仪表指示值小。根据这个变化,即可检测出工件内部有无缺陷。

该方法的优点:指示简单,适用于自动探伤;可避免盲区,适宜探测薄板。其缺点:探测灵敏度较低,不能发现小缺陷;根据能量的变化可判断有无缺陷,但不能定位;对两探头的相对位置要求较高。

2) 反射法探伤

反射法探伤是根据超声波在工件中反射情况的不同来探测工件内部是否有缺陷。它可分为一次脉冲反射法和多次脉冲反射法两种。

(1) 一次脉冲反射法。测试时,将超声波探头放于被测工件上,并在工件上来回移动进行检测。由高频脉冲发生器发出脉冲(发射脉冲 T)加在超声波探头上,激励其产生超声波。探头发出的超声波以一定速度向工件内部传播。其中,一部分超声波遇到缺陷时反射回来,产生缺陷脉冲 F;另一部分超声波继续传至工件底面后也反射回来,产生底脉冲 B。缺陷脉冲 F 和底脉冲 B 被探头接收后变为电脉冲,并与发射脉冲 T 一起经放大后,最终在显示器荧光屏上显示出来。通过荧光屏即可探知工件内是否存在缺陷、缺陷大小及位置。若工件内没有缺陷,则荧光屏上只出现发射脉冲 T 和底脉冲 B,而没有缺陷脉冲 F;若工件中有缺陷,则荧光屏上除出现发射脉冲 T 和底脉冲 B 之外,还会出现缺陷脉冲 F。荧光屏上的水平亮线为扫描线(时间基准),其长度与时间成正比。由发射脉冲、缺陷脉冲及底脉冲在扫描线上的位置,可求出缺陷位置。由缺陷脉冲的幅度,可判断缺陷大小。当缺陷面积大于超声波声束截面时,超声波全部由缺陷处反射回来,荧光屏上只出现发射脉冲 T 和缺陷脉冲 F,而没有底脉冲 B。

(2) 多次脉冲反射法。多次脉冲反射法是以多次底波为依据而进行探伤的方法。超声波探头发出的超声波由被测工件底部反射回超声波探头时,其中一部分超声波被探头接收,

而剩下部分又折回工件底部,如此往复反射,直至声能全部衰减完为止。因此,若工件内无缺陷,则荧光屏上会出现呈指数函数曲线形式递减的多次反射底波;若工件内有吸收性缺陷时,声波在缺陷处的衰减很大,底波反射的次数减少;若缺陷严重时,底波甚至完全消失。据此可判断出工件内部有无缺陷及缺陷严重程度。当被测工件为板材时,为了观察方便,一般常采用多次脉冲反射法进行探伤。

5. 超声波传感器的其他应用

图 5-44 和图 5-45 为超声波传感器在计数等方面上的应用。

图 5-44　超声波传感器在香水生产线上计数　　图 5-45　光盘生产线计数控制

应 用 篇

5.5　基础实验:热释电红外传感器的应用实验

5.5.1　实验目的

了解热释电传感器的性能、构造与工作原理。

5.5.2　元器件准备

(1) 热释电红外传感器;
(2) 示波器。

5.5.3　实验原理

热释电红外传感器是一种红外光传感器,属于热电型器件。当热电元件 PZT 受到光照时能将光能转换为热能,受热的晶体两端产生数量相等符号相反的电荷,如果带上负载就会有电流流过,输出电压信号。

热释电红外传感器主要由滤光片、PZT 热电元件、结型场效应管 FET 及电阻、二极管组成,如图 5-46 所示。其中,滤光片的光谱特性决定了热释电传感器的工作范围。其所用的滤光片对 $5\mu m$ 以下的光具有高反射率,而对于从人体发出的红外热源则有高穿透性,传感器接收到红外能量信号后就有电压信号输出。

热释电传感器是利用热电效应的热电型红外传感器,所谓热电效应是随温度变化产生电荷的现象。热释电传感器在温度没有变化时不产生信号,称为积分型传感器,多用于人

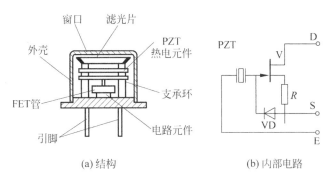

图 5-46 热释电红外传感器结构图

体温度检测电路。热释电传感器的输出是电荷,这并不能使用,要附加如图 5-47 所示的电阻,用电压形式输出。但因电阻值非常大($1 \sim 100 G\Omega$),所以要用场效应晶体管进行阻抗变换。

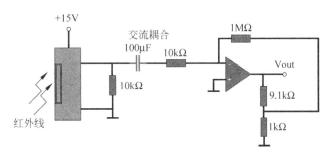

图 5-47 热释电红外传感器工作原理图

5.5.4 实验内容和步骤

(1) 热释电传感器放置于实验板上,注意凸起与板子的丝印图示对齐。

(2) 传感器供电,T401 接+15V,T402 接 GND。

(3) 放大器的 P401 从左往右端口依次接+15V、GND、−15V。

(4) 输出端口 J402 接 AI0+、AI0−。

(5) 打开 ELVIS 的两个电源,在 nextpad 测试面板中选择相应的 AI 通道名,单击"开始"按钮。

(6) 传感器静止几秒,等到电压回至 0V 左右,用手掌在距离传感器约 10mm 处晃动,观察示波器波形的变化。停止晃动,手的位置保持不变,重新观察示波器的波形变化。

(7) 实验结束后,关闭硬件电源开关。

5.5.5 思考题

在实际应用场合中,会在传感器探头前加装菲涅尔透镜,实验传感器的探测视场和距离。感兴趣的读者可以做进一步的了解和研究,如图 5-48 所示。

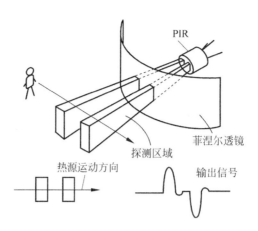

图 5-48　菲涅尔透镜工作原理图

5.6　基础实验：驻极体麦克风实验

5.6.1　实验目的

（1）了解驻极体麦克风的工作原理。

（2）使用 ELVIS 平台采集麦克风信号，使用 DSA 动态信号分析，实时分析麦克风所得信号的幅频和相频响应。

5.6.2　元器件准备

（1）驻极体麦克风。

（2）ELVIS 实验平台。

5.6.3　实验原理

驻极体话筒体积小，结构简单，电声性能好，价格低廉，应用非常广泛。驻极体话筒的内部结构如图 5-49 所示，由声电转换系统和场效应管两部分组成。它的电路接法有两种：源极输出和漏极输出。源极输出有三根引出线：漏极 D 接电源正极，源极 S 经电阻接地，再经一个电容作为信号输出。漏极输出有两根引出线：漏极 D 经一个电阻接至电源正极，再经一个电容作为信号输出，源极 S 直接接地。所以，在使用驻极体话筒之前首先对其进行极性的判别。

在场效应管的栅极与源极之间接有一只二极管，因而可利用二极管的正反向电阻特性来判别驻极体话筒的漏极 D 和源极 S。将万用表拨至欧姆挡，黑表笔接任一极，红表笔接另一极。再对调两表笔，比较两次测量结果。阻值较小时，黑表笔接的是源极，红表笔接的是漏极。

漏极输出类似晶体三极管的共发射极放入。只需两根引出线。漏极 D 与电源正极间接一漏极电阻 RD，信号由漏极 D 经电容 C 输出。源极 S 与编织线一起接地。漏极输出有电压增益，因而话筒灵敏度比源极输出时要高，但电路动态范围略小。驻极体麦克风实验原理如图 5-50 所示。

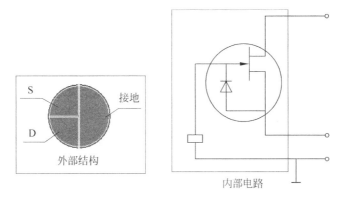

图 5-49 驻极体麦克风结构

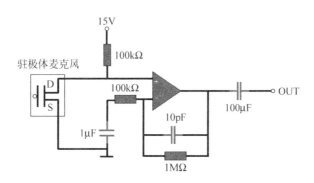

图 5-50 驻极体麦克风实验原理图

5.6.4 实验内容和步骤

（1）连接麦克风，U1301 接口连接麦克风，左正右负。

（2）给放大器供电，P1301 左→右，依次连接＋15V，GND，－15V。

（3）J1301 为麦克风电路输出端口，左正右负，将输出信号连接至 AI0。

（4）打开 ELVIS 的两个电源，打开 nextpad，在测试面板中观察 AI 通道的信号。

（5）在测试面板中，选择对应的设备名和通道名，如 Dev1 和 AI0。单击"开始"按钮。观察波形。可随时保存数据，以 TDMS 的格式保存数据。

（6）观察完原始信号后，可使用 ELVIS 自带的动态信号分析仪（DSA）分析信号。暂停波形采集，打开动态信号分析仪 DSA，观察实时数据分析。使用 DSA 时，注意通道设置。

5.6.5 思考题

若使用源极输出的方式连接电路，电路的特性是什么样的？

5.7 技能拓展：接近传感器的选型

5.7.1 实验目的

通过更换铝制旋转圆盘上的检测片(不同材质、不同形状、不同大小)以及调整检测片与传感器感应面之间的距离来得出不同型号接近式传感器的检测对象类型及检测距离等技术指标的检测,进而帮助同学们加深对不同种类的接近式传感器的认识。

5.7.2 实验器材

(1) 亚龙 OMR—欧姆龙主机单元一台。

(2) 亚龙接近式传感器模块测试单元一台。

(3) 计算机或编程器一台。

(4) 不同大小不同材质检测片。

5.7.3 接近传感器的简单介绍

接近传感器是代替限位开关等接触式检测方式,以无须接触检测对象进行检测为目的的传感器的总称。能将检测对象的移动信息和存在信息转换为电气信号。常见的接近传感器有电感式、电容式和霍耳式。

1. 电感式接近传感器工作原理

电感式接近传感器属于一种有开关量输出的位置传感器,它由 LC 高频振荡器和放大处理电路组成,利用金属物体在接近这个能产生电磁场的振荡感应头时,使物体内部产生涡流。这个涡流反作用于接近开关,使接近开关振荡能力衰减,内部电路的参数发生变化,由此识别出有无金属物体接近,进而控制开关的通或断。这种接近开关所能检测的物体必须是金属物体。

电感式接近传感器主要由高频振荡器、放大器、检波电路、触发电路以及输出电路等部分组成。起始时,高频振荡器于传感器检测面处产生电磁场,附近无金属物体,回路处于振荡状态,随着金属物体的逐渐靠近,金属产生的涡流逐步吸收高频振荡器的能量直至其停振为止,高频振荡这两种振荡状态的改变可以变换为电信号,并经检波、放大后转换为二进制信号,再经功率放大后进行输出。工作原理如图 5-51 所示。

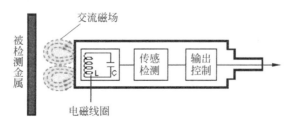

图 5-51 电感传感器工作原理图

2. 电容式接近传感器

电容式接近传感器也属于一种具有开关量输出的位置传感器,它的测量头通常是构成电容器的一个极板,而另一个极板是物体的本身,当物体移向接近开关时,物体和接近开关的介电常数发生变化,使得和测量头相连的电路状态也随之发生变化,由此便可控制开关的接通和关断。这种接近开关的检测物体,并不限于金属导体,也可以是绝缘的液体或粉状物体,在检测较低介电常数 ε 的物体时,可以顺时针调节多圈电位器(位于开关后部)来增加感应灵敏度,一般调节电位器使电容式的接近开关在 0.7～0.8Sn 的位置动作。

电容式接近传感器主要由高频振荡器、放大器等部分组成,其中,传感器的检测面与地面构成一个大的电容器,起始时,附近无物体,回路处于振荡状态,随着物体的逐渐靠近,电容器的容量发生变化,其振荡停止,这种振荡状态的改变可以转换为电信号,并经放大器放大后转换为二进制信号以进行开关动作。工作原理如图 5-52 所示。

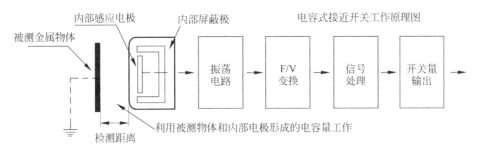

图 5-52　电容式传感器工作原理图

3. 霍耳式接近传感器

当一块通有电流的金属或半导体薄片垂直地放在磁场中时,薄片的两端就会产生电位差,这种现象就称为霍耳效应。霍耳效应的灵敏度高低与外加磁场的磁感应强度成正比的关系。

霍耳传感器的输入端是以磁感应强度 B 来表征的,当 B 值达到一定的程度(如 B_1)时,霍耳传感器内部的触发器翻转,霍耳传感器的输出电平状态也随之翻转。输出端一般采用晶体管输出,和接近传感器类似的有 NPN、PNP、常开型、常闭型、锁存型(双极性)、双信号输出之分。

5.7.4　接近传感器的选型和检测

对于企业现场的工程技术人员,工作中面临着多种接近传感器的选型问题。对于不同的材质的检测体和不同的检测距离,应选用不同类型的接近传感器,以使其在系统中具有高的性能价格比,为此在选型中应遵循以下原则。

(1) 当检测体为金属材料时,应选用高频振荡型(电感式)接近传感器,该类型接近传感器对铁镍、A3 钢类检测体检测最灵敏。对铝、黄铜和不锈钢类检测体,其检测灵敏度就低。

(2) 当检测体为非金属材料时,如木材、纸张、塑料、玻璃和水等,应选用电容型接近传感器。

(3) 金属体和非金属要进行远距离检测和控制时,应选用光电型接近传感器或超声波型接近传感器。

(4) 对于检测体为金属时,若检测灵敏度要求不高时,可选用价格低廉的磁性接近传感器或霍耳式接近传感器。

5.7.5　接近传感器技术指标检测

（1）检测距离（动作距离）测定：当动作片由正面靠近接近传感器的感应面时，使接近传感器动作的距离为接近传感器的最大动作距离，测得的数据应在产品的参数范围内。

（2）释放距离的测定：当动作片由正面离开接近传感器的感应面，开关由动作转为释放时，测定动作片离开感应面的最大距离。

（3）回差 H 的测定：最大动作距离和释放距离之差的绝对值。

（4）动作频率测定：用调速电动机带动铝制圆盘，在圆盘上固定若干检测片，调整开关感应面和动作片间的距离，约为开关动作距离的 80%，转动圆盘，依次使动作片靠近接近传感器，在圆盘主轴上装有测速装置，开关输出信号经整形，接至数字频率计。此时启动电动机，逐步提高转速，在转速与动作片的乘积与频率计数相等的条件下，可由频率计直接读出开关的动作频率。

（5）重复精度测定：将动作片固定在量具上，由开关动作距离的 120% 以外，从开关感应面正面靠近开关的动作区，运动速度控制在 0.1mm/s 上。当开关动作时，读出量具上的读数，然后退出动作区，使开关断开。如此重复 10 次，最后计算 10 次测量值的最大值和最小值与 10 次平均值之差，差值大者为重复精度误差。

5.7.6　实验准备

1. 面板连线

挂板连线图如图 5-53 所示。

24V	步进驱动器供电正极			0V	步进驱动器供电负极						
欧姆龙接近开关E2EY-X4C1				PS6-1	红	电源正	24V	SB1-1	启动按钮	电源负	0V
PS1-1	红	电源正	24V	PS6-2	绿	PLC输入	0CH(05)	SB1-2	启动按钮	PLC输入	1CH(07)
PS1-2	绿	PLC输入	0CH(00)	PS6-3	蓝	电源负	0V				
PS1-3	蓝	电源负	0V					SB2-1	停止按钮	电源负	0V
欧姆龙接近开关E2E-X2F1				PLS+	步进脉冲+	电源正	24V	SB2-2	停止按钮	PLC输入	1CH(08)
PS2-1	红	电源正	24V	PLS-	步进脉冲-	PLC输出	10CH(00)				
PS2-2	绿	PLC输入	0CH(01)								
PS2-3	蓝	电源负	0V	DIR+	脉冲方向+	电源正	24V				
欧姆龙接近开关E2EV-X2C1				DIR-	脉冲方向-	PLC输出	10CH(02)				
PS3-1	红	电源正	24V								
PS3-2	绿	PLC输入	0CH(02)	HL1-1	绿灯	电源正	24V				
PS3-3	蓝	电源负	0V	HL1-2	绿灯	PLC输出	11CH(00)				
欧姆龙接近开关E2B-M30LN30-M1-C1											
PS4-1	红	电源正	24V	HL2-1	红灯	电源正	24V				
PS4-2	绿	PLC输入	0CH(03)	HL2-2	红灯	PLC输出	11CH(01)				
PS4-3	蓝	电源负	0V								
欧姆龙接近开关E2B-M12KS02-M1-C1											
PS5-1	红	电源正	24V								
PS5-2	绿	PLC输入	0CH(04)								
PS5-3	蓝	电源负	0V								

图 5-53　挂板连线图

PLC 输入端的 0CH COM 端需要接 24V（如果需要使用 PLC 拨码开关则需要 PLC 输入端 COM 接 0V）。PLC 输出端的 COM 端需要并联后接到电源 0V。

2. I/O 接线图和分配表

步进电动机控制转盘的 I/O 接线图如图 5-54 所示。

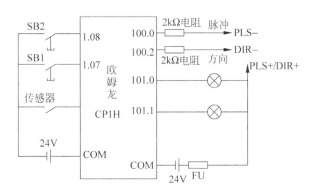

图 5-54 步进电动机控制转盘的 I/O 接线图

I/O 分配表如表 5-2 所示。

表 5-2 I/O 分配表

I/O 口	说　明	I/O 口	说　明
1.7	正转开关	100.0	PLS
1.8	反转开关	100.2	DIR
		101.0	启动指示
		101.1	停止指示

3. 接触式传感器测试模块介绍

本测试单元一共由 6 组不同欧姆龙接近式传感器(具体参数见电子版使用说明及产品 PPT 资料)组成,如图 5-55 所示。传感器中间位步进电动机驱动的铝制转盘,检测片安装在转盘上,随转盘转动依次与每组接近传感器靠近。

(1)欧姆龙接近传感器 E2E-X2F1 2M。

(2)欧姆龙接近传感器 E2EV-X2C1。

(3)欧姆龙接近传感器 E2EY-X4C1。

(4)欧姆龙接近传感器 E2K-F10CM1 2M。

(5)欧姆龙接近传感器 E2B-M12KS02-M1-C1。

(6)欧姆龙接近传感器 E2B-M30LN30-M1-C1。

图 5-55 接近式传感器选型模块

5.7.7　实验内容和步骤

1. 项目背景

某企业新建成的生产线需要配套电容式接近传感器、电感式接近传感器和霍耳式接近传感器等不同类型的接近式传感器,以达到节约成本并对不同的检测物进行检测的目的。要深入了解每种类型接近传感器的特点,就需要对这些传感器进行逐一检测,该实验就是为了完成这些检测。

2. 检测系统介绍

针对不同类型接近传感器进行测试的系统功能如下。

(1) 接线完成系统上电后按下绿色正向启动按钮,电动机正转运行,转盘顺时针方向运行。

(2) 按下红色反转启动按钮,电动机反转,转盘逆时针方向运行。

(3) 按红色反转启动按钮 5s 以上,电动机停止运行。

(4) 当转盘上安装的检测物接近接近式传感器时,传感器检测到检测物时,传感器自身和 PLC 上相应通道的 LED 信号灯状态改变,否则没变化。

3. 实训步骤

(1) 分组,每个小组 4～6 人,分别扮演市场经理、客户、研发工程师和现场工程师的角色。

(2) 市场经理与客户根据上述系统测试的功能进行讨论,市场经理编写系统安装调试指导手册(样例见表 5-3),客户审核。

表 5-3　系统功能测试样例表

主标签号	01
副标签号	01
功能描述	正常运转按下绿色正向启动按钮,电动机正转运行,安装着检测物的转盘顺时针运行。 按下红色反转启动按钮,电动机反转,安装着检测物的转盘逆时针运行。 按红色反转启动按钮 5s 以上,电动机停止运行。 当转盘上安装的检测物接近接近式传感器时,传感器检测到检测物时,传感器自身和 PLC 上相应通道的 LED 信号灯状态改变,否则没变化
测试工具	亚龙工业传感器主实验单元一台 亚龙接近式传感器测试单元一台 专用接线若干 计算机或编程器一台
测试人员	
测试日期	
初始状态	整体电源:断电 所有的接线都已按照要求接好并检查确认无误 传感器模块的卡槽处于初始位置
最终状态	整体电源:断电
通过标准	所有测试步骤均通过

续表

步骤	实 际 输 入	期 望 输 出	结果	实际输出
1	系统整体上电	实训台电源指示灯亮 PLC 电源指示灯亮		
2	在接近传感器模块的安装架上安装被测物			
3	按下接近传感器模块上的绿色按钮	转盘顺时针转动		
4	当被测物体还未经过接近传感器时,观察 PLC 的 LED 灯状态	LED 灯状态不变		
5	当被测物体经过接近传感器时,观察 PLC 的 LED 灯状态	LED 灯状态改变		
6	当被测物体依次通过接近式传感器后,按下红色按钮	转盘逆时针方向旋转		
7	当被测物体还未经过接近传感器,观察 PLC 的 LED 灯状态	LED 灯状态不变		
8	当被测物体经过接近传感器时,观察 PLC 的 LED 灯状态	LED 灯状态改变		
9	长按红色按钮超过 5s	被测物体停止移动		
10	系统整体断电	所有 LED 均熄火		

(3) 研发工程师利用上述实训设备模拟生产线系统,提供技术方案。

(4) 研发工程师根据上述系统测试的功能进行 PLC 编程,内部调试。

(5) 现场工程师根据研发工程师提供的技术方案进行系统安装,将电源开关拨到关状态,严格按 5.7.6 节的要求进行接线,注意 24V 电源的正负不要短接不要接反,电路不要短路,否则会损坏 PLC 触点。

(6) 现场工程师根据研发工程师提供的 PLC 程序进行下载,并将 PLC 置于 RUN 状态。

(7) 现场工程师根据系统安装调试指导手册进行测试,记录测试结果,如表 5-4 所示。

表 5-4 实验数据统计表

传感器	输出类型 (NPN/PNP)	动作距离 (测量值)	释放距离 (测量值)	回差(测量值)	动作模式
1					
2					
3					
4					
5					
6					

(8) 现场工程师与客户审核测试结果,若客户无异议则签字,验收完成。

小结

通过本章的学习,可掌握物位检测的一些常用电容传感器、电感传感器、红外传感器和超声波传感器的结构、工作原理及典型应用,并通过应用篇的训练掌握不同类型接近式传感器在物位检测方面的应用。

电容式传感器利用了将非电量的变化转换为电容量的变化来实现对物理量的测量。除了物位检测,电容式传感器还广泛用于位移、振动、角度、加速度、压力、差压、成分含量等的测量。电感式传感器是建立在电磁感应基础上的,电感式传感器可以把输入的物理量(如位移、振动、压力、流量、比重)转换为线圈的自感系数或互感系数的变化,通过测量电路将 L 或 M 的变化转换为电压或电流的变化,从而将非电量转换成电信号输出,实现对非电量的测量。红外传感器是利用红外辐射实现相关物理量测量的一种传感器。红外传感器的构成比较简单,它一般是由光学系统、红外探测器、信号调节电路和显示单元等部分组成。

请你做一做

一、选择题

1. 在两片间隙为 1mm 的两块平行极板的间隙中插入_____,可测得最大的电容量。
   A. 塑料薄膜　　　　B. 干的纸　　　　C. 湿的纸　　　　D. 玻璃薄片
2. 电子卡尺的分辨率可达 0.01mm,行程可达 200mm,它的内部所采用的电容传感器形式是_____。
   A. 变极距式　　　　B. 变面积式　　　　C. 变介电常数式
3. 在电容传感器中,若采用调频法测量转换电路,则电路中_____。
   A. 电容和电感均为变量　　　　　　B. 电容是变量,电感保持不变
   C. 电容保持常数,电感为变量　　　　D. 电容和电感均保持不变
4. 电容式接近开关对_____的灵敏度最高。
   A. 玻璃　　　　B. 塑料　　　　C. 纸　　　　D. 鸡饲料
5. 下列传感器可以测量磁场强度的是(　　)。
   A. 压电式传感器　　　　　　　　B. 电容式传感器
   C. 自感式传感器　　　　　　　　D. 压阻式传感器

二、填空题

1. 电感式传感器是利用被测量的变化引起线圈_____或_____的变化,从而导致线圈电感量改变这一物理现象来实现测量的。
2. 电容传感器的测量转换电路有三种,分别是_____、_____和_____。
3. 电容传感器的测量转换电路_____。
4. 电容传感器的最大特点是_____测量。
5. 电容式传感器采用_____作为传感元件,将不同的_____变化转换为_____的变化。
6. 根据工作原理,电容式传感器可分为_____型、_____型和_____型三种。

7. 压电材料可以分为_____和_____两种。

8. 电容式扭矩测量仪是将轴受扭矩作用后的两端面相对_____的变化量变换成电容器两极板之间的相对有效面积的变化量,从而引起电容量的变化来测量扭矩的。

三、简答题

1. 电容式传感器可分为哪几类? 各自的主要用途是什么?

2. 磁感应式传感器是基于什么定律制成的? 阐述该定律。

3. 如图 5-56 所示为利用超声波测量流体流量的原理图,设超声波在静止流体中的流速为 c,试完成下列各题:①简要分析其工作原理;②求流体的流速 v;③求流体的流量 Q。

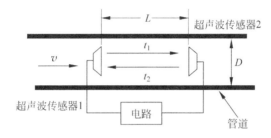

图 5-56　超声波传感器工作原理图

第 6 章

流量、运动学量的检测

本章学习目标

- 熟练掌握常见运动学量（距离、速度、振动等）的检测方法。
- 熟悉电涡流传感器、霍耳式传感器和磁电感应式传感器的工作原理。
- 熟悉电磁流量计测量流量的工作原理。
- 熟悉光纤传感器的工作原理。
- 了解几种传感器的典型应用。
- 学会相关传感器的选型方法。

　　流量、距离、速度、振动等运动学量的检测在日常生活和工业生产中应用非常广泛，常使用电磁类传感器，例如电涡流传感器、霍耳式传感器、磁电感应式传感器、电磁流量计等。本章的学习任务是在掌握几类电磁类传感器和光纤传感器的工作原理的基础上，熟悉这些传感器在一些领域的典型应用，通过应用篇的基础实验和技能拓展学会总结不同类型传感器测转速的区别以及光纤传感器的选型方法。如图 6-1 所示为本章内容思维导图。

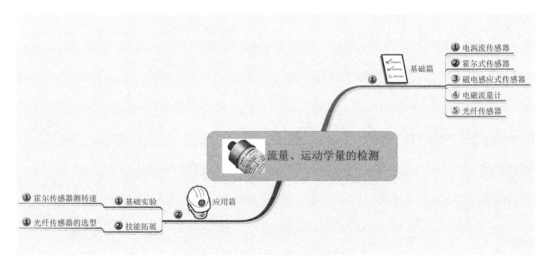

图 6-1　第 6 章思维导图

项目背景

王老板公司里的一台水泵无法正常使用,经过排查发现是测速探头出现了故障,检测数据不准导致水泵无法正常运行。王老板找到小张,说到:"小张,最近你已经学习和了解了很多类型的传感器,这次这个转速探头出现了问题,你看看还能不能修理,如果不能可以更换,但是此类探头价格比较高,你做好询价工作后找到合适的探头进行更换吧,务必尽快让水泵运转起来,不要耽误咱们的生产任务。"小张接到这个棘手的任务后,马不停蹄地进行了查询,发现用于测速的探头还真不少,有电涡流的,有霍耳式的,还有磁电感应式的。这让小张无从下手,他找到了总工寻求帮助,总工告诉他:"你需要自己总结它们的区别并根据实际情况来选择,你去看看之前使用的转速探头是什么工作原理,找出它失灵的原因,并根据要点进行合理选择,可以和传感器厂家的技术人员多了解情况。"

小张立刻开始了工作,他坚信经过不断的知识积累和技能训练,在传感器及检测技术这个领域终将成为总工那样的技术专家。

基 础 篇

6.1 电涡流传感器工作原理及应用

本节内容思维导图如图 6-2 所示。

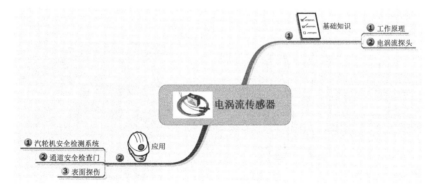

图 6-2 6.1 节思维导图

6.1.1 基础知识

1. 工作原理

电涡流传感器的工作原理是电涡流效应,电涡流效应是指金属导体置于变化的磁场中或在磁场中切割磁力线运动时,导体内部会产生一圈圈闭合的电流,这种电流称为电涡流,这种现象称为电涡流效应。如图 6-3 所示,当线圈中通以交变电流 I_1 时,线圈周围空间产生交变磁场 H_1,当金属导体靠近交变磁场时,导体内部就会产生涡流 I_2,这个涡流同样产生反抗 H_1 的交变磁场 H_2,两个磁场相互作用会使线圈等效阻抗 Z 发生变化。

线圈等效阻抗 Z 与激励源频率 f、金属导体电导率 σ、磁导率 μ、几何参数 r 以及金属导

体到线圈的距离 x 有关。如果其他参数不变,电涡流线圈的等效阻抗 Z 就成为间距 x 的单值函数,可以进行非接触式的位移检测。此外,将位移传感进一步引申,可以测量振动、偏

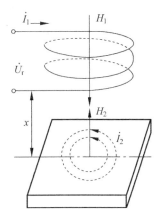

心、转速等运动学量,它们都是通过位移量体现出来的。如果控制导体到线圈的距离和其他参数不变,就可以用来检测与表面电导率 σ 有关的表面温度、表面裂纹等参数,或者用来检测与材料磁导率 μ 有关的材料型号、表面硬度等参数。

由于电涡流效应,金属导体置于变化的磁场中会产生电涡流,而经过研究发现,电涡流在金属导体的纵深方向并不均匀,只集中在金属导体的表面,这种现象称为集肤效应。集肤效应与激励源频率 f、工件的电导率 σ、磁导率 μ 等有关。频率 f 越高,电涡流的渗透的深度就越浅,集肤效应越严重。由于存在集肤效应,电涡流只能检测导体表面的各种物理参数,改变激励源频率 f 可以控制检测深度,激励源频率一般设定为 $100\text{kHz} \sim 1\text{MHz}$,频率越低,检测深度越深。

图 6-3 电涡流效应示意图

2. 电涡流探头

人们应用电涡流效应制作出了各类电涡流探头,常见的电涡流探头内部结构如图 6-4 所示,其中,1 为电涡流线圈,用于产生交变磁场;2 为探头壳体;3 为壳体上的位置调节螺纹;4 为印制线路板;5 为夹持螺母;6 为电源指示;7 为阈值指示灯;8 为输出屏蔽电缆线;9 为电缆插头。电涡流探头的敏感元件是一个固定在框架上的扁平线圈,激励源频率较高,一般为数十千赫兹至数兆赫兹,电涡流探头的实物图如图 6-5 所示。

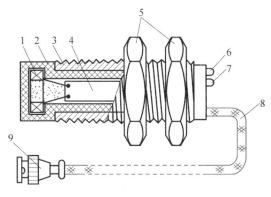

图 6-4 电涡流探头内部结构

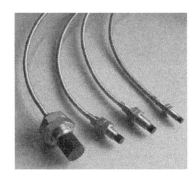

图 6-5 电涡流探头实物图

电涡流探头的灵敏度受到被测体材料和形状的影响。当被测体材料是非磁性材料时,被测体的电导率越高,灵敏度越高。当被测体材料是磁性材料时,磁导率影响电涡流线圈的感抗,磁滞损耗影响电涡流线圈的 Q 值,灵敏度视具体情况而定,这里的 Q 值指电感器在某一频率的交流电压下工作时所呈现的感抗与其等效损耗电阻之比,是衡量电感器件的主要参数,电感器的 Q 值越高,其损耗越小,效率越高。此外,被测体若是圆盘状物体,其直径应大于线圈直径的二倍以上,若是轴状圆柱体,其直径必须为线圈直径的 4 倍以上,否则灵敏度会降低。

6.1.2 电涡流传感器的应用

电涡流探头线圈的阻抗受诸多因素影响,例如金属材料的厚度、尺寸、形状、电导率、磁导率、表面因素、距离等。只要固定其他因素就可以用电涡流传感器来测量剩下的一个因素,因此电涡流传感器的应用领域十分广泛。但也同时带来许多不确定因素,一个或几个因素的微小变化就足以影响测量结果。所以电涡流传感器多用于定性测量。即使要用作定量测量,也必须采用逐点标定、计算机线性纠正、温度补偿等措施。

1. 汽轮机安全检测系统

随着机组容量的增大,汽轮机安全监视与保护已成为汽轮机的重要组成部分。同时,对汽轮机的各种安全装置动作的准确性和可靠性提出了更高的要求。汽轮机的安全检测系统是对汽机的转速、轴承振动、轴向位移、高低压缸差胀、偏心、绝对膨胀等进行实时监测,并当某一参数越限时,监测系统及时地发出报警或跳机信号,保护汽轮机设备运行安全。对于许多旋转机械,包括蒸汽轮机、燃气轮机、水轮机、离心式和轴流式压缩机、离心泵等,轴向位移是一个十分重要的信号,过大的轴向位移将会引起过大的机构损坏。轴向位移的测量,可以指示旋转部件与固定部件之间的轴向间隙或相对瞬时的位移变化,用以防止对机器的破坏;通过测量径向振动可以看到轴承的工作状态,还可以看到转子的不平衡、不对中等机械故障;对于汽轮发电动机组来说,在其启动和停机时,由于金属材料的不同,热膨胀系数的不同以及散热的不同,轴的热膨胀可能超过壳体膨胀,有可能导致透平机的旋转部件和静止部件(如机壳、喷嘴、台座等)相互接触导致机器破坏,因此胀差的测量是非常重要的;对于所有旋转机械而言都需要监测旋转机械轴的转速,转速是衡量机器正常运转的一个重要指标。在这些检测探头中,利用电涡流效应制成的探头占有很大一部分。使用电涡流传感器测量转速的优越性是其他任何传感器测量没法比的,它既能响应零转速,也能响应高转速,抗干扰能力也非常强。

图 6-6 是在汽轮机主轴上安装振动、偏心和转速等探头。其中,转速探头的测速原理是在转动轴上安装齿轮盘,如图 6-7 所示,若齿轮盘上开 Z 个槽(或齿),当转动轴带动齿轮盘旋转,探头到齿轮的距离周期变化,输出脉冲序列。根据频率计的读数 f 求得转动轴的转速 n(单位为 r/min),其计算公式见式(6-1)。这种探头属于非接触测量,工作时不受灰尘等非金属因素的影响,寿命较长,可在各种恶劣条件下使用。

$$n = \frac{60f}{Z} \tag{6-1}$$

图 6-6　汽轮机的振动、偏心和转速检测　　　图 6-7　测速探头原理示意图

这类电涡流探头在安装时有几点要求：一是对工作温度的要求，一般电涡流传感器的最高允许温度小于或等于180℃，实际上如果工作温度过高，不仅传感器的灵敏度会显著降低，还会造成传感器的损坏，因此测量汽轮机高、中、低转轴振动时，传感器必须安装在轴瓦内，只有特制的高温涡流传感器才允许安装在汽封附近；二是对被测体的要求，为防止电涡流产生的磁场影响仪器的正常输出，安装时传感器头部四周必须留有一定范围的非导电介质空间。若在测试过程中某一部位需要同时安装两个或以上传感器，为避免交叉干扰，两个传感器之间应保持一定的距离；三是对被测体表面积的要求，被测体表面积应为探头直径3倍以上，表面不应有伤痕、小孔和缝隙，不允许表面电镀，被测体材料应与探头、前置器标定的材料一致；四是对初始间隙的要求，电涡流传感器应在一定的间隙电压（传感器顶部与被测物体之间间隙，在仪表上指示一般是电压）值下，其读数才有较好的线性度，所以在安装传感器时必须调整好合适的初始间隙。

2. 电涡流式通道安全检查门

在机场、车站等地经常会见到使用安全检查门检查金属物品，外形如图6-8所示。安全检查门的内部安装有发射线圈和接收线圈。当有金属物体通过安全门时，发射线圈产生的交变磁场就会在该金属导体表面产生电涡流，然后会在接收线圈中感应出电压，计算机根据

感应电压的大小、相位来判定金属物体的大小。一套安全检查门系统的硬件组成如图6-9所示。具体过程是由晶振产生正弦振荡电路，经三极管进行功率放大后输入门板大线圈进行电磁波发射，由门内1～6区线圈分别进行接收。当探测线圈靠近金属物体时，交变磁场就会在该金属物体表面产生电涡流，从而使其周围的磁场发生变化，传感器感应到该变化的磁场，并将其线性地转变成电压信号，该变化的电压经放大电路、峰值检波电路后，得到相应的峰值输出电压，然后经A/D转换后输入到CPU，由CPU完成峰值输出电压与基准电压的比较，得到一个差值，此差值与预设的灵敏度再做比较。灵敏度由键盘控制电路中各键输入，显示电路部分则显示各键按下后的相应数值。若差值大于灵敏度，就确定为探测到金属，CPU输出信号驱动发光二极管发光报警，同时控制蜂鸣器发出声响，进行声音报警。

图6-8　安全检查门

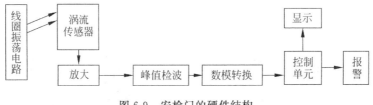

图6-9　安检门的硬件结构

3. 电涡流表面探伤

利用电涡流传感器可检查金属表面裂纹及焊接处缺陷。探伤时，传感器与被测金属导体保持一定距离不变，如出现裂纹等缺陷会引起导体电导率、磁导率的变化，即涡流损耗改变，从而引起输出电压突变。

电涡流探头检测高压输油管道表面的裂纹，如图6-10所示。电涡流探头对油管表面进

行逐点扫描得到输出信号。当油管存在裂纹时,电涡流突然减小,该信号通过带通滤波器,滤去表面不平整、抖动等造成的输出异常后,得到尖峰信号。调节电压比较器的阈值电压,得到真正的缺陷信号。根据长期积累的探伤经验,可以从该复杂的阻抗图中判断出裂纹的长短、深浅、走向等参数。这种系统的最大特点是非接触测量,不磨损探头,对机械系统稍做改造,还可以用于轴类、滚子类的缺陷检测,但是电涡流探伤只适用于能导电的材料。电涡流裂纹探伤仪的使用如图6-11所示。

图 6-10 高压输油管道表面探伤

图 6-11 电涡流裂纹探伤仪的使用

6.2 霍耳式传感器工作原理及应用

本节内容思维导图如图6-12所示。

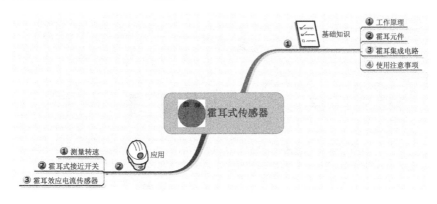
图 6-12 6.2节思维导图

6.2.1 基础知识

1. 工作原理

霍耳转速传感器的工作原理是霍耳效应,如图6-13所示,霍耳效应是指将半导体薄片置于磁感应强度为 B 的磁场中,磁场方向垂直于薄片,当有电流 I 流过薄片时,在垂直于电流和磁场的方向上将产生电动势 E_H,这种电磁感应现象称为霍耳效应。霍耳电势 E_H 可用式(6-2)表示。

$$E_H = K_H I B \qquad (6-2)$$

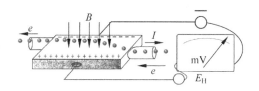

图 6-13　霍耳效应示意图

从式(6-2)中可以看出,霍耳电势的大小正比于控制电流和磁场强度,系数 K_H 与材质和尺寸有关,霍耳元件一般用 N 型半导体材料制成,厚度很薄。当 B 的方向改变时,霍耳电势的方向也随之改变。如果所施加的磁场为交变磁场,则霍耳电势为同频率的交变电势。若磁感应强度 B 不垂直于霍耳元件,而是与其法线成某一角度 θ 时,实际上作用于霍耳元件上的有效磁感应强度是其法线方向(与薄片垂直的方向)的分量,即 $B\cos\theta$,这时的霍耳电势为

$$E_H = K_H IB\cos\theta \tag{6-3}$$

2. 霍耳元件

霍耳元件的结构和基本电路如图 6-14 所示。图 6-14(a)中,从矩形薄片半导体基片上的两个相互垂直方向侧面上引出一对电极,其中,1-1′电极用于加控制电流,称为控制电极。另一对 2-2′电极用于引出霍耳电势,称为霍耳电势输出极。在基片外面用金属或陶瓷、环氧树脂等封装作为外壳。图 6-14(b)是霍耳元件通用的图形符号。如图 6-14(c)所示,霍耳电极在基片上的位置及它的宽度对霍耳电势数值影响很大。通常霍耳电极位于基片长度的中间,其宽度远小于基片的长度。图 6-14(d)是基本测量电路。

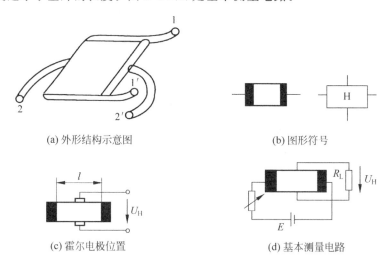

(a) 外形结构示意图　　　　　　　　　　(b) 图形符号

(c) 霍尔电极位置　　　　　　　　　　(d) 基本测量电路

图 6-14　霍耳元件的结构和基本电路

霍耳元件的基片是半导体材料,因而对温度的变化很敏感。其载流子浓度和载流子迁移率、电阻率和霍耳系数都是温度的函数。当温度变化时,霍耳元件的一些特性参数,如霍耳电势、输入电阻和输出电阻等都要发生变化,从而使霍耳式传感器产生温度误差。常用的温度补偿方法有选用温度系数小的元件、采用恒温措施和采用恒流源供电。其中,采用恒流源供电是由于大多数霍耳元件的输入电阻随温度的升高而增加,霍耳元件的灵敏系数也是

温度的函数,它随温度的升高而增加,所以让控制电流 I 相应地减小,能保持 $K_H I$ 不变就抵消了灵敏系数值增加的影响。恒流源温度补偿电路如图 6-15 所示,当霍耳元件的输入电阻 R_i 随温度升高而增加时,旁路分流电阻自动地加强分流,减少了霍耳元件的控制电流 I_2。

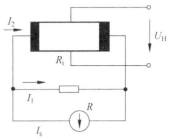

3. 霍耳集成电路

霍耳集成电路是利用硅集成电路工艺将霍耳元件和测量线路集成在一起的一种传感器,也称为集成霍耳传感器。它取消了传感器和测量电路之间的界限,实现了材料、元件、电路三位一体。集成霍耳传感器与分立形式相比,由于减少了焊点,因此显著提高了可靠性。此外,它具有体积小、重量轻、功耗低等优点,越来越受到重视。

图 6-15　恒流源温度补偿电路图

霍耳集成电路可分为线性型和开关型两大类。线性型霍耳集成电路是将霍耳元件和恒流源、线性差动放大器等做在一个芯片上,输出电压为伏级,比直接使用霍耳元件方便得多。图 6-16 是具有双端差动输出特性的线性型霍耳器件的输出特性曲线,当磁场为 0 时,它的输出电压等于 0;当感受的磁场为正向(例如,磁钢的 S 极对准霍耳器件的正面)时输出为正,磁场反向时,输出为负。其典型实物图如图 6-17 所示。

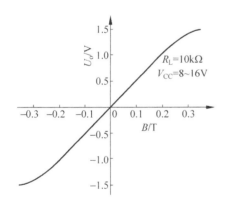

图 6-16　线性型霍耳集成电路输出特性曲线

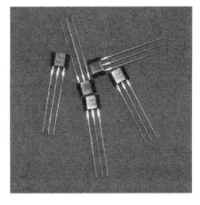

图 6-17　线性型霍耳集成电路实物图

开关型霍耳集成电路是将霍耳元件、稳压电路、放大器、施密特触发器、OC 门(集电极开路输出门)等电路做在同一个芯片上,如图 6-18 所示,其中,H 表示霍耳元件,A 表示放大器。当外加磁场强度超过规定的工作点时,OC 门由高阻态变为导通状态,输出变为低电平;当外加磁场强度低于释放点时,OC 门重新变为高阻态,输出高电平。图 6-19 是开关型霍耳集成电路的输出特性,工作点和释放点之间存在回差,回差越大,抗振动干扰能力就越强。

4. 使用注意事项

霍耳器件是一种敏感器件,除了对磁敏感外,对光、热、机械应力均有不同程度的敏感,所以经常会碰到霍耳器件烧毁的问题。因此,为避免霍耳器件损坏,在使用过程中应注意以下几个方面。

1) 采用合理的外围电路

适宜的电源电压和负载电路是霍耳器件正常工作的先决条件。霍耳器件的供电电压不

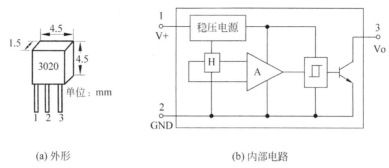

(a) 外形   (b) 内部电路

图 6-18   开关型霍耳集成电路外形和内部电路

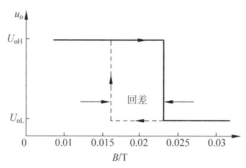

图 6-19   开关型霍耳集成电路输出特性

得超过说明书规定的 Vcc,大部分霍耳器件开关均为 OC 输出。因此,输出应接负载电阻,负载电阻的值取决于负载电流的大小,不得超负载使用。在电动机工作时,由于霍耳器件的周围存在有很强的电磁场,相关导线会将空间的电磁场能量耦合下来转换为电路中的电压值并作用于霍耳器件;由于负载电路中的导线存在分布电感,当霍耳器件中的三极管导通及关断时,电路中也会由于电流瞬变而产生过冲电压。因此,必须在霍耳器件周边配有稳压及高频吸收等保护电路。

2)避免机械应力

由于机械应力会造成霍耳器件磁敏感度的漂移,在使用安装中应尽量减少施加到器件外壳和引线上的机械应力。

3)避免热应力

当环境温度过高时会损坏霍耳器件内部的半导体材料,造成性能偏差或器件失效。因此,必须严格规范焊接温度和时间,霍耳器件的使用环境温度必须符合说明书的要求。

6.2.2   霍耳式传感器的应用

1. 测量转速

利用霍耳元件可以制造转速传感器,如图 6-20 和图 6-21 所示,在被测转速的转轴上安装一个齿盘,也可选取机械结构中的一个齿轮,齿轮形式可以根据实际条件进行选择。将线性型霍耳器件及磁路系统靠近齿盘,中间留好间隙。齿盘的转动使磁路的磁阻随气隙的改变而周期性地变化,当齿对准霍耳元件时,磁力线集中穿过霍耳元件,可产生较大的霍耳电动势,放大、整形后输出高电平;反之,当齿轮的空挡对准霍耳元件时,输出低电平。高低电平信号经过处理得到脉冲序列进而得到频率信号,通过式(6-1)可以计算出转速。

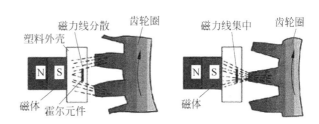

图 6-20　霍耳元件测速安装位置　　　　　图 6-21　霍耳元件测速原理图

2. 霍耳式接近开关

接近开关又称无触点行程开关。它能在一定的距离(几毫米至几十毫米)内检测有无物体靠近。当物体与其接近到设定距离时,就可以发出"动作"信号。接近开关的核心部分是"感辨头",它对正在接近的物体有很高的感辨能力。常用的接近开关有电涡流式(俗称电感接近开关)、电容式、磁性干簧开关、霍耳式、光电式、微波式、超声波式等。接近开关的优点很多,例如与被测物不接触、不会产生机械磨损和疲劳损伤、工作寿命长、响应快、无触点、无火花、无噪声、防潮防尘防爆性能较好、输出信号负载能力强、体积小、安装调整方便等,在实际应用中已经逐渐取代传统的机械式行程开关。

用开关型霍耳元件可以完成接近开关的功能,当磁铁随运动部件移动到距霍耳接近开关足够近时,磁场强度会增大,磁场强度超过规定的工作点时相应开关型霍耳元件的输出由高电平变为低电平,经驱动电路使继电器吸合或释放,控制运动部件停止移动,起到限位的作用。在使用时,霍耳接近开关一般会配一块磁铁,但是它只能用于铁磁材料的检测。其实物图如图 6-22 所示。

图 6-22　霍耳式接近开关实物图

为保证霍耳器件,尤其是霍耳开关器件的可靠工作,在应用中要考虑有效工作气隙的长度。工作磁体和霍耳元件间的运动方式有对移、侧移、旋转和遮断 4 种方式,如图 6-23 所示。在计算总有效工作气隙时,应从霍耳片表面算起。

3. 霍耳效应电流传感器

如图 6-24 所示,霍耳效应开环电流传感器的工作原理是当电流 I_P 通过一根长直导线时,导线周围即有磁场产生,磁场的大小与流过导线的电流成正比,这一磁场可以通过软磁材料聚集,然后将霍耳器件垂直安装在开口处,用来检测霍耳电势的大小,由于测得的信号大小可以直接反映出电流的大小,控制电流 I_C 由恒流源供给,因此可利用霍耳元件测得的信号大小,来反映被测电流的大小。这种测电流的方法又称为直测法。常见的霍耳效应电流传感器实物图如图 6-25 和图 6-26 所示。其中,图 6-26 中的霍耳钳形电流表是将被测电流的导线穿入钳形表的环形铁芯,利用霍耳元件测得的霍耳电势大小来反映被测电流的大小。使用时手指按下突出的压舌,将钳形表的铁芯张开,将被测电流导线逐根夹到钳形表的环形铁芯中,即可测得电流值。

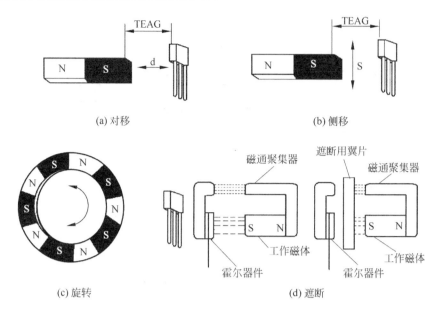

(a) 对移   (b) 侧移

(c) 旋转   (d) 遮断

图 6-23　工作磁体和霍耳元件间的运动方式

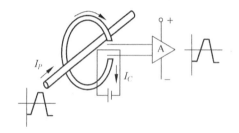

图 6-24　霍耳效应开环电流传感器工作原理示意图

图 6-25　霍耳效应电流传感器

图 6-26　霍耳钳形电流表

　　霍耳效应电流传感器可用于测量直流、交流和其他复杂波形的电流,并且功耗低、尺寸小、重量轻,相对来说价格较低,抗干扰能力强,很适应用一般工业应用的智能仪表。但由于其随电流增大,磁芯有可能出现磁饱和以及频率高,磁芯中的涡流损耗、磁滞损耗等也会随之升高等,从而使其精度、线性度变差,响应时间较慢,温度漂移较大,同时它的测量范围、带宽等也会受到一定限制。

霍耳效应闭环电流传感器是在开环的原理基础上,加入了磁平衡原理。即将输出电压进行放大,再经功率放大后,让输出电流通过次级补偿线圈,使补偿线圈产生的磁场和被测电流产生的磁场方向相反,从而补偿原边磁场,使霍耳输出逐渐减小。这样,当原次级磁场相等时,补偿电流不再增大。实际上,这个平衡过程是自动建立的,是一个动态平衡,建立平衡所需的时间极短。如图 6-27 所示,"磁平衡式霍耳电流传感器"的铁芯上绕有二次绕组,与负载电阻 R_S 串联。霍耳电动势经放大并转换成与被测电流 I_P 成正比的输出电流 I_S。I_S 经多匝的二次绕组后,在铁芯中所产生的磁通与一次电流 I_P 所产生的磁通相抵消,这样做铁芯不易饱和。这种先进的原理模式优于直检原理模式,突出的优点是响应时间快和测量精度高,特别适用于弱小电流的检测。

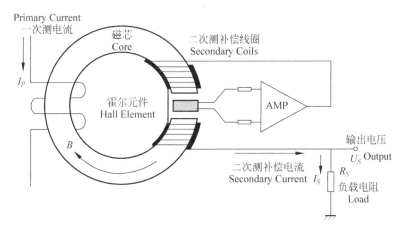

图 6-27　霍耳效应闭环电流传感器工作原理示意图

6.3　磁电感应式传感器工作原理及应用

本节内容思维导图如图 6-28 下所示。

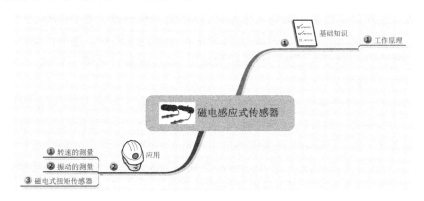

图 6-28　6.3 节思维导图

6.3.1　基础知识

磁电感应式传感器是利用法拉第电磁感应定律将被测物理量的变化转变为感应电动势输出的装置。它在工作时不需要外加电源,可直接将被测物体的机械能转换为电量输出,是典型的无源传感器。磁电感应式传感器的特点是输出功率大、稳定可靠、可简化二次仪表，但其频率响应低，通常在 $10\sim100\,\mathrm{Hz}$ 适合做机械振动测量和转速测量。这类传感器通常尺寸大、重量大。

根据法拉第电磁感应定律可知，当运动导体在磁场中切割磁力线或线圈所在磁场的磁通变化时，在导体中产生感应电动势 e，当导体形成闭合回路就会出现感应电流。导体中感应电动势 e 的大小与回路所包围的磁通量的变化率成正比，则 N 匝线圈在变化磁场中的感应电动势为

$$e = -N\frac{\mathrm{d}\phi}{\mathrm{d}t} \tag{6-4}$$

当线圈垂直于磁场方向运动以速度 v 切割磁力线时，感应电动势为

$$e = -NBlv \tag{6-5}$$

式中，l——每匝线圈的平均长度；

B——线圈所在磁场的磁感应强度。

若线圈以角速度 ω 转动，则感应电动势可写为

$$e = -NBS\omega \tag{6-6}$$

式中，S——每匝线圈的平均截面积。

当传感器的结构参数确定后，其中，B、l、N、S 均为定值，则感应电动势 e 与线圈相对于磁场的运动速度 v 或角速度 ω 成正比。所以，可用磁电感应式传感器测量线速度和角速度，对测得的速度进行积分或微分就可以求出位移和加速度。但由上述工作原理可知，磁电感应式传感器需要使磁通发生改变或者发生导体在磁场中切割磁力线的动作，才能感应出电动势，所以此类传感器只适用于动态测量。

6.3.2　磁电感应式传感器的应用

1. 转速的测量

磁电感应式转速传感器采用电磁感应原理实现测速。传感器的线圈和磁铁固定在探头内，利用铁磁性物质制成齿轮与被测物体相连，随被测物体运动。在运动中，齿轮不断改变磁路的磁阻，从而改变通过线圈的磁通，在线圈中产生感应电动势。这类传感器的工作原理类似于霍耳元件，产生感应电动势的频率作为输出，经过数据计算得到转速，在结构上有开磁路式和闭磁路式两种。

如图 6-29 所示，开磁路式传感器的线圈 3 和永久磁铁 5 静止不动，测量齿轮 2 安装在被测旋转体 1 上，随之一起转动，每转过一个齿，齿轮与软铁 4 之间构成的磁路磁阻变化一次，磁通也就变化一次，线圈 3 中产生的感应电动势的变化频率可以求得转速。开磁路式转速传感器结构比较简单，但输出信号小，另外，当被测轴振动比较大时，传感器输出波形失真较大。在振动强的场合往往采用闭磁路式转速传感器。

闭磁路式传感器的结构如图 6-30 所示，被测旋转体 1 带动椭圆形测量轮 2 在磁场气隙中等速转动，使气隙平均长度周期性地变化，因而磁路磁阻也周期性地变化，则在线圈 3 中产生变化的感应电动势，其频率 f 与测量轮 2 的转速 n 成正比。变磁通式传感器对环境条件要求不高，能在 $-150\sim+90\,\mathℂ$ 的温度下工作，不影响测量精度，也能在油、水雾、灰尘等条件下工作。

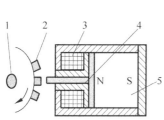

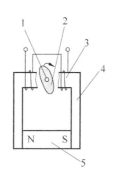

图 6-29 开磁路变磁通式传感器结构原理图

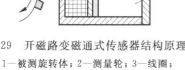

图 6-30 闭磁路变磁通式传感器结构原理图

1—被测旋转体；2—测量轮；3—线圈；
4—软铁；5—永久磁铁

1—被测物体；2—测量轮；3—线圈；
4—软铁；5—永久磁铁

磁电感应式转速传感器输出信号强，抗干扰性能好，不需要供电，安装使用方便，可在烟雾、油气、水气等恶劣环境中使用。例如 SZCB 型磁阻式转速传感器，如图 6-31 所示，外壳为 M16×1 不锈钢管，内装线圈等由环氧树脂封装。它的工作温度为 $-10 \sim +120℃$，配套使用的齿轮为 60 齿渐开线齿轮，采用磁导率强的金属材料制成。

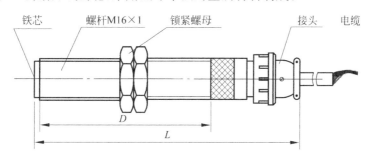

图 6-31 SZCB 型磁阻式转速传感器结构图

此传感器安装如图 6-32 所示，将传感器安装在测速支架上，径向对准齿轮，安装间隙为 $0.5 \sim 1mm$。传感器的信号输出电缆为两芯屏蔽线，两根芯线分别与"信号地"和"IN+"，屏蔽层与仪表机壳相接。

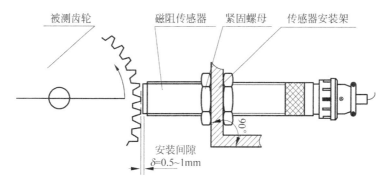

图 6-32 SZCB 型磁阻式转速传感器安装示意图

本章介绍了几种转速测量方法,这类传感器都是应用电磁感应原理采集信号的变化频率从而计算转速。因为电磁感应式传感器安装方便、输出稳定、对环境要求不高,被广泛应用在工业领域。

2. 振动的测量

振动的测量常使用恒定磁通式磁电感应传感器,恒定磁通磁电感应式传感器由永久磁铁(磁钢)、线圈、金属骨架和壳体等组成。磁路系统产生恒定的磁场,磁路中的工作气隙是固定不变的,因而气隙中的磁通也是恒定不变的。它们的运动部件可以是线圈也可以是磁铁,因此又分为动圈式和动铁式两种类型。图 6-33 和图 6-34 分别是动圈式和动铁式磁电感应传感器的结构图,其中,1 是金属骨架,2 是弹簧,3 是线圈,4 是永久磁铁,5 是壳体。在动圈式磁电感应传感器中,永久磁铁 4 与传感器壳体 5 固定,线圈 3 和金属骨架 1(合称线圈组件)用柔软弹簧支撑。在动铁式磁电感应传感器中,线圈组件(包括 3 和 1)与壳体 5 固定,永久磁铁 4 用柔软弹簧 2 支撑。这里动圈、动铁都是相对于传感器壳体而言。动圈式和动铁式磁电感应传感器的工作原理是完全相同的,当壳体 5 随被测物体一起振动时,由于弹簧 2 较软,运动部件质量相对较大,因此当振动频率足够高(远高于传感器的固有频率)时,运动部件的惯性很大,来不及跟随振动体一起振动,近于静止不动,永久磁铁 4 与线圈 3 之间的相对运动速度接近于振动体的振动速度。磁铁 4 与线圈 3 相对运动使线圈 3 切割磁力线,产生与运动速度 v 成正比的感应电动势。

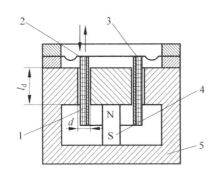

图 6-33　动圈式磁电感应传感器结构图

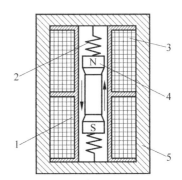

图 6-34　动铁式磁电感应传感器结构图

3. 磁电式扭矩传感器

磁电式扭矩传感器原理图如图 6-35 所示,在转轴上固定两个齿轮,它们的材质、尺寸、齿形和齿数均相同。永久磁铁和线圈组成的磁电传感器对着齿顶安装。当转轴不受扭矩时,两线圈输出信号相同,相位差为零。当扭矩作用在转轴上时,两个磁电感应式传感器输出的感应电压 u_1、u_2 存在相位差,相差与扭矩的扭转角成正比,传感器可以将扭矩引起的扭转角转换成相位差的电信号。这类传感器的优点是实现了转矩信号的非接触传递,检测信号为数字信号,不足之处就是体积较大,不易安装,低转速时由于脉冲波的前后沿较缓不易比较,因此低速性能不理想。

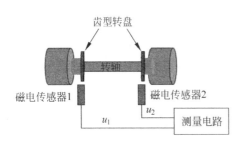

图 6-35　磁电式扭矩传感器原理图

6.4 电磁流量计工作原理及应用

本节内容思维导图如图 6-36 所示。

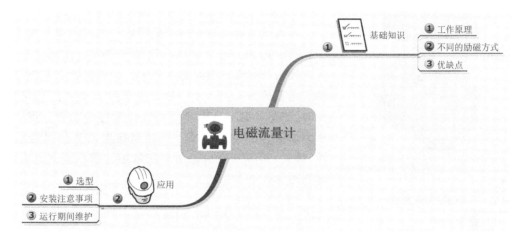

图 6-36 6.4 节思维导

6.4.1 基础知识

电磁流量计是用来测量导电液体的流量,特别适用于大口径的管道测量,被广泛应用于石油、化工、冶金、电力、造纸、食品、水处理等行业。

1. 工作原理

电磁流量计依据的基本原理是法拉第电磁感应定律,当导体在磁场中做切割磁力运动时,导体内将产生感应电动势。将该原理应用于测量管内流动的导电流体,并且流体流动的方向与磁场方向垂直。流体中产生的感应电动势被位于管子径向两端的一对电极检测到。起初,当液体不流动时,两个电极之间不会测到任何电压。当液体流动时,磁场会对带电粒子产生作用力,正负带电粒子便会分开,集中到管壁两侧,此时两个电极将检测到电动势,两种状态的示意图如图 6-37 所示。

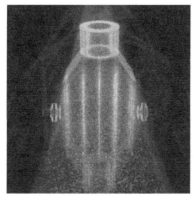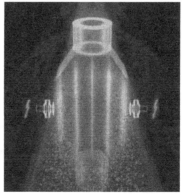

图 6-37 管道中带电粒子示意图

该感应电动势 U_E 与磁感应强度 B、电极间距离 D 和平均流速 V 成正比。因电磁感应强度 B 和电极距离 D 是常数,所以感应电动势 U_E 与平均流速成正比,而体积流量又与平均流速 V 成正比,所以体积流量与感应信号成正比。在信号转换器中,该感应信号电压被转换成体积流量,同时转换成数字信号输出。公式为

图 6-38　插入式电磁流量计实物图

$$U_E = B \times D \times V \qquad (6\text{-}7)$$

插入式电磁流量计的测量管是一内衬绝缘材料的非导磁合金短管。两只电极沿管径方向固定在测量管上。其电极头与衬里内表面基本齐平。励磁线圈在与测量管轴线垂直的方向上产生一磁通量密度为 B 的工作磁场。此时,如果具有一定电导率的流体流经测量管。将切割磁力线感应出电动势 E。变送器将电动势信号进行滤波、放大、运算变换后输出与流量正比的标准电流信号,实物图如图 6-38 所示。

2. 不同的励磁方式

1）直流励磁

直流励磁方式用直流电或采用永久磁铁产生一个恒定的均匀磁场。但是,它容易使流过管内的电解质液体极化,电极上得到的是极化电压与信号电压叠加在一起的合成信号。这种合成信号用转换放大器很难将流量信号从中分离。同时,极化电压又是温度的函数,信号随温度变化发生漂移,造成测量的不稳定。再者,直流电压的存在会导致测量管内的电解质液体的正离子向负电极移动,负离子向正电极移动。随着时间的延长,电极处取集的离子层不断地加厚,阻碍了导电离子的继续移动,所以在实际工业领域应用并不多。

2）交流励磁

工业上使用的电磁流量计,大都采用工频(50Hz)电源交流励磁方式产生交变磁场,避免了直流励磁电极表面的极化干扰。但是用交流励磁会带来一系列的电磁干扰问题。

3）低频方波励磁

低频方波励磁波形有二值(正-负)和三值(正-零-负-零)两种,其频率通常为工频的 $1/2 \sim 1/32$。低频方波励磁能避免交流磁场的正交电磁干扰,消除由分布电容引起的工频干扰,抑制交流磁场在管壁和流体内部引起的电涡流,排除直流励磁的极化现象。

3. 电磁流量计的优缺点

电磁流量计的优点:测量管是一段光滑的直管,无活动及阻流部件,基本上无压力损失;流量计输出与流量呈线性关系;合理选用衬里材料及电极材料,可以测量各种腐蚀性和悬浊性介质流量;测量过程不受介质温度、黏度、密度影响;量程范围宽;反应灵敏,可以测量瞬时脉动流量;工业上口径范围极宽,从几毫米到几米。

电磁流量计的缺点:不能用来测量气体、蒸汽以及含有大量气体的液体;不能用来测量电导率很低的液体介质,如对石油制品或有机溶剂等介质,目前电磁流量计还无能为力;普通工业用电磁流量计由于测量管内衬材料和电气绝缘材料的限制,不能用于测量高温介质,如未经特殊处理,也不能用于低温介质的测量,以防止测量管外结露(结霜)破坏绝缘;电磁流量计易受外界电磁干扰的影响。

6.4.2　电磁流量计的应用

1. 电磁流量计的选型

1) 材质选择

电磁流量计材质的选择主要是对直接和流体介质接触的电极和衬里材质的选择,它直接影响到流量计的精度和使用寿命。电磁流量计工作的基本条件之一是测量管内壁除电极外,其余地方垂直于介质运动方向的电流应为零。为满足这一条件,通常将导电的金属测量管内壁和法兰端面衬以绝缘衬里,以防止感应信号电压被金属管短路。由此可见,根据不同介质选择不同材质的电极和绝缘衬里尤为重要。表 6-1 和表 6-2 是电磁流量计选择电极材料和衬里材料的依据。

表 6-1　电磁流量计不同电极材料性能

电极材料	耐蚀及耐磨性能
不锈钢 0Crl8Nil2M02Ti	用于工业用水、生活用水、污水等具有弱腐蚀性的介质,适用于石油、化工、钢铁等工业部门及市政、环保等领域
哈氏合金 B	对沸点以下的一切浓度的盐酸有良好的耐蚀性,也耐硫酸、磷酸、氢氟酸、有机酸等非氯化性酸、碱,非氧化性盐液的腐蚀
哈氏合金 C	能耐非氧化性酸,如硝酸、混酸或铬酸与硫酸的混合介质的腐蚀,也耐氧化性盐类或含其他氧化剂的腐蚀,如高于常温的次氯酸盐溶液、海水的腐蚀
钛	能耐海水、各种氯化物和次氯酸盐、氧化性酸(包括发烟硫酸)、有机酸、碱的腐蚀。不耐较纯的还原性酸(如硫酸、盐酸)的腐蚀,但如酸中含有氧化剂时,则腐蚀大为降低
钽	具有优良的耐蚀性,和玻璃很相似。除了氢氟酸、发烟硫酸、碱外,几乎能耐一切化学介质(包括沸点的盐酸、硝酸和150℃以下的硫酸)的腐蚀
铂/钛合金	几乎能耐一切化学介质,但不适用于王水和铵盐
不锈钢涂覆碳化钨	用于无腐蚀性、强磨损性的介质

表 6-2　电磁流量计不同衬里材料性能

衬里材料	主要性能	工作温度/℃	适用范围
聚四氟乙烯(F-4)	是化学性能最稳定的一种塑料,能耐沸腾的盐酸、硫酸、硝酸和王水,也能耐浓碱和各种有机溶剂。不耐三氟化氯、高温三氟化氯、高流速液氟、液氧、自氧的腐蚀。耐磨性和粘接性差	$-195\sim250$	浓酸、碱、盐之类强腐蚀性介质。高温或低温介质的场合
聚三氟乙烯(F-3)	化学稳定性仅次于聚四氟乙烯,能耐各种强酸、强碱、强氧化剂,但高温下受碱金属腐蚀。涂层黏着力差,耐磨性差	$-195\sim190$	酸、碱、盐之类强腐蚀性介质
乙烯与四氟氯乙烯共聚物(FS-40) 乙烯与三氟氯乙烯共聚物(FS-30)	具有良好的绝缘性能,可耐各种无机酸(王水除外)、碱和盐的腐蚀。具有良好的耐辐射(1×10^8R)性能	$\leqslant200$	含有放射性物质的酸、碱、盐之类的强腐蚀性介质

续表

衬里材料	主要性能	工作温度℃	适用范围
耐酸搪瓷	除氢氟酸外，能耐一般的酸类和溶剂，不耐100℃浓碱液和大于180℃的热磷酸。抗冲击性能差	−30~270	酸等强腐蚀性介质
聚苯硫醚(PPS)	耐盐酸、硫酸、草酸、烧碱、纯碱等一般性酸、碱；不耐卤素和氧化性介质的腐蚀。与金属的粘接性较好。	<250	一般酸、碱、盐溶液
耐酸橡胶（硬橡胶）	可耐60℃以下的盐酸、醋酸、草酸、氨水、磷酸及小于50%的硫酸、氢氧化钠、氢氧化钾。忌强氧化剂。衬里的强度较好	−25~70	一般酸、碱、盐溶液
耐酸橡胶（软橡胶）	耐腐蚀性能比耐酸橡胶差。材料富有弹性，耐液固两相介质（矿砂、泥浆等）的磨损	−25~70	污水、泥浆、砂浆、矿浆等介质
氯丁橡胶	有极好的弹性，高度的扯断力，耐磨，耐冲击性能好。耐酸、碱、盐等一般介质的腐蚀，不耐氧化性介质的腐蚀	<100	污水、泥浆、矿浆等介质
聚氨基甲酸乙酯（聚氨酯橡胶）	有极好的耐磨性能（相当于天然气橡胶的10倍）。耐酸、碱性能比较差一些	<70	水、污水、泥浆、矿浆及水力输送管道的液固两相介质

2）量程的选择

一般工业用电磁流量计被测介质流速以2~4m/s为宜。在特殊情况下，最低流速应不小于0.5m/s，最高应不大于10m/s。若介质中含有固体颗粒，常用流速应小于3m/s，防止衬里和电极的过分磨擦；对于黏滞流体，流速可选择大于2m/s，较大的流速有助于自动消除电极上附着的黏滞物的作用，有利于提高测量精度。

在量程 Q 已确定的条件下，可根据上述流速 V 的范围决定流量计口径 D 的大小，其计算公式为

$$Q = \frac{\pi D^2 V}{4} \tag{6-8}$$

式中，Q——流量，单位为 m^2/h；

D——管道内径；

V——流速，单位为 m/h。

电磁流量计的量程应大于预计的最大流量值，而正常的流量值以稍大于流量计满量程刻度的50%为宜。

2. 安装注意事项

电磁流量计广泛应用在导电液体的流量测量中，在使用时，安装环境要求传感器应安装在干燥通风的地方，避免潮湿、容易积水受淹的场所，还应尽量避免阳光直射和雨水直接淋浇。此外，应尽可能避免安装在周围环境温度过高的地方。安装传感器的管道上应无较强的漏电流，应尽可能地远离有强电磁场的设备，如大电动机、大变压器等，以免引起电磁场干扰；安装传感器的管道或地面不应有强烈的振动，特别是一体型仪表；安装传感器的地点要考虑工作人员现场维修的空间。

由于弯头、切向流入口或阀门后面，会产生大量旋涡而干扰流量计的正常测量，所以流

量计上、下游应有足够长的直管段,以保证测量精度,上游直管段为 5DN,下游直管段为 2DN,其中,DN 表示管道直径,如图 6-39 所示。建议流量调节阀安装在传感器下游。

电磁流量计的基准电位须与被测液体相同,接地是通过安装接地环或接地电极来实现的。如果管道中存在杂散电势,建议在传感器的两端均安装接地环或接地电极。此外,安装时应确保测量管段无气泡产生;介质有固体颗粒或浆液,建议垂直安装,避免固体颗粒沉积在测量管段内;电极轴线应对准。

3. 运行期间维护

电磁流量计的日常维护包括:管内壁沉积垢层要定期清理,以防电极短路,甚至于无法测量流量。始终保持一次表的导管内绝缘衬里良好状态,以免酸碱盐等腐蚀,导致仪表无法检测;定期检查端盖、接线口

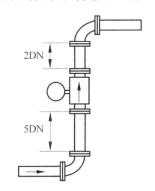

图 6-39 电磁流量计直管段长度要求

的密封性,保证湿气和水不会进入仪表内;在零流量及流体完全充满测量管时,进行零位标定;信号转换器壳体与上下盖均有严密配合的螺纹连接,凡开启和旋紧盖顶部分必须使用厂家提供的专用扳手,壳体盖的螺纹绝不能碰撞损坏,并任何时间均要保持有润滑黄油;壳体盖螺纹上决不允许有污物积聚,保证旋入旋出壳体的顺利;为达到规定的密封要求,壳体盖上垫圈损坏应当立即更换。

电磁流量计使用中的常见故障,有的是由于仪表本身元器件损坏引起的故障,有的是由于选用不当、安装不妥、环境条件、流体特性等因素造成的故障,如显示波动、精度下降甚至仪表损坏等。一般可以分为两种类型:安装调试时出现的故障(调试期故障)和正常运行时出现的故障(运行期故障)。

1) 调试期故障

调试期故障一般出现在仪表安装调试阶段,一经排除,在以后相同条件下一般不会再出现。常见的调试期故障一般由安装不妥、环境干扰以及流体特性影响等原因引起。

安装方面通常是电磁流量传感器安装位置不正确引起的故障,常见的如将传感器安装在易积聚气体的管系最高点;或安装在自上而下的垂直管上,可能出现排空;或传感器后无背压,流体直接排入大气而形成测量管内非满管。

环境方面通常主要是管道杂散电流干扰,空间强电磁波干扰,大型电动机磁场干扰等。管道杂散电流干扰通常采取良好的单独接地保护就可获得满意结果,但如遇到强大的杂散电流,尚需采取另外的措施和流量传感器与管道绝缘等。空间电磁波干扰一般经信号电缆引入,通常采用单层或多层屏蔽予以保护。

流体方面被测液体中含有均匀分布的微小气泡通常不影响电磁流量计的正常工作,但随着气泡的增大,仪表输出信号会出现波动,当气泡大到足以遮盖整个电极表面时,随着气泡流过电极会使电极回路瞬间断路而使输出信号出现更大的波动。

2) 运行期故障

运行期故障是电磁流量计经调试并正常运行一段时期后出现的故障,常见的运行期故障一般由流量传感器内壁附着层、雷电打击以及环境条件变化等因素引起。

由于电磁流量计常用来测量脏污流体,运行一段时间后,常会在传感器内壁积聚附着层

而产生故障。这些故障往往是由于附着层的电导率太大或太小造成的。若附着物为绝缘层,则电极回路将出现断路,仪表不能正常工作;若附着层电导率显著高于流体电导率,则电极回路将出现短路,仪表也不能正常工作。所以,应及时清除电磁流量计测量管内的附着结垢层。

雷击容易在仪表线路中感应出高电压和浪涌电流,使仪表损坏。它主要通过电源线或励磁线圈或传感器与转换器之间的流量信号线等途径引入,尤其是从控制室电源线引入占绝大部分。

运行期间的环境条件变化也会带来故障,在调试期间由于环境条件尚好(如没有干扰源),流量计工作正常,此时往往容易疏忽安装条件(如接地不良好)。在这种情况下,一旦环境条件变化,运行期间出现新的干扰源(如在流量计附近管道上进行电焊,附近安装上大型变压器等),就会干扰仪表的正常工作,流量计的输出输出信号就会出现波动。

6.5 光纤传感器工作原理及应用

本节内容思维导图如图 6-40 所示。

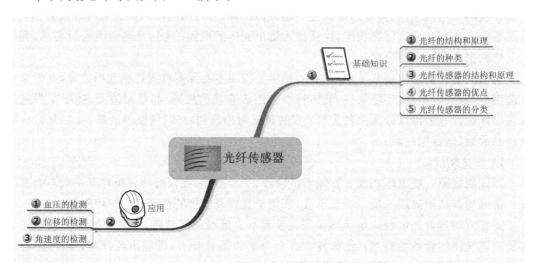

图 6-40 6.5节思维导图

6.5.1 基础知识

光纤即光导纤维,是 20 世纪 70 年代的重要发明之一,它与激光器、半导体探测器一起构成新的光学技术,创造了光电子学新领域。光纤的出现产生了光纤通信技术,特别是光纤在有线通信网中的优势越来越突出,它为人类 21 世纪的通信基础——信息高速公路奠定了基础,为多媒体(符号、数字、语言、图形和动态图像)通信提供了实现的必需条件。

光纤传感器始于 1977 年,经过数十年的研究,光纤传感器取得了十分重要的进展,对军事、航天航空技术和生命科学等的发展起着十分重要的作用。

1. 光纤的结构和原理

光纤是一种传输光信息的导光纤维,主要由高强度石英玻璃、常规玻璃和塑料制成。光纤由纤芯、包层、护套等组成,其结构如图 6-41 所示。

在光纤中,光的传输限制在光纤中并随光纤能传送到很远的距离,光纤的传输是基于光的全反射。根据几何光学理论,光由折射率(n_1)较大的光密物质射向折射率(n_2)较小的光疏物质,折射定律为:

$$n_1 \sin\theta_1 = n_2 \sin\theta_2 \qquad (6-9)$$

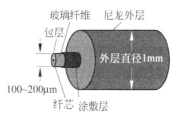

图 6-41 光纤的结构

所以折射角大于入射角,在临界状态时,$\theta_2 = 90°$,$\theta_c = \arcsin\left(\dfrac{n_2}{n_1}\right)$,$\theta_c$ 称为临界角,当入射角 $\theta_1 > \theta_c$ 时,会发生全反射,光线在光纤中能量损失很小。如图 6-42 所示,光纤纤芯的折射率大于包层的折射率,包层的折射率又大于外界空气,当入射角大于临界角时会发生全发射。此外,光纤可以弯曲,不影响光的全反射,如图 6-43 所示,所以非常适合用于信号的远距离传输,既减小了信号损失又方便敷设和使用。

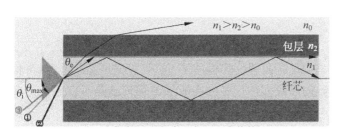

图 6-42 光纤的全反射原理

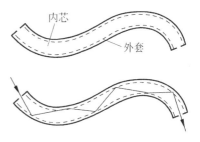

图 6-43 光纤的弯曲

2. 光纤的种类

按纤芯和包层材料性质分类有玻璃光纤和塑料光纤两大类。高纯度玻璃纤维,这种材料的光损耗比较小。塑料光纤用人工合成导光塑料制成,其损耗较大,但质量轻,成本低,柔软性好,适用于短距离导光。

按传播模式的多少分为单模光纤和多模光纤。光波本质上是一种电磁波,在纤芯内传播的光波,可以分解为沿轴向和截面传输的两种平面波成分。沿截面传输的平面波将会在纤芯与包层的界面处产生反射。如果此波的每一个往复传输(入射和反射)的相位变化是 $360°$ 的整数倍时,就可以在截面内形成驻波,这样的驻波光线组又称为模。只有能形成驻波的那些以特定角度射入光纤的光,才能在光纤内传播,在光纤内只能传输一定数量的模。当光纤直径很小(一般为 $5\sim10\mu m$),只能传播一个模时,称为单模光纤;光纤直径较大(通常为几十微米以上),能传播几百个以上的模时,称为多模光纤。每一个允许传播的波称为模式;只能传播一个光线模式的光纤称为单模光纤;能传播许多光线模式的光纤称为多模光纤;传播速度最快的模称为基模。单模光纤、多模光纤是当前光纤通信中技术上最常用的光纤类型,统称为普通光纤维。

按用途分为通信光纤和非通信光纤。通信光纤用于光通信系统。实际使用中大多使用光缆,即多根光纤组成的线缆。非通信光纤指特殊用途的非通信光纤,主要有低双折射率光纤、高双折射率光纤、涂层光纤、多模梯度光纤、激光光纤、红外光纤。

3. 光纤传感器的结构和原理

光纤传感器由光发送器、敏感元件、光接收器、信号处理系统及光导纤维等主要部分组成。多数光纤传感系统的基本原理是光纤中光波参数(如光强、频率、波长、相位以及偏振态等)随外界被测参数的变化而变化,所以,可通过检测光纤中光波参数的变化以达到检测外界被测物理量的目的。光纤传感器基本结构示意图如图 6-44 所示。只要使光的强度、偏振态(矢量 A 的方向)、频率和相位等参量之一随被测量状态的变化而变化,或受被测量调制,通过对光的强度调制、偏振调制、频率调制或相位调制等进行解调,即可获得所需要的被测量的信息。

图 6-44　光纤传感器的基本结构

4. 光纤传感器的优点

(1) 具有很高的灵敏度。

(2) 频带宽动态范围大。

(3) 光纤直径只有几微米到几百微米;抗拉强度为铜的 17 倍,而且光纤柔软性好,可根据实际需要作好各种形状,深入到机器内部或人体弯曲的内脏等常规传感器不宜到达的部位进行检测。

(4) 测量范围很大,可测量的物理量有声场、磁场、压力、温度、加速度、转动、位移、液位、流量、电流、辐射等。

(5) 抗电磁干扰能力强。光纤主要由绝缘材料组成,工作时利用光子传输信息,不怕电磁场干扰;光波易于屏蔽,外界光的干扰也很难进入光纤。

(6) 光纤集传感与信号传输于一体,利用它很容易构成分布式传感测量,便于与计算机和光纤传输系统相连,易于实现系统的遥测和控制。

(7) 可用于高温、高压、强电磁干扰、腐蚀等各种恶劣环境。

(8) 结构简单、体积小、质量轻、耗能少。

5. 光纤传感器的分类

光纤传感器按测量对象分为光纤温度传感器、光纤浓度传感器、光纤电流传感器、光纤流速传感器等;按光纤中光波调制的原理分为强度调制型光纤传感器、相位调制型光纤传感器、偏振调制型光纤传感器、频率调制型光纤传感器、波长调制型光纤传感器等;按光纤在传感器中的作用分为功能型光纤传感器和非功能型光纤传感器。

1) 根据光波调制的原理形式分类

强度调制型光纤传感器是一种利用被测对象的变化引起敏感元件的折射率、吸收或反射等参数的变化,而导致光强度变化来实现敏感测量的传感器。有利用光纤的微弯损耗,各物质的吸收特性,振动膜或液晶的反射光强度的变化,物质因各种粒子射线或化学、机械的激励而发光的现象,以及物质的荧光辐射或光路的遮断等构成的压力、振动、温度、位移、气体等各种强度调制型光纤传感器。其优点是结构简单,容易实现,成本低;缺点是受光源强度波动和连接器损耗变化等影响较大。

偏振调制光纤传感器是一种利用光偏振态变化来传递被测对象信息的传感器。有利用光在磁场中媒质内传播的法拉第效应做成的电流、磁场传感器,利用光在电场中的压电晶体内传播的泡尔效应做成的电场、电压传感器,利用物质的光弹效应做成的压力、振动或声传感器,以及利用光纤的双折射性做成的温度、压力、振动等传感器。这类传感器可以避免光源强度变化的影响,因此灵敏度高。

频率调制光纤传感器是一种利用单色光射到被测物体上反射回来的光的频率发生变化来进行监测的传感器。有利用运动物体反射光和散射光的多普勒效应做成的光纤速度、流速、振动、压力、加速度传感器,利用物质受强光照射时的喇曼散射做成的测量气体浓度或监测大气污染的气体传感器,以及利用光致发光做成的温度传感器等。

相位调制传感器的基本原理是利用被测对象对敏感元件的作用,使敏感元件的折射率或传播常数发生变化,而导致光的相位变化,使两束单色光所产生的干涉条纹发生变化,通过检测干涉条纹的变化量来确定光的相位变化量,从而得到被测对象的信息。通常有利用光弹效应做成的声、压力或振动传感器,利用磁致伸缩效应做成的电流、磁场传感器,利用电致伸缩做成的电场、电压传感器,以及利用光纤赛格纳克效应做成的旋转角速度传感器(光纤陀螺)等。这类传感器的灵敏度很高。但由于须用特殊光纤及高精度检测系统,因此成本高。

2) 根据传感器中的作用分类

功能型光纤传感器主要使用单模光纤,它是利用对外界信息具有敏感能力和检测功能的光纤,构成"传"和"感"合为一体的传感器。它是靠被测物理量调制和影响光纤的传输特性,把被测物理量的变化转变为调制的光信号。可以分为光强调制型、相位调制型、偏振态调制型和波长调制型。功能型光纤传感器的原理结构图如图 6-45 所示。此类传感器应用也很多,如利用光纤在高电场下的泡克平斯效应的光纤电压传感器,利用光纤法拉第效应的光纤电流传感器,利用光纤微弯效应的光纤位移(压力)传感器。光纤本身为敏感元件,加长光纤的长度可提高传感器的灵敏度;光纤的输出端采用光敏元件,它所接收的光信号便是被测量调制后的信号并使之转变为电信号。

图 6-45 功能型光纤传感器的原理结构图

在非功能型光纤传感器中,光纤不是敏感元件,它只起到传递信号的作用。传感器信号的感受是利用光纤的端面或在两根光纤中间放置光学材料、机械式或光学式的敏感元件,感受被测物理量的变化。非功能型分为两种:一种是把敏感元件置于发送、接收的光纤中间,在被测对象参数作用下或使敏感元件遮断光路,或使敏感元件的光穿透率发生某种变化,受光的光敏元件所接收的光量,便成为被测对象参数调制后的信号;另一种是在光纤终端设置"敏感元件+发光元件"组合体,敏感元件感知被测对象参数的变化并将其转变为电信号,输出给发光元件(如 LED),最后光敏元件以发光二极管 LED 的发光强度作为测量所得的信息。非功能型光纤传感器敏感元件在中间的原理结构图如图 6-46 所示。非功能型光纤"敏感元件+发光元件"组合体的原理结构图如图 6-47 所示。

图 6-46　非功能型光纤传感器敏感元件在中间的原理结构图

图 6-47　非功能型光纤"敏感元件＋发光元件"组合体的原理结构图

6.5.2　光纤传感器的应用

随着光纤传感器相关技术的不断推进,各类传感器发展日益成熟,光纤传感器在各个领域中都有着广泛的用途。医学领域、石油领域均已广泛运用了此类技术,对其相关应用研究具有代表性。医用光纤传感器目前主要是传光型的,以其小巧、绝缘、不受射频和微波干扰、测量精度高及与生物体亲和性好等优点备受重视。在光纤传感石油测井技术中,以其抗腐蚀、高温、高压、地磁地电干扰以及灵敏度高的优点备受关注。

1. 血压的检测

当前临床医学中应用的压力传感器基本是用来监测人体血管内的血压、颅内压、膀胱、尿道压力与心内压等。例如,测量血压的压力传感器如图 6-48 所示,其中,测量压力大小的部分是探针导管末端侧壁上的一层防水薄膜,悬臂上带有的微型反射镜与薄膜相连,中心光纤束正对反射镜,作用是传递入射光到反射镜,同时也把反射光传递出来。当压力作用在薄膜上时,薄膜将发生形变并带动悬臂改变反射镜角度,由光纤传出的光束照射到反光镜上,然后又反射到光纤的端点。因为反射光的方向随反射镜角度的变化而变化,由此光纤所接收的反射光强也会发生改变。改变光纤传到另一端的光电探测器进而变成电信号,所以通过电压的变化即可知晓探针处的血压参数。

2. 位移的检测

反射强度调制型位移传感器是通过改变反射面与光纤端面之间的距离来调制反射光的强度。Y 形光纤束由几百根至几千根直径为几十微米的阶跃型多模光纤集束而成。它被分成纤维数目大致相等、长度相同的两束,原理图如图 6-49 所示。其中一根光纤表示传输入射光线,另一根表示传输反射光线。传感器与被测物的反射面的距离变化时,可以通过测量显示电路将距离显示出来。

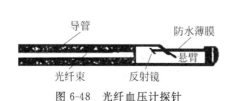

图 6-48　光纤血压计探针

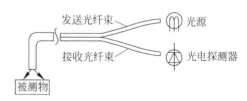

图 6-49　反射强度调制型位移传感器工作原理

　　光纤位移传感器一般用来测量小位移,最小能检测零点几微米的位移量。这种传感器已在镀层不平度、零件椭圆度、锥度、偏斜度等测量中得到应用,还可用来测量微弱振动,而且是非接触测量。

3. 角速度的检测

　　1976 年,美国学者成功地制作了第一个光纤陀螺(FOG),它标志着第二代光学陀螺的诞生(第一代光学陀螺为激光陀螺)。四十多年来获得了很大的研究进展,大部分技术问题基本上得到解决,其灵敏度提高了 4 个数量级。下一步要解决的技术问题是如何构成低成本、小尺寸,而且其性能接近理论极限的光纤陀螺仪。

　　光纤陀螺是随着光纤技术迅速发展而出现的一种新型光纤旋转传感器。由于它的相位调制传感方式具有极高灵敏度以及精巧和高机械强度的实用性,将成为航天、航空、航海等诸多领域中最具有发展前景的惯性部件。光纤陀螺与传统的机械陀螺相比具有很多优点,比如没有运动部件、不存在磨损、寿命长、启动快、构造简单、可靠性高、耗电小、动态范围宽等。

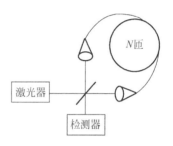

　　光纤陀螺由 N 匝光纤线圈、激光器和检测器等构成。激光器发射的光由分光器(或合光器)分为两束光,分别被耦合到光纤线圈的两端,并沿相反的方向传送,最后再由同一分光器(作合光器用)组合在一起送到光电检测器。当系统不旋转时,两束光将产生相消或相长的干涉(取决于分光器类型)。当光纤线圈以角速度 ω 顺时针或者逆时针旋转时,由两光束到达检测器时的相差就可确定角速度 ω。光纤陀螺原理结构图如图 6-50 所示。

图 6-50　光纤陀螺原理结构图

应　用　篇

6.6　基础实验:霍耳传感器测转速

6.6.1　实验目的

　　通过实验,学生可以进一步了解霍耳传感器测量转速的工作原理。通过和槽型光耦和光敏电阻的对比,总结出不同类型测速传感器的应用场合以及使用注意事项。

6.6.2　准备工作

　　首先,准备好相关设备和器件,包括实验套件、直流电动机、槽型光耦、霍耳 IC、光敏电阻;其次,准备好实验过程中用到的工具和文具。

6.6.3　实验原理

1. 电动机特性

　　输出或输入为直流电能的旋转电动机,称为直流电动机。它能实现直流电能和机械能的互相转换。当电动机作电动机运行时是直流电动机,其将电能转换为机械能;当电动机作发电动机运行时是直流发电动机,其将机械能转换为电能。

本次实验中使用的直流电动机,功率在 1W 以内,在 4.5V 电压下对应的转速为 6500r/min,2V 电压对应转速为 2000r/min 左右。电动机旋转后,需要知道当前电动机的旋转速度,可以通过 PID 控制算法控制电动机速率增加的平滑程度。

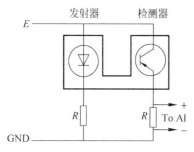

图 6-51　光电耦合器电路原理图

实验中使用的小电动机是没有反馈功能的,所以需要搭建相应的电路,获得电动机的转速信息。如利用槽型光耦来实现测量电动机转速的功能。如图 6-51 所示,使用一个槽型光耦,两个电阻搭建一个电动机反馈电路,将电阻两端和 AI 通道相连接。该电路是基于红外发光二极管和光敏晶体管的光通信工作的。

查看实验所使用的小电动机,电动机有两个接线端口,使用两根单芯线分别连接电动机的两个引脚。无须分正负极,某个引脚接地或接 VPS＋端,只会影响电动机旋转的方向。在电动机的转轴上,需要添加一个带有 6 个缺口的圆片,将圆片放置在槽型光耦中间。当电动机转动的时候,每转过一圈,槽型光耦就可以接收到 6 个脉冲信号,AI 通道就可以采集到脉冲。

2. 槽型光耦

槽型光耦又称槽型光电开关,形如凹字形,凹字的左右两个凸出部分:一边装有红外发光二极管;另一边装有接收红外光的光电二极管或光电三极管。当凹槽中有遮光物体时,光被遮断,红外接收管在有光或无光时发出不同的信号。槽形光耦的型号很多,尺寸大小不一,小的槽形开口只有 1~2mm,大的有几十毫米。可用于检测物体位置和计数等。

3. 霍耳 IC

用霍耳器件测量磁场强度时,是用恒定电流法还是用恒定电压法,要考虑多方面的因素,如磁场强度和霍耳电压间的线性误差、灵敏度的温度系数、同样工艺条件制造的器件的性能分散程度等。用霍耳器件测量磁场强度的特点是:器件很小很扁(可以放在窄缝中),有很高的准确度、灵敏度和稳定性,还有很宽的工作温度范围。制造霍耳器件的半导体材料主要是锗、硅、砷化镓、砷化钢、锑化铟等。一般用 N 型材料,因为电子迁移率比空穴的大得多,器件可以有较高的灵敏度。

在轿车电路上经常可以看到"霍耳"(Hall)这个名称,例如,桑塔纳 2000 点火系统就有一只霍耳传感器,专门给发动机电控单元(ECU)提供电压信号。轿车的自动化程度越高,微电子电路越多,就越怕电磁干扰。而在汽车上有许多灯具和电器件,尤其是功率较大的前照灯、空调电动机和雨刮器电动机在开关时会产生浪涌电流,使机械式开关触点产生电弧,产生较大的电磁干扰信号。采用功率霍耳开关电路可以减小这些现象。霍耳器件通过检测磁场变化,转变为电信号输出,可用于监视和测量汽车各部件运行参数的变化,例如位置、位移、角度、角速度、转速等;并可将这些变量进行二次变换,可测量压力、质量、液位、流速、流量等。霍耳器件输出量直接与电控单元接口,可实现自动检测。

4. 光敏电阻

光敏电阻又称光导管,常用的制作材料为硫化镉,另外还有硒、硫化铝、硫化铅和硫化铋等材料。这些制作材料具有在特定波长的光照射下,其阻值迅速减小的特性。这是由于光照产生的载流子都参与导电,在外加电场的作用下做漂移运动,电子奔向电源的正极,空穴奔向电源的负极,从而使光敏电阻器的阻值迅速下降。通常,光敏电阻器都制成薄片结构,以便吸收更多的光能。为了获得高的灵敏度,光敏电阻的电极常采用梳状图案,它是在一定的掩膜下向光电导薄膜上蒸镀金或铟等金属形成的。光敏电阻器通常由光敏层、玻璃基片(或树脂防潮膜)和电极等组成。

可见光敏电阻主要用于各种光电控制系统,如光电自动开关门户,航标灯、路灯和其他照明系统的自动亮灭,自动给水和自动停水装置,机械上的自动保护装置和"位置检测器",极薄零件的厚度检测器,照相机自动曝光装置,光电计数器,烟雾报警器,光电跟踪系统等方面。光敏电阻的主要参数有光电流、亮电阻、暗电流、暗电阻、灵敏度、光谱响应、光照特性等。

6.6.4 实验内容和步骤

1. 槽型光耦测转速

(1) P602 给槽型光耦供电,连接+5V 电源和 GND。

(2) J601 为槽型光耦的输出端,左正右负,将其连接至 AI0 通道。

(3) 使用 VPS+给直流电动机供电,VPS+接 P601+,GND 接 P601-。

(4) 打开 ELVIS 的两个电源。

(5) 在 nextpad 软面板中选择槽型光耦,在测试面板中设置采集通道为 AI0,单击"开始"按钮。调节 VPS+的电压输出,观察不同的电动机转速对应的波形。注意:VPS+电压在1.5~4.5V 之间变换,4.5V 对应的最大转速为 6500 转/分钟。

(6) 本步骤结束后,在 nextpad 中暂停程序。

(7) 若需要使用 PID 控制,在测试面板中选择 PID,调整通道参数及 PID 参数,单击"开始"按钮,观察波形,可实时调整 PID 参数及电动机目标转速,了解各个参数对于电动机控制的影响。

(8) 实验完成后,关闭原型板电源开关。

2. 霍耳 IC 测转速

(1) U701 处为霍耳 IC,P701 给霍耳 IC 供电,左正右负,连接+5V 电源和 GND。

(2) J701 为霍耳 IC 的输出端,左正右负,将其连接至 AI0 通道。

(3) 使用 VPS+给直流电动机供电。VPS+接 P601+,GND 接 P601-。

(4) 打开原型板两个电源。

(5) 在 nextpad 软面板中选择霍耳元件,在测试面板中设置采集通道为 AI0,单击"开始"按钮。调节 VPS+的电压输出,观察不同的电动机转速对应的波形。该电路的输出波形为标准的 TTL 信号。

(6) (可选)使用 Counter 计数,将霍耳输出端口 J701 的+端口连接 PFI8 端口(即 Counter 的 Source 端)。可调用 LabVIEW 例程 Meas Dig Frequency-Low Freq 1 Ctr. vi 来测量电动机频率。

(7) 实验结束后,在 nextpad 中暂停程序。关闭原型板电源开关。

3. 光敏电阻测转速

(1) 各个组件:U501 是光敏电阻,U502 是运放,U503 是 555 芯片。

LED 的供电端口为 V501,左正右负,使用+5V。开关 S501 可控制 LED 的亮/灭。

U502 的供电为 P501：+15V、GND、−15V。U502 的输出为 J501。

U503 的输入为 J502,输出为 J503。U503 的电源是 P502,P502 接+5V、GND。

(2) J501 连接 J502,J503 连接 AI0 端口。

(3) 使用 VPS+给直流电动机供电。

(4) 打开原型板开关电源。

(5) 在 nextpad 软面板中选择霍耳元件,在测试面板中设置采集通道为 AI0,单击"开始"按钮。调节 VPS+的电压输出,观察不同的电动机转速对应的波形。

(6) 实验结束后,在 nextpad 中暂停程序。关闭原型板电源开关,及 ELVIS 工作台的电源。

6.6.5　学生任务

请同学们在仔细阅读实验目的、准备工作和实验原理的基础上,按照实验内容和步骤进行接线、上电调试和测试工作,并详细填写表 6-3。

表 6-3　实验表格

小组成员名单		成　　绩	
自我评价	组间互评情况		
信息获取	课本、上网查询、小组讨论以及请教老师		
实验过程	第一项内容——本实验提供了几种测电动机转速的方式？每类传感器测转速的工作原理分别是什么？		
	第二项内容——当 VPS 电压为 3V 时,使用不同方式测得的电动机转速是否相同？分别是多少单位(转/分钟)？将三种测速实验的电动机电压和波形频率曲线描绘出来。		
	第三项内容——根据之前所学的内容,列举出至少两种与本实验不同的测转速方式,并说出具体的应用。		

6.7　技能拓展：光纤传感器的选型

6.7.1　实验目的

本实训模块配备的检测体为一个可以快速更换成不同性质载体(拥有不同色差、不同形状、不同大小等)的运行平台。

该实训模块通过对 4 组不同型号光纤传感器(欧姆龙光纤探头 E32-T11R 2M、欧姆龙光纤探头 E32-D15YR、欧姆龙光纤探头 E32-D331、欧姆龙光纤探头 E32-T22B)与检测体距离，以及光纤放大器灵敏度的调节，完成对检测距离、检测最小直径的测量。

6.7.2　实验器材

(1) 亚龙 MOR——欧姆龙主机单元一台。
(2) 亚龙传感器测试单元一台。
(3) 计算机或编程器一台。

6.7.3　光纤传感器的选型

常见的光纤有阶跃型和梯度型多模光纤及单模光纤，选用光纤必须考虑以下因素。

1. 光纤的数值孔径 NA

从提高光源与光纤之间耦合效率的角度来看，要求用大的 NA，但是 NA 越大，光纤的模色散越严重，传输信息的容量就越小。但是对于大多数光纤传感器来讲，不存在信息容量的问题，光纤以最大孔径为宜，一般要求是：$0.2 \leqslant NA < 0.4$。

2. 光纤传输损耗

传输损耗是光纤最重要的光学特性，很大程度上决定了远距离光纤通信中继站的跨越，但是光纤传感器系统中，大部分距离都比较短，长者不足 4m，短的只有几毫米。特别是作为敏感元件的特殊光纤，可放宽传输损耗的要求，一般损耗<10dB/km 的光纤均可采用。

3. 色散

色散是影响光纤信息容量的重要参量，如前所述，可放宽这方面的要求。

4. 光纤的强度

对传感器而言，都毫无例外地要求较高的强度。

5. 光源

白炽光源的辐射近似为黑体辐射。其优点是：价格低廉，容易获得，使用方便，但在传感器中使用，由于辐射密度比较小，故只能与光纤束和粗芯阶跃光纤配合使用。缺点是稳定性比较差，寿命短。

气体激光器高相干性光源，容易实现单模工作，线性非常窄；辐射密度比较高，与单模光纤耦合效率高；噪声比较小。

固体激光器，现在主要用固态铷离子激光器等，优点是体积小，坚固耐用，高效率，高辐射密度。光谱均匀而且比较窄，缺点是相干性和频率稳定性不如气体激光器。

半导体激光器是光纤传感器的重要光源，主要是 LED，优点是体积小巧、坚固耐用、寿命长、可靠性高、辐射密度适中、电源简单。

光源很多,但是对光源的基本要求是一致的,必须使具有适当特性的、功率足够大的光达到检测器,以确保检测系统有足够大的信噪比,遵循原则为:选择辐射足够强的光源,要求在敏感元件的工作波长上有最大的辐射功率;光源必须与光纤匹配,以获得最好的耦合率;光源的稳定性要好,能在室温下长期工作。

6. 光电探测器

光电探测器是光电检测中不可缺少的器件,把光信号转变为电信号。选择准则:在工作波段内灵敏度要高;有检测器引入的噪声一定要小,因此要选用暗电流、漏电流和并联电导尽可能小的器件;可靠性高、稳定性好;尺寸小、便于组装、容易与光纤耦合;偏压或偏流不宜过高;价格低廉。

6.7.4 实验内容和步骤

1. 传感器测试单元操作

正常运转按下绿色正向启动按钮电动机正转运行丝杆正向运行,按下红色反转启动按钮电动机反转丝杆反向运行。长按红色按钮电动机停止运行。

分别用传感器对铜、铝、铁进行检测观察光纤放大器及 PLC 输入变化,调节光纤探头距离,再调节光纤放大器观察光纤放大器信号。

2. 光纤传感器的检测方法

(1) 首先看光纤收发器或光模块的指示灯和双绞线端口指示灯是否已亮?

① 如光纤收发器的光口(FX)指示灯不亮,请确定光纤链路是否交叉链接? 光纤跳线一头是平行方式连接;另一头是交叉方式连接。

② 如 A 收发器的光口(FX)指示灯亮,B 收发器的光口(FX)指示灯不亮,则故障在 A 收发器端。一种可能是:A 收发器(TX)光发送口已坏,因为 B 收发器的光口(RX)接收不到光信号;另一种可能是:A 收发器(TX)光发送口的这条光纤链路有问题(光缆或光线跳线可能断了)。

③ 双绞线(TP)指示灯不亮,请确定双绞线连线是否有错或连接有误? 请用通断测试仪检测(不过有些收发器的双绞线指示灯须等光纤链路接通后才亮)。

④ 有的光纤收发器有两个 RJ-45 端口:(ToHUB)表示连接交换机的连接线是直通线;(ToNode)表示连接交换机的连接线是交叉线。

⑤ 有的收发器侧面有 MPR 开关:表示连接交换机的连接线是直通线方式;DTE 开关:表示连接交换机的连接线是交叉线方式。

(2) 光缆、光纤跳线是否已断?

① 光缆通断检测:用激光手电、太阳光、发光体对着光缆接头或耦合器的一头照光;在另一头看是否有可见光? 如有可见光则表明光缆没有断。

② 光纤连线通断检测:用激光手电、太阳光等对着光纤跳线的一头照光;在另一头看是否有可见光? 如有可见光则表明光纤跳线没有断。

(3) 用光功率计仪表检测。

光纤收发器或光模块在正常情况下的发光功率:多模:−10～18db;单模 20km:−8～15db;单模 60km:−5～12db;如果在光纤收发器的发光功率−30～45db,那么可以判断这个收发器有问题。

3. 测试单元传感器介绍

光纤传感器测试模块如图 6-52 所示,左侧一列为接线端子,具体见接线表格,右上角为步进驱动器,下方设置指示灯和按钮,中间位置安装有不同型号的光纤探头,具体情况如下。

(1) 欧姆龙光纤探头 E32-T11R 2M:标准检测物体最小直径1mm,最远检测距离700mm。

(2) 欧姆龙光纤探头 E32-D15YR:标准检测物体最小直径0.01mm,最远检测距离80mm。

(3) 欧姆龙光纤探头 E32-D331:标准检测物体最小直径0.01mm,最远检测距离5mm。

(4) 欧姆龙光纤探头 E32-T22B:标准检测物体最小直径0.5mm,最远检测距离240mm。

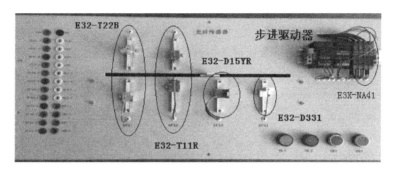

图 6-52　光纤传感器测试模块

4. 面板连线

表 6-4 是光纤传感器测试模块的接线说明,需要注意的是 PLC 输入端的 OCH COM 端需要接 24V(如果需要使用 PLC 拨码开关则需要 PLC 输入端 COM 接 0V),PLC 输出端的 COM 端需要并联后接到电源 0V,电源不要接反。此外,步进电动机控制检测板的 I/O 接线图如图 6-53 所示,具体 I/O 分配表如表 6-5 所示。

表 6-4　光纤传感器测试模块接线表

24V	步进驱动器供电正极		0V	步进驱动器供电负极		
欧姆龙光纤探头 E32-T22B(OFS1)						
OFS1-1	红	电源正	24V	PLS+	步进脉冲+	电源正	24V
OFS1-2	绿	PLC 输入	0CH(00)	PLS−	步进脉冲−	PLC 输出	10CH(00)
OFS1-3	蓝	电源负	0V				
欧姆龙光纤探头 E32-T11R (OFS2)			DIR+	脉冲方向+	电源正	24V
OFS2-1	红	电源正	24V	DIR−	脉冲方向−	PLC 输出	10CH(02)
OFS2-2	绿	PLC 输入	0CH(01)				
OFS2-3	蓝	电源负	0V	HL1-1	绿灯	电源正	24V
欧姆龙光纤探头 E32-D15YR(OFS3)			HL1-2	绿灯	PLC 输出	11CH(00)
OFS3-1	红	电源正	24V				
OFS3-2	绿	PLC 输入	0CH(02)	HL2-1	红灯	电源正	24V
OFS3-3	蓝	电源负	0V	HL2-2	红灯	PLC 输出	11CH(01)
欧姆龙光纤探头 E32-D331 (OFS4)						
OFS4-1	红	电源正	24V	SB1-1	启动按钮	电源负	0V
OFS4-2	绿	PLC 输入	0CH(03)	SB1-2	启动按钮	PLC 输入	1CH(07)
OFS4-3	蓝	电源负	0V				
				SB2-1	停止按钮	电源负	0V
				SB2-2	停止按钮	PLC 输入	1CH(08)

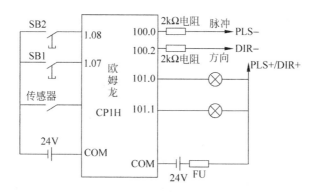

图 6-53   步进电动机控制检测板的 I/O 接线图

表 6-5   I/O 分配表

I/O 口	说　明	I/O 口	说　明
1.7	正转开关	100.0	PLS
1.8	反转开关	100.2	DIR
		101.0	启动指示
		101.1	停止指示

5. 实训步骤

(1) 将电源开关拨到关状态,严格按照接线表和接线图接线,注意 24V 电源的正负不要短接不要接反,电路不要短路,否则会损坏 PLC 触点及电动机驱动器。

(2) 用计算机或编程器将总程序输入 PLC,输好程序后将 PLC 置于 RUN 状态。

(3) 先后将铜、铁、铝材料放入凹槽启动步进电动机,观察光纤传感器在不同材质下的灵敏度。

(4) 将纸对折不同程度在光纤探头处检测观察光纤放大器的灵敏度。

(5) 调节光纤探头距离,当光纤探头检测不到物体时调节光电开关放大器(min~max)或(D~L)观察其反应。

(6) 按照实训原理工作方式操作,观察实训现象。

(7) 实验完成后将电源台断电,将安全插线分类摆好。

注意:min~max 是调节距离。D~L 是调节常开常闭的。

6. 结果处理

请同学们根据上述资料、所查信息以及实验数据将如表 6-6 所示数据补充完整并上交。进一步总结光纤传感器的选型方法。

表 6-6   实训结果统计表

传感器型号	材料	最大检测距离 (放大器为 5)	动作模式	PLC 显示及传感器 状态(放大器为 5)
E32-T22B				

续表

传感器型号	材料	最大检测距离（放大器为 5）	动作模式	PLC 显示及传感器状态（放大器为 5）
E32-T11R 2M				
E32-D15YR				
E32-D331				
调节放大器后对检测结果的影响：				

小结

通过本章的学习,我们掌握了常见运动学量(距离、速度、振动等)的检测方法;熟悉了电涡流传感器、霍耳式传感器、磁电感应式传感器和光纤传感器的工作原理以及电磁流量计测量流量的工作原理,同时学习了这几种传感器的典型应用;在此基础上,我们通过霍耳传感器的测速实验以及光纤传感器的选型实验,了解了不同测速传感器的区别和相关传感器的选型方法。

请你做一做

一、填空题

1. 霍耳式传感器是利用_____在磁场中的霍耳效应而输出电势的。

2. 用磁电式传感器进行齿轮转速测量。已知齿数 $Z=48$,测得频率 $f=120\text{Hz}$,则该齿轮的转速为_____。

3. 电磁流量计测量原理是基于_____导电液体在磁场中做切割磁力线运动时,导体中产生感应电势,其表达式为_____。

4. 电涡流探头线圈的阻抗受诸多因素影响,例如金属材料的厚度、尺寸、形状、电导率、磁导率、表面因素、_____等。

5. 霍耳钳形电流表是将被测电流的导线从此处穿入钳形表的环形铁芯,手指按下突出的_____,将钳形表的铁芯张开,将被测电流导线逐根夹到钳形表的环形铁芯中,即可测得电流值。

6. 磁电感应式传感器在结构上有_____和_____两种。

7. 光纤传感系统的基本原理是光纤中光波参数(如_____、频率、波长、相位以及偏振态等)随外界被测参数的变化而变化,所以,可通过检测光纤中光波参数的变化以达到检测外界被测物理量的目的。

8. 按光纤在传感器中的作用,光纤传感器分为_____和_____。

9. 开关型霍耳集成电路是将_____、_____、放大器、施密特触发器和 OC 门(集电极开路输出门)等电路做在同一个芯片上。

10. 电磁流量计应尽可能地远离有强电磁场的设备,如_____和_____等,以免引起电磁场干扰。

二、选择题

1. 电涡流接近开关可以利用电涡流原理检测出( )的靠近程度。

    A. 人体   B. 水   C. 黑色金属零件   D. 塑料零件

2. 公式 $E_H = K_H IB\cos\theta$ 中的角 θ 是指( )。

    A. 磁力线与霍耳薄片平面之间的夹角

    B. 磁力线与霍耳元件内部电流方向的夹角

    C. 磁力线与霍耳薄片的垂线之间的夹角

3. 电涡流探头的灵敏度受到被测体材料和形状的影响,被测体材料是非磁性材料时,被测体的电导率越高,灵敏度( )。

    A. 越高   B. 越低   C. 不变

4. 电磁流量计的励磁方式不包括( )。

    A. 直流励磁   B. 交流励磁   C. 低频方波励磁   D. 三角波励磁

5. 下列关于光纤传感器表述不正确的是( )。

    A. 具有很高的灵敏度

    B. 光纤柔软性好,可根据实际需要作好各种形状

    C. 抗电磁干扰能力差

    D. 结构简单、体积小、质量轻、耗能少

三、判断题

1. ( )电涡流的渗透深度越深,集肤效应越严重。

2. ( )光纤的纤芯的折射率小于包层的折射率。

3. ( )开关型霍耳传感器是利用霍耳效应与集成电路技术结合而制成的一种光敏传感器。

4. ( )磁电感应式传感器只适用于动态测量。

5. ( )电磁感应式传感器安装方便、输出稳定、对环境要求不高,被广泛应用在工业领域。

6. ( )霍耳传感器可用来测量转速,但光电式传感器不能实现转速测量。

7. ( )电涡流传感器与被测金属导体保持一定距离不变,检测时,如出现裂纹等缺陷,会引起导体电导率、磁导率的变化,即涡流损耗改变,从而引起输出电压突变。

8. ( )振动的测量常使用恒定磁通式磁电感应传感器,恒定磁通磁电感应式传感器由永久磁铁(磁钢)、线圈、金属骨架和壳体等组成。

9. ( )电磁流量计上、下游应有够长的直管段,以保证测量精度。

10. ( )光纤按传播模式的多少分为单模光纤和多模光纤。

四、简答题

1. 光导纤维为什么能够导光？光导纤维有哪些优点？

2. 电涡流式传感器的主要优点是什么？电涡流传感器除了能测量位移外，还能测量哪些非电量？

3. 集成霍耳传感器有什么特点？

4. 解释霍耳交直流钳形表的工作原理。

5. 电磁流量计的优缺点有哪些？

6. 光纤传感器的主要部件有哪些？

7. 磁电感应式转速传感器的优点？

8. 电磁流量计安装时的注意事项有哪些？

五、综合题

说明霍耳效应的原理。霍耳灵敏度与霍耳元件厚度之间有什么关系？写出你认为可以用霍耳传感器来检测的物理量。设计一个采用霍耳传感器的液位控制系统。

第7章
CHAPTER 7

其他物理量的检测

本章学习目标

- 掌握气体传感器的基础知识,熟练掌握选型、安装调试的方法,了解气体传感器的应用。
- 掌握湿度传感器的基础知识,熟练掌握选型、安装调试的方法,了解湿度传感器的应用。
- 掌握视觉传感器的基础知识,熟练掌握选型、安装调试的方法,了解视觉传感器的应用。

本章依次介绍气体传感器、湿度传感器和视觉传感器的相关基础知识,并以一个个小任务为载体,重点介绍其选型和安装调试的方法;并介绍传感器的常见应用。本章内容的思维导图如图 7-1 所示。

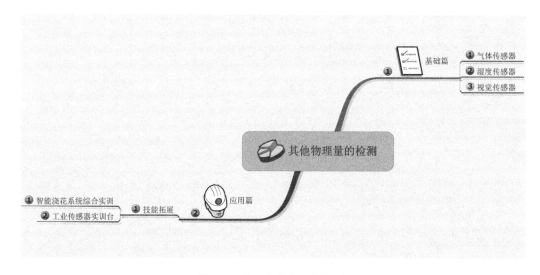

图 7-1 第 7 章内容思维导图

项目背景

王老板最近中标了一个和智能农业管理有关的项目,涉及温度、湿度、空气质量等一系列环境量的检测,同时具备一定的安防功能。该项目由公司的总工杨工负责,小张在该项目中承担和技术相关的工作。

根据之前的项目经验,小张知道第一步应该先去查阅相关的技术资料,掌握一定的基础知识。他去问杨工,到底有哪几种传感器会被应用到该项目中。杨工告诉他,这次和空气质量、湿度以及安防有关的功能都归他负责,因此需要先去了解下气体传感器、湿度传感器和视觉传感器的相关基础知识。

于是小张立即开始着手相关基础知识的调研工作……

基 础 篇

7.1 气体传感器工作原理及应用

本节内容思维导图如图 7-2 所示。

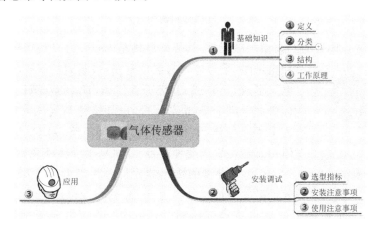

图 7-2 7.1 节思维导图

7.1.1 基本知识

小张首先查阅的是和气体传感器有关的基础知识。

1. 气体传感器的定义

小张通过网络、书籍等几个途径查阅了气体传感器的定义,基本上都大同小异。

气体传感器是一种把气体中的特定成分和浓度检测出来,并把它转换成电信号的器件。例如,可燃性气体泄漏检测、有毒气体检测、汽车排气检测、工业过程控制中对某一种气体的浓度检测等。

2. 气体传感器的分类

气体传感器按照材料可分为半导体和非半导体两大类,目前广泛使用的是半导体气体传感器,氧化钛式氧传感器也属于这一类,如图 7-3 所示。

1) 半导体气体传感器

这种类型的传感器在气体传感器中约占 60%,根据其机理分为电导型和非电导型,电导型中又分为表面型和容积控制型。

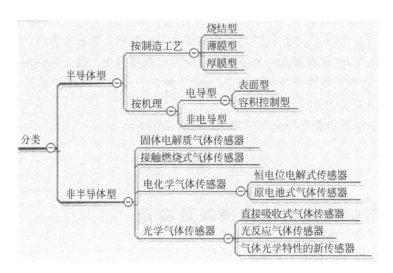

图 7-3　气体传感器的分类

SnO₂ 半导体是典型的表面型气敏元件,其传感原理是 SnO₂ 为 n 型半导体材料。当施加电压时,半导体材料温度升高,被吸附的氧接收了半导体中的电子形成了 O_2 或 O_2 还原性气体,H_2、CO、CH_4 存在时,使半导体表面电阻下降,电导上升,电导变化与气体浓度成比例。NiO 为 P 型半导体,氧化性气体使电导下降,对 O_2 敏感。ZnO 半导体传感器也属于此种类型。SnO₂ 半导体外观如图 7-4 所示。

图 7-4　SnO₂ 半导体外观图

（1）电导型的传感器元件分为表面敏感型和容积控制型,表面敏感型传感材料为 $SnO_2 + Pd$、$ZnO + Pt$、AgO、V_2O_5、金属酞菁、$Pt\text{-}SnO_2$。表面敏感型气体传感器可检测气体的范围为:各种可燃性气 CO、NO_2、氟利昂。传感材料 $Pt\text{-}SnO_2$ 的气体传感器可检测气体的范围为:可燃性气体 CO、H_2 和 CH_4。

（2）容积控制型传感材料为 Fe_2O_3 和 TiO_2、$CoO\text{-}MgO$ —SnO_2 体传感器可检测气体为各种可燃性气体 CO、NO_2、氟利昂。传感材料 $Pt\text{-}SnO_2$ 容积控制型半导体气体传感器可检测气体为液化石油气、酒精、空燃比控制、燃烧炉气尾气。容积控制型的是晶格缺陷变化导致电导率变化,电导变化与气体浓度成比例关系。Fe_2O_3、TiO_2 属于此种,对可燃性气体敏感。

（3）热线性传感器,是利用热导率变化的半导体传感器,又称热线性半导体传感器,是在 Pt 丝线圈上涂敷 SnO₂ 层,Pt 丝除去加热作用外,还有检测温度变化的功能。施加电压半导体变热,表面吸氧,使自由电子浓度下降,可燃性气体存在时,由于燃烧耗掉氧自由电子浓度增大,导热率随自由电子浓度增加而增大,散热率相应增高,使 Pt 丝温度下降,阻值减小,Pt 丝阻值变化与气体浓度为线性关系。这种传感器体积小、稳定、抗毒,可检测低浓度气体,在可燃气体检测中有重要作用。

（4）非电导型的 FET 场效应晶体管气体传感器,Pd-FET 场效应晶体管传感器,利用 Pd 吸收 H_2 并扩散达到半导体 Si 和 Pd 的界面,减少 Pd 的功函,这种传感器对 H_2、CO 敏感。非电导型 FET 场效应晶体管气体传感器体积小,便于集成化,多功能,是具有发展前途的气体传感器。

2）非半导体气体传感器

（1）固体电解质气体传感器

这种传感器元件为离子对固体电解质隔膜传导,称为电化学池,分为阳离子传导和阴离子传导,是选择性强的传感器,研究较多且达到实用化的是氧化锆固体电解质传感器。其机理是利用隔膜两侧两个电池之间的电位差等于浓差电池的电势。稳定的氧化铬固体电解质传感器已成功地应用于钢水中氧的测定和发动机空燃比成分测量等。

为弥补固体电解质导电的不足,近几年来在固体电解质上镀一层气敏膜,把围周环境中存在的气体分子数量和介质中可移动的粒子数量联系起来。

（2）接触燃烧式气体传感器

接触燃烧式传感器适用于可燃性气 H_2、CO、CH_4 的检测。可燃气体接触表面催化剂 Pt、Pd 时燃烧、破热,燃烧热与气体浓度有关。这类传感器的应用面广、体积小、结构简单、稳定性好,缺点是选择性差。

（3）电化学气体传感器

电化学方式的气体传感器常用的有两种：恒电位电解式传感器和原电池式气体传感器。恒电位电解式传感器是将被测气体在特定电场下电离,由流经的电解电流测出气体浓度。这种传感器灵敏度高,通过改变参考电位可选择需要被检测气体,对毒性气体检测有重要作用。原电池式气体传感器是在 KOH 电解质溶液中,Pt-Pb 或 Ag-Pb 电极构成电池,已成功用于检测 O_2,其灵敏度高,缺点是透水逸散吸潮,电极易中毒。

（4）光学气体传感器

① 直接吸收式气体传感器

红外线气体传感器是典型的吸收式光学气体传感器,是根据气体分别具有各自固有的光谱吸收谱检测气体成分,非分散红外吸收光谱对 SO_2、CO、CO_2、NO 等气体具有较高的灵敏度。

另外,紫外吸收、非分散紫外线吸收、相关分光、二次导数、自调制光吸收法对 NO、NO_2、SO_2、烃类(CH_4)等气体具有较高的灵敏度。

② 光反应气体传感器

光反应气体传感器是利用气体反应产生色变引起光强度吸收等光学特性改变,传感元件是理想的,但是气体光感变化受到限制,传感器的自由度小。

③ 气体光学特性的新传感器

光导纤维温度传感器为这种类型,在光纤顶端涂敷触媒与气体反应、发热。温度改变,导致光纤温度改变。利用光纤测温已达到实用化程度,检测气体也是成功的。

此外,利用其他物理量变化测量气体成分的传感器在不断开发,如声表面波传感器检测 SO_2、NO_2、H_2S、NH_3、H_2 等气体也有较高的灵敏度。

3. 半导体气体传感器的结构

半导体气体传感器一般由敏感元件、加热器和外壳三部分组成。按其制造工艺来分有烧结型、薄膜型和厚膜型三类。它们的典型结构如图 7-5 所示。

这些器件全部都有加热器,它的作用是将附在敏感元件表面上的尘埃、油雾等烧掉,加速气体的吸附,从而提高器件的灵敏度和响应速度。

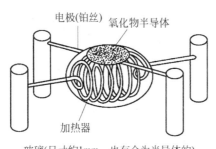

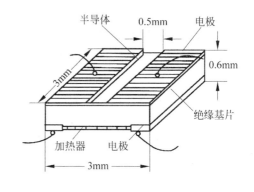

(a) 烧结型气敏器件   (b) 薄膜型器件

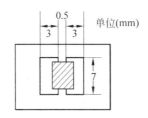

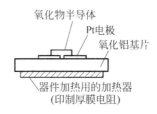

(c) 厚膜型器件

图 7-5 气体半导体传感器的器件结构

4. 半导体气体传感器的工作原理

半导体气体传感器工作时通常都需要加热,在加热到稳定状态的情况下,当有气体吸附时,吸附分子首先在表面自由扩散,其中一部分分子蒸发,另一部分分子固定在吸附处。此时,如果材料的功函数小于吸附分子的电子亲和力,则吸附分子将从材料夺取电子而变成负离子吸附;如果材料的功函数大于吸附分子的离解能,吸附分子将向材料释放电子而成为正离子吸附。O_2 和氮氧化合物倾向于负离子吸附,称为氧化型气体。H_2、CO、碳氢化合物和酒精类倾向于正离子吸附,称为还原型气体。

当氧化型气体吸附到 N 型半导体上时,将使载流子减少,从而使材料的电阻率增大。还原型气体吸附到 N 型半导体上时,将使载流子增多,材料电阻率下降。如图 7-6 所示为气体吸附到 N 型半导体时所产生的器件阻值的变化情况。根据这一特性,可以从阻值变化的情况得知吸附气体的种类和浓度。

7.1.2 选型及安装

1. 气体传感器的选型

气体传感器是化学传感器的一大门类。从工作原理、特性分析到测量技术,从所用材料到制造工艺,从检测对象到应用领域,都可以构成独立的分类标准,衍生出一个个纷繁庞杂的分类体系,尤其在分类标准的问题上目前还没有统一,要对其进行严格的系统分类难度颇大。接下来了解一下气体传感器的主要特性。

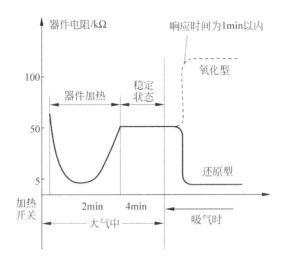

图 7-6　N 型半导体吸附气体时器件阻值变化图

1）稳定性

稳定性是指传感器在整个工作时间内基本响应的稳定性,取决于零点漂移和区间漂移。零点漂移是指在没有目标气体时,整个工作时间内传感器输出响应的变化。区间漂移是指传感器连续置于目标气体中的输出响应变化,表现为传感器输出信号在工作时间内的降低。理想情况下,一个传感器在连续工作条件下,每年零点漂移小于 10%。

2）灵敏度

灵敏度是指传感器输出变化量与被测输入变化量之比,主要依赖于传感器结构所使用的技术。大多数气体传感器的设计原理都采用生物化学、电化学、物理和光学。首先要考虑的是选择一种敏感技术,它对目标气体的阈限制或最低爆炸限百分比的检测要有足够的灵敏性。

3）选择性

选择性也被称为交叉灵敏度,可以通过测量由某一种浓度的干扰气体所产生的传感器响应来确定。这个响应等价于一定浓度的目标气体所产生的传感器响应。这种特性在追踪多种气体的应用中是非常重要的,因为交叉灵敏度会降低测量的重复性和可靠性,理想传感器应具有高灵敏度和高选择性。

4）抗腐蚀性

抗腐蚀性是指传感器暴露于高体积分数目标气体中的能力。在气体大量泄漏时,探头应能够承受期望气体体积分数的 $10\sim20$ 倍。在返回正常工作条件下,传感器漂移和零点校正值应尽可能小。

气体传感器的基本特征,即灵敏度、选择性以及稳定性等,主要通过材料的选择来确定。选择适当的材料和开发新材料,使气体传感器的敏感特性达到最优。

在选择气体传感器时可以根据一定的原则,如下所示。

1）根据测量对象与测量环境

根据测量对象与测量环境确定传感器的类型。要进行一个具体的测量工作,首先要考虑采用何种原理的传感器,这需要分析多方面的因素之后才能确定。因为,即使是测量同一物理量,也有多种原理的传感器可供选用,哪一种原理的传感器更为合适,则需要根据被测量的特点和传感器的使用条件考虑以下一些具体问题:量程的大小;被测位置对传感器体积的要求;测量方式为接触式还是非接触式;信号的引出方法,有线或是非接触测量;传感器的来源,国产还是进口,价格能否承受,还是自行研制。在考虑上述问题之后就能确定选用何种类型的传感器,然后再考虑传感器的具体性能指标。

2)灵敏度的选择

通常,在传感器的线性范围内,希望传感器的灵敏度越高越好。因为只有灵敏度高时,与被测量变化对应的输出信号的值才比较大,有利于信号处理。但要注意的是,传感器的灵敏度高,与被测量无关的外界噪声也容易混入,也会被放大系统放大,影响测量精度。因此,要求传感器本身应具有较高的信噪比,尽量减少从外界引入的干扰信号。传感器的灵敏度是有方向性的。当被测量是单向量,而且对其方向性要求较高,则应选择其他方向灵敏度小的传感器;如果被测量是多维向量,则要求传感器的交叉灵敏度越小越好。

3)响应特性(反应时间)

传感器的频率响应特性决定了被测量的频率范围,必须在允许频率范围内保持不失真的测量条件,实际上传感器的响应总有一定延迟,希望延迟时间越短越好。传感器的频率响应高,可测的信号频率范围就宽,而由于受到结构特性的影响,机械系统的惯性较大,因此频率低的传感器可测信号的频率较低。在动态测量中,应根据信号的特点(稳态、瞬态、随机等)响应特性,以免产生过大的误差。

4)线性范围

传感器的线性范围是指输出与输入成正比的范围。从理论上讲,在此范围内,灵敏度保持定值。传感器的线性范围越宽,则其量程越大,并且能保证一定的测量精度。在选择传感器时,当传感器的种类确定以后首先要看其量程是否满足要求。但实际上,任何传感器都不能保证绝对的线性,其线性度也是相对的。当所要求测量精度比较低时,在一定的范围内,可将非线性误差较小的传感器看作近似线性的,这会给测量带来极大的方便。

在具体实际应用中选择气体传感器有一些技巧。有害气体的检测有两个目的,第一是测爆,第二是测毒。所谓测爆是检测危险场所可燃气含量,超标报警,以避免爆炸事故的发生;测毒是检测危险场所有毒气体含量,超标报警,以避免工作人员中毒。

有害气体有三种情况:第一,无毒或低毒可燃;第二,不燃有毒;第三,可燃有毒。针对这三种不同的情况,一般选择传感器时需要选择不同的气体传感器。例如,测爆选择可燃气体检测报警仪,测毒选择有毒气体检测报警仪等。其次,需要选择气体传感器的类型,一般有固定式和便携式。生产或储存岗位长期运行的泄漏检测选用固定式气体传感器;其他像检修检测、应急检测、进入检测和巡回检测等选用便携式气体传感器。

气体传感器类型有成百上千种,针对不同的气体传感器可能有不同的选用技巧,客户在选择气体传感器的时候如果自己不是很清楚可以咨询传感器厂家的技术人员,让他们为你选择合适的气体传感器,或者请传感器技术人员现场勘察以便更好地选择气体传感器。

2. 安装注意事项

以下是可燃气体探测器的安装要点。

(1)首先弄清所要监测的场所或车间,有哪些可能的泄漏点,并推算它们的泄漏压力、单位时间的可能泄漏量,泄漏方向等,画出棋格形分布图,并推测其严重程度;然后分析有哪些气体泄漏,这些都分析清楚了,就可以去购买气体泄漏检测报警器了。

(2)检查要检测气体泄漏的周围是否存在一些大型电磁干扰,因为这些仪器的存在,会影响报警器的检测精度和灵敏度,造成数据偏差,要远离这些仪器安装,尽量避开。

(3)根据所在场所的主导风向、空气可能的环流现象及空气流动上升趋势以及车间的空气自然流动的习惯通道等来综合推测当发生大量泄漏时,可燃气在平面上的自然扩散趋势风向图。

(4)再根据泄漏气体的比重(大于空气或小于空气)并结合空气流动趋势,最后确定综合泄漏流的立体流动趋势图。气体比空气重的,要安装在距地面30～60cm;气体比空气轻的、要安装在距顶棚30～60cm。控制器便于操作,距地面为1.5m,装在值班室等一直有人在的地方。露天探头的安装也应根据被测气体密度而选择安装高度,特别注意的一点是检测器探头应安装在主导风向的下风侧。检测器探头安装调试后一定要安装透气防水罩,以免雨水进入损坏探头。透气防水罩要定期清洗,确保被测气体正常进入检测器探头。

(5)然后研究泄漏点的状况,看泄漏点是微漏还是喷射状的泄漏。如果是微泄漏,则设点的位置就要靠近泄漏点一点儿。如果是喷射状,则稍远离一点儿泄漏点。综合这些状况,拟定最终设计方案。这样需要购置的数量即可从考虑的最终棋格图中计算出来。

(6)对于一个大型有可燃气体泄漏的车间,有关规定建议每相距5～10m设一个检测点。室外是每隔15m安装一只,即保护半径是7.5m;封闭和半封闭的室内场所是7m间距安装一只,即保护半径是3.5m。

(7)对于无人值班的小型泵房而且不是连续运转的泵房,请注意发生可燃气体泄漏的可能性。特别是在北方地区,冬季门窗关闭的情况下,可燃气体泄漏将很快达到爆炸下限浓度,一般在主导风向下游位置安装探测器,如厂房面积大于200m² 时,则宜增加监测点。

(8)对于喷漆涂敷作业场所,大型的印刷机附近,以及相关作业场所,都属于开放式可燃气体扩散溢出环境,如果缺乏良好的通风条件,也十分容易使某个部位的空气中可燃气含量接近或达到爆炸下限浓度值,这些都是不可忽视的安全监测点。

(9)对于检测可燃气体比重小于空气的氢气、甲烷、沼气、乙烯时,请将探测器安装在泄漏点的上方,距天花板不得大于30cm。

(10)对于检测可燃气体比重大于空气的诸如烷烃类(甲烷沼气、民用煤气除外)、烯烃类(乙烯除外)、液化石油气、汽油、煤油时,请将探测器安装在低于泄漏点的下方平面上,距地面不得高于30cm。并请注意周围的环境特点,例如室内通风不流畅部位,地槽地沟容易积聚可燃气体的地方,现场通往控制室的地下电缆沟,有密封盖板的污水沟槽等,都是经常性的或在生产不正常情况下容易积聚可燃气的场所,这些环境都是不可忽视的安全监测点。

3. 使用注意事项

当我们选择好一款适合自己需求的气体检测仪后,在更好应用的同时,也要提前了解气体检测仪在使用过程中的注意事项。

1)气体检测仪的定期校验

气体检测仪同其他的分析检测仪器一样,都需要定期进行校验,一般仪器仪表校验周期为一年,但是因为气体检测仪用途比较特殊,建议每半个月检测一次。如果条件允许,可以送到当地有校验资质的部门进行检测。另外一种比较简易的校验感应器的方法是,将气体检测仪放置于已知浓度的检测气体中,然后比较感应器的读数和气体浓度,这也被称为冲撞测试。

值得注意的是,市场上一部分气体检测仪都可以通过更换不同的检测传感器来测试不同的气体。但是,这并不意味着一个气体检测仪可以随时配用不同的检测仪探头。在更换检测仪探头传感器后,需要经过一定传感器活化的时间,同时还必须对检测仪重新校准校验。

2) 气体检测仪探头(传感器)的使用寿命

各类气体检测仪中的传感器都是有一定规定使用年限的。在便携式仪器中,LEL(可燃气)传感器的寿命较长,一般可以使用三年左右;光离子化检测仪的寿命为四年或更长一些;电化学特定气体传感器的寿命相对短一些,一般在一到两年;氧气传感器的寿命最短,大概在一年左右。电化学传感器的寿命取决于其中电解液的干涸,所以如果长时间不用,将其密封放在较低温度的环境中可以延长一定的使用寿命。固定式仪器由于体积相对较大,传感器的寿命也较长一些。因此,要随时对传感器进行检测,同时要格外注意使用年限。

3) 不同传感器间的检测干扰

每种传感器都对应一种特定的气体来检测,但任何一种气体检测仪也不可能是绝对特效的。因此,在选择一种气体传感器时,都应该详细了解其他气体是否对传感器的检测造成干扰,从而保证气体检测仪检测气体的数值真实性。

4) 气体检测仪的浓度测量范围

不同气体检测器都有标定的气体浓度检测范围,在标定的浓度检测范围内使用,才能保证检测仪测量结果真实可靠。而超出标定的浓度检测范围,将会对气体检测仪的探头(传感器)造成损伤或烧毁等严重后果。如 LEL 检测器,如果不慎在超过 100%LEL 的环境中使用,就有可能彻底烧毁传感器。而有毒气体检测仪,长时间工作在较高浓度下使用也会造成传感器的损坏。所以,当气体检测仪固定式仪器在使用时如果发出超限信号,要立即关闭电源开关,以保证仪器的安全。

5) 温度

气体检测仪的主要核心部件是气体传感器,属于气敏元器件。气体传感器本身在不同温度环境下,内部的输出信号有很大不同。而且,温度过高,很容易造成传感器或其他元器件的损坏。总之,气体检测仪可以有效地进行灾前抑制,使得可能成灾的事故被预先控制,同时保护保证工业安全和作业人员的安全,气体检测仪需要结合具体的使用环境及需要的功能来选用。

6) 湿度

像温度一样,气体传感器本身在不同湿度环境下,内部输出的信号也不同。虽然绝大部分气体检测仪做了相应的温湿度补偿,以保证产品在不同温湿度环境下的精确度。然而,超出了湿度的允许范围外,不仅无法保证期测量精度的准确性,还容易造成因湿度过高,形成水滴,而引起的气体传感器损坏。

7) 压力

气体检测仪是检测气体浓度的产品。当气体被压缩的时候,气体的相对浓度(%VOL)并不会增加,但是绝对浓度增加了。也就是说,在单位体积的空间中,所包含的被测气体分子数增加了。因此,当气体相对浓度不变的情况下,气体压力增加,气体传感器的读数也会相应增加。而且压力过大,还容易造成传感器的损坏。因此,为了保证产品的精确度和稳定性,请在规定的压力范围以内使用。

8)流速

对于气体检测仪来说,关心的并不是管路中总的流速,而只是关心在气体传感器进气口附近的流速。气体传感器进气口附近的空腔体积一般都不到 10mL,所以通常用 mL/min 表示。因此,无论在验证还是在使用过程中,一般都应在规定流速范围以内使用,测量精确性最佳。

7.1.3 气体传感器的应用

随着社会的发展和科学技术的进步,气体传感器的开发研究越来越引起人们的重视,各种气体传感器应运而生。综合气体传感器的应用情况,主要有以下几种用途。

1. 有毒和可燃性气体检测

有毒和可燃性气体检测是气敏传感器最大的市场。主要应用于石油、采矿、半导体工业等工矿企业以及家庭中环境检测和控制。在石油、石化、采矿工业中,硫化氢、一氧化碳、氯气、甲烷和可燃的碳氢化合物是主要检测气体。在半导体工业中最主要是检测磷、砷和硅烷。家庭中主要是检测煤气和液化气的泄漏以及是否通风。

如图 7-7 所示是矿灯瓦斯报警器电路图。瓦斯探头由 QM-N5 型气敏元件 RQ 及 4V 矿灯蓄电池等组成。R_P 为瓦斯报警设定电位器。当瓦斯超过某一设定点时,R_P 输出信号通过二极管 VD_1 加到 VT_2 基极上,VT_2 导通,VT_3、VT_4 开始工作。VT_3、VT_4 为互补式自激多谐振荡器,它们的工作使继电器 K 吸合与释放,信号灯闪光报警。工作时开关 S1,S2 合上。

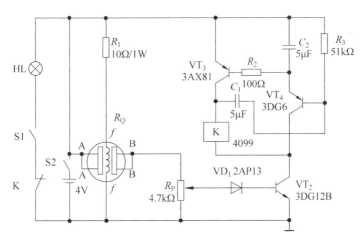

图 7-7 矿灯瓦斯报警器电路图

2. 燃烧控制

汽车工业是气体传感器的又一重要市场。采用氧传感器检测和控制发动机的空燃比,使燃烧过程最佳化。在大型工业锅炉燃烧过程中采用带有气体传感器的控制以提高燃烧效率减少废气排出,节省能源。气体传感器还可以用来检测汽车或烟囱中排出的废气量。这些废气包括二氧化碳、二氧化硫和一氧化碳。

以汽车常用的二氧化钛式(TiO_2)氧传感器为例。二氧化钛(TiO_2)属 N 型半导体材料,其阻值大小取决于材料温度及周围环境中氧离子的浓度,因此可以用来检测排气中的氧离子浓度。如图 7-8 所示,主要由二氧化钛传感元件、钢质壳体、加热元件和电极引线等组成。钢质壳体上制有螺纹,以便于传感器的安装。此外,在电极引线与护套之间设置一个硅橡胶密封垫圈,可以防止水汽浸入传感器内部腐蚀电极。

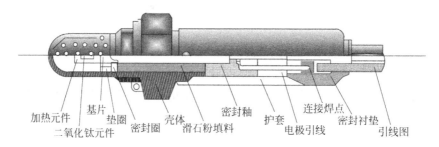

加热元件　基片　垫圈　密封釉　护套　连接焊点
二氧化钛元件　密封圈　壳体　滑石粉填料　电极引线　密封衬垫　引线图

图 7-8　二氧化钛式氧传感器结构

由于二氧化钛半导体材料的电阻具有随氧离子浓度的变化而变化的特性,因此氧化钛式氧传感器的信号源相当于一个可变电阻。当发动机的可燃混合气浓时,排气中氧含量少,氧化钛管外表氧很少,二氧化钛呈现低电阻;当发动机的可燃混合气稀时,排气中氧含量多,氧化钛管外表氧浓度大,二氧化钛呈现高电阻,利用适当的电路对电阻值变量进行处理,即可转换成电压信号输送给 ECU,用来确定实际的空燃比。

由于二氧化钛的电阻随温度不同而变化,因此在氧化钛式氧传感器内部也有一个电加热器,以保持氧化钛式氧传感器在发动机工作过程中的温度恒定不变。

3. 食品和饮料加工

在食品和饮料加工过程中,二氧化硫传感器是极有用的器件。二氧化硫常用于许多食品和饮料的保存和检测,使之含有保持特定的味道和香味所需最小的二氧化硫浓度。另外,气体传感器还被用来检测葡萄酒、啤酒、高粱酒的发酵程度以保证产品均匀性和降低成本。

4. 医疗诊断

可用气体传感器进行病人状况诊断测试,如口臭检测,血液中二氧化碳和氧浓度检测等。

如图 7-9 所示是选用 TGS-812 型气体传感器设计的酒精测试仪电路。只要被测试者向传感器探头哈一口气,便可显示出醉酒的程度,以确定被测试者是否适宜驾驶车辆。因此,可用来制作酒精测试仪。除此之外,TGS-812 传感器对一氧化碳也比较敏感,常用来探测汽车尾气的浓度。

酒精测试仪的工作原理是当气体传感器探头探不到酒精气体时,IC 显示驱动集成电路 5 脚为低电平。当气体传感器探头检测到酒精气体时,其阻值降低。+5V 工作电压通过气体传感器加到 IC 集成电路第 5 脚,第 5 脚电平升高。IC 集成电路共有 10 个输出端,每个端口驱动一个发光二极管,其依此驱动点亮发光二极管。点亮的二极管的数量以第 5 脚输入电平的高低而定。酒精含量越高,气体传感器的阻值就降得越低,第 5 脚电平就越高,点亮二极管的数量就越多。5 个以上发光二极管为红色,表示超过安全水平。5 个以下发光二极管为绿色,表示处于安全水平。

(1) 装配该酒精测试仪电路,其中 IC 可选用 NSC 公司的 LM3914 系列 LED 点线显示驱动集成电路,也可以选用 AEG 公司的 V237 系列产品,但引脚排列不相同。

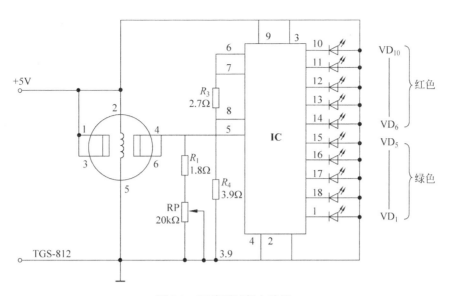

图 7-9　酒精测试仪电路图

（2）通过改变电位器 RP 的阻值，调整灵敏度。

（3）该酒精测试仪也可用于其他气体的检测。

（4）如果将 IC 的第 6 脚信号引出，经放大后接上蜂鸣器，当酒精含量超过安全值时，蜂鸣器会发出警报。

5．室内空气质量检测

如图 7-10 所示利用 SnO_2 直热式气敏器件 TGS109 设计的用于空气净化的自动换气扇电路原理图。当室内空气污浊时，烟雾或其他污染气体使气敏器件阻值下降，晶体管 V 导通，继电器动作接通风扇电源，可实现电扇自动启动，排放污浊气体，换进新鲜空气。当室内污浊气体浓度下降到希望的数值时，气敏器件阻值上升，VT 截止，继电器断开，风扇电源切断，风扇停止工作。

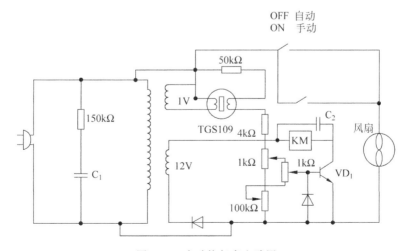

图 7-10　自动换气扇电路图

7.2 湿度传感器工作原理及应用

本节内容思维导图如图 7-11 所示。

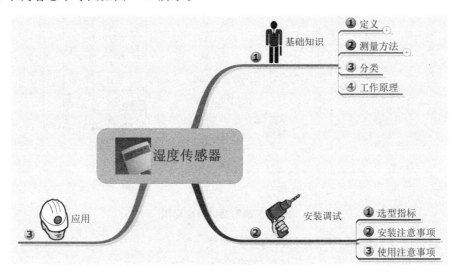

图 7-11　7.2 节思维导图

7.2.1 基本知识

1. 定义

1）湿度

湿度在很久以前就与人们的生活存在着密切的关系,但用数量来进行表示较为困难。日常生活中最常用的表示湿度的物理量是空气的相对湿度,用％RH 表示。在物理量的导出上相对湿度与温度有着密切的关系。一定体积的密闭气体,其温度越高相对湿度越低,温度越低,其相对湿度越高。其中涉及复杂的热力工程学知识。

2）相对湿度

在计量法中规定,湿度定义为"物象状态的量"。日常生活中所指的湿度为相对湿度,用RH％表示。总之,即气体中(通常为空气中)所含水蒸气量(水蒸气压)与其空气相同情况下饱和水蒸气量(饱和水蒸气压)的百分比。

3）绝对湿度

绝对湿度指单位容积的空气里实际所含的水汽量,一般以克为单位。温度对绝对湿度有着直接影响,一般情况下,温度越高,水蒸气蒸发的越多,绝对湿度就越大;相反,绝对湿度就小。

4）饱和湿度

在一定温度下,单位容积空气中所能容纳的水汽量有一个最大限度,如果超过这个限度,多余的水蒸气就会凝结,变成水滴,此时的空气湿度便称为饱和湿度。空气的饱和湿度不是固定不变的,它随着温度的变化而变化。温度越高,单位容积空气中能容纳的水蒸气就越多,饱和湿度就越大。

5）露点

露点指含有一定量水蒸气（绝对湿度）的空气，当温度下降到一定程度时所含的水蒸气就会达到饱和状态（饱和湿度）并开始液化成水，这种现象叫作凝露。水蒸气开始液化成水时的温度叫作"露点温度"，简称"露点"。如果温度继续下降到露点以下，空气中超饱和的水蒸气就会在物体表面上凝结成水滴。此外，风与空气中的温湿度有密切关系，也是影响空气温湿度变化的重要因素之一。

6）湿度传感器

湿度传感器是能感受外界湿度变化，并通过器件材料的物理或化学性质变化，将湿度转换成可用信号的器件或装置。

7）封装形式

湿度传感器由于其工作原理的限制，必须采取非密封封装形式，即要求封装管壳留有和外界连通的接触孔或者接触窗，让湿敏芯片感湿部分和空气中的湿汽能够很好地接触。同时，为了防止湿敏芯片被空气中的灰尘或杂质污染，需要采取一些保护措施。目前，主要手段是使用金属防尘罩或者聚合物多孔膜进行保护。下面介绍几种湿度传感器的不同封装形式。

（1）晶体管外壳封装

目前，用晶体管外壳（TO）型封装技术封装湿敏元件是一种比较常见的方法。TO型封装技术有金属封装和塑料封装两种。金属封装先将湿敏芯片固定在外壳底座的中心，可以采用环氧树脂粘接固化法；然后在湿敏芯片的焊区与接线柱用热压焊机或者超声焊机将Au丝或其他金属丝连接起来；最后将管帽套在底座周围的凸缘上，利用电阻熔焊法或环形平行焊法将管帽与底座边缘焊牢。金属管帽的顶端或者侧面开有小孔或小窗，以便湿敏芯片和空气能够接触。根据不同湿敏芯片和性能要求，可以考虑加一层金属防尘罩，以延长湿度传感器的使用寿命。

（2）单列直插封装

单列直插封装（SIP）也常用来封装湿度传感器。湿敏芯片的输出引脚数一般只有数个，因而可以将基板上的I/O引脚引向一边，用镀Ni、镀Ag或者镀Pb-Sn的"卡式"引线（基材多为Kovar合金）卡在基板的I/O焊区上，将卡式引线浸入熔化的Pb-Sn槽中进行再流焊，将焊点焊牢。根据需要，卡式引线的节距有2.54mm和1.27mm两种，平时引线均连成带状，焊接后再剪成单个卡式引线。通常还要对组装好元器件的基板进行涂覆保护，最简单的是浸渍一层环氧树脂，然后固化。最后塑封保护，整修毛刺，完成封装。

单列直插封装的插座占基板面积小，插取自如，SIP工艺简便易行，适于多品种、小批量生产，且便于逐个引线的更换和返修。

（3）小外形封装

小外形封装（SOP）法是另一种封装湿度传感器的方法。SOP是从双列直插封装（DIP）变形发展而来的，它将DIP的直插引脚向外弯曲成90°，变成了适于表面组装技术（SMT）的封装。SOP基本全部是塑料封装，其封装工艺为：先将湿敏芯片用导电胶或环氧树脂粘接在引线框架上，经树脂固化，使湿敏芯片固定，再将湿敏芯片上的焊区与引线框架引脚的键合区用引线键合法连接。然后放入塑料模具中进行膜塑封装，出模后经切筋整修，去除塑封毛刺，对框架外引脚打弯成型。塑料外壳表面开有与空气接触的小窗，并贴上空气过滤薄膜，阻挡灰尘等杂质，从而保护湿敏芯片。相较于TO和SIP两种封装形式，SOP封装外形尺寸要小得多,重量比较轻。SOP 封装的湿度传感器长期稳定性很好,漂移小,成本低,容易使用。同时适合 SMT,是一种比较优良的封装方法。

(4) 其他封装形式

外部支撑框架是由高分子化合物形成,用预先设计的模子浇铸而成,其设计充分考虑了空间结构,保证湿敏芯片和空气能充分接触。湿敏芯片沿着滑道直接插入外框架,然后固定。从外框架另一端插入外引线,与湿敏芯片的焊区相接(也可以悬空),然后用导电胶热固法将湿敏芯片和外引线连接起来。最后,外框架的正反两面都贴上空气过滤薄膜。过滤薄膜是由聚四氟乙烯制成的多孔膜,能够允许空气渗透进入传感器而能阻挡灰尘和水滴。

这种湿度传感器的封装有别于传统的湿度传感器封装,它不采用传统的引线键合的方法连接外引线和湿敏芯片,而是直接将湿敏芯片外引线连接,从而避免了因为内引线的原因而导致的失效问题。同时,它的封装体积较小,传感器性能稳定,能够长时间工作。不过,它对外框架制作要求较高,工艺相对比较复杂。

(5) 湿度传感器和其他传感器混合封装

很多时候,湿度传感器并不是单独封装的,而是和温度传感器、风速传感器或压力传感器等其他传感器以及后端处理电路集成混合封装,以满足相应的功能需求。其封装工艺为:先将湿敏芯片用导电胶或环氧树脂粘接在基板上,经树脂固化,使湿敏芯片固定。再将湿敏芯片上的焊区与基板键合区用引线键合法连接。然后封盖外壳(材料可选择水晶聚合物)。外壳的表面开有与空气接触的小窗,使湿度敏感元件和温度敏感元件芯片和空气充分接触,而其他部分与空气隔离,密封保护。小窗贴有空气过滤薄膜,以防止杂质的沾污。

LCC 封装由于没有引脚,所以寄生电容和寄生电感均较小。同时它还具有电性能和热性能优良,封装体积小,适合 SMT 等优点。

2. 测量方法

湿度测量技术由来已久。随着电子技术的发展,近代测量技术也有了飞速的发展。湿度测量从原理上划分为二三十种之多。对湿度的表示方法有绝对湿度、相对湿度、露点、湿气与干气的比值(重量或体积)等。但湿度测量始终是世界计量领域中著名的难题之一。一个看似简单的量值,深究起来,涉及相当复杂的物理-化学理论分析和计算,初涉者可能会忽略在湿度测量中必须注意的许多因素,因而影响其合理使用。

常见的湿度测量方法有:动态法(双压法、双温法、分流法),静态法(饱和盐法、硫酸法),露点法,干湿球法和形形色色的电子式传感器法。

这里的双压法、双温法是基于热力学 P、V、T 平衡原理,平衡时间较长;分流法是基于绝对湿气和绝对干空气的精确混合。由于采用了现代测控手段,这些设备可以做得相当精密,却因设备复杂、昂贵、运作费时费工,主要作为标准计量之用,其测量精度可达 ±2%RH ～ ±1.5%RH。

静态法中的饱和盐法,是湿度测量中最常见的方法,简单易行。但饱和盐法对液、气两相的平衡要求很严,对环境温度的稳定要求较高。用起来要求等很长时间去平衡,低湿点要求更长。特别是在室内湿度和瓶内湿度差值较大时,每次开启都需要平衡 6～8 小时。

露点法是测量湿空气达到饱和时的温度,是热力学的直接结果,准确度高,测量范围宽。计量用的精密露点仪准确度可达 ±0.2℃甚至更高。但用现代光-电原理的冷镜式露点仪价格昂贵,常和标准湿度发生器配套使用。

干湿球法,是 18 世纪就发明的测湿方法。历史悠久,使用最广泛。干湿球法是一种间接方法,它用干湿球方程换算出湿度值,而此方程是有条件的:即在湿球附近的风速必须达到 2.5m/s 以上。普通用的干湿球温度计将此条件简化了,所以其准确度只有(5%~7%) RH,明显低于电子湿度传感器。显然干湿球也不属于静态法,不要简单地认为只要提高两支温度计的测量精度就等于提高了湿度计的测量精度。

需要注意的是:第一,由于湿度是温度的函数,温度的变化决定性地影响着湿度的测量结果。无论哪种方法,精确地测量和控制温度是第一位的。须知即使是一个隔热良好的恒温恒湿箱,其工作室内的温度也存在一定的梯度,所以此空间内的湿度也难以完全均匀一致。第二,由于原理和方法差异较大,各种测量方法之间难以直接校准和认定,大多只能用间接办法比对。所以在两种测湿方法之间相互校对全湿程(相对湿度(0~100%)RH)的测量结果,或者要在所有温度范围内校准各点的测量结果,是十分困难的事。例如,通风干湿球湿度计要求有规定风速的流动空气,而饱和盐法则要求严格密封,两者无法比对。最好的办法还是按国家对湿度计量器具检定系统(标准)规定的传递方式和检定规程去逐级认定。

3. 湿度传感器的分类

湿敏传感器种类繁多,分类方法也很多。按输出的电学量可分为电阻式、电容式等;按探测功能可分为绝对湿度型、相对湿度型和结露型等;按感湿材料可分为陶瓷式、高分子式、半导体式和电解质式等。

4. 工作原理

1) 电阻式湿敏传感器

电阻式湿敏传感器是利用器件电阻值随湿度变化的基本原理来进行工作的,其感湿特征量为电阻值。根据使用感湿材料的不同,电阻式湿敏传感器可分为电解质式、陶瓷式和高分子式三类。

(1) 电解质式电阻湿敏传感器

① 基本原理

电解质式电阻湿敏传感器的典型代表是氯化锂湿敏电阻,它是利用吸湿性盐类"潮解",离子导电率发生变化而制成的测湿元件,其结构如图 7-12 所示。由引线、基片、感湿层和电极组成。感湿层是在基片上涂敷的按一定比例配制的氯化锂-聚乙烯醇混合溶液。

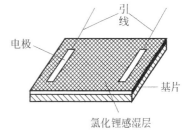

图 7-12　氯化锂湿敏电阻结构

氯化锂通常与聚乙烯醇组成混合体,在高浓度的氯化锂(LiCl)溶液中,Li+ 和 Cl- 均以正负离子的形式存在,其溶液的离子导电能力与溶液浓度成正比。当溶液置于一定温度的环境中时,若环境相对湿度高,由于 Li+ 对水分子的吸引力强,离子水合程度高,溶液将吸收水分,浓度降低,因此,溶液导电能力随之下降,电阻率增高;反之,当环境相对湿度变低时,溶液浓度升高,导电能力随之增强,电阻率下降。由此可见,氯化锂湿敏电阻的阻值会随环境相对湿度的改变而变化,从而实现对湿度的测量。

② 氯化锂湿敏电阻的特点

优点:滞后小;不受测试环境(如风速)影响;检测精度高达±5%。

缺点：耐热性差；不能用于露点以下测量；器件重复性差，使用寿命短。电流必须用交流，以免出现极化。

（2）陶瓷式电阻湿敏传感器

陶瓷式电阻湿敏传感器通常是由两种以上金属氧化物混合烧结而成的多孔陶瓷，是根据感湿材料吸附水分后其电阻率会发生变化的原理来进行湿度检测。陶瓷的化学稳定性好，耐高温，多孔陶瓷的表面积大，易于吸湿和脱湿，所以响应时间可以短至几秒。这种湿敏器件的感湿体外常罩一层加热丝，以对器件进行加热清洗，排除周围恶劣环境对器件的污染。

制作陶瓷式电阻湿敏传感器的材料有 $ZnO\text{-}LiO_2\text{-}V_2O_5$ 系、$Si\text{-}Na_2O\text{-}V_2O_5$ 系、$TiO_2\text{-}MgO\text{-}Cr2O_3$ 系和 Fe_3O_4 系等。前三种材料的电阻率随湿度的增加而下降，称为负特性湿敏半导体陶瓷；后一种的电阻率随湿度的增加而增加，称为正特性湿敏半导体陶瓷。

陶瓷式电阻湿敏传感器的优点是：传感器表面与水蒸气的接触面积大，易于水蒸气的吸收与脱却；陶瓷烧结体能耐高温，物理、化学性质稳定，适合采用加热去污的方法恢复材料的湿敏特性；可以通过调整烧结体表面晶粒、晶粒界和细微气孔的构造，改善传感器湿敏特性。

（3）高分子式电阻湿敏传感器

这类传感器是利用高分子电解质吸湿而导致电阻率发生变化的基本原理来进行测量的。通常将含有强极性基的高分子电解质及其盐类（如$-NH_4+Cl--$、$-NH_2$、$-SO_3\text{-}H+$）等高分子材料制成感湿电阻膜。当水吸附在强极性基高分子上时，随着湿度的增加吸附量增大，吸附水分子凝聚成液态。在低湿吸附量少的情况下，由于没有荷电离子产生，电阻值很高；当相对湿度增加时，凝聚化的吸附水就成为导电通道，高分子电解质的成对离子主要起载流子作用。此外，由吸附水自身离解出来的质子（$H+$）及水和氢离子（H_3O+）也能起电荷载流子作用，这就使得载流子数目急剧增加，传感器的电阻急剧下降。利用高分子电解质在不同湿度条件下电离产生的导电离子数量不等使阻值发生变化，就可以测定环境中的湿度。

高分子式电阻湿敏传感器测量湿度范围大，工作温度在 $0\sim50℃$，响应时间 $<30s$，测量范围为（$0\sim100\%$）RH，误差在 $\pm5\%$RH 左右。

2）电容式湿敏传感器

电容式湿敏传感器是有效利用湿敏元件电容量随湿度变化的特性来进行测量的，属于变介电常数型电容式传感器，通过检测其电容量的变化值，从而间接获得被测湿度的大小。其结构如图 7-13 所示。上、下两极板间夹着由湿敏材料构成的电介质，并将下极板固定在玻璃或陶瓷基片上。当周围环境的湿度发生变化时，由湿敏材料构成的电介质的介电常数将发生改变，相应的电容量也会随之发生变化，因此只要检测到电容的变化量就能检测周围湿度的大小。电容式湿敏传感器按照极间介质分为高分子和陶瓷材料两大类。

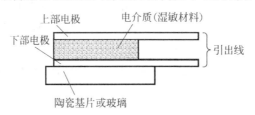

图 7-13　电容式湿敏传感器结构图

7.2.2 选型及安装

1. 选型指标

湿度传感器的特性参数主要有：湿度量程、灵敏度、湿度温度系数、响应时间、湿滞回线和湿滞回差、感湿特征量-相对湿度特性曲线等。

（1）湿度量程。是指湿度传感器能够较精确测量的环境湿度的最大范围。由于各种湿度传感器所使用的材料及依据的工作原理不同，其特性并不都能适用于(0～100%)RH 的整个相对湿度范围。

（2）感湿特征量-相对湿度特性曲线。湿度传感器的输出变量称为其感湿特征量，如电阻、电容等。湿度传感器的感湿特征量随环境湿度的变化曲线，称为传感器的感湿特征量-环境湿度特性曲线，简称为感湿特性曲线。性能良好的湿度敏感器件的感湿特性曲线，应有宽的线性范围和适中的灵敏度。

（3）灵敏度。湿度传感器的灵敏度即其感湿特性曲线的斜率。大多数湿度敏感器件的感湿特性曲线是非线性的，因此尚无统一的表示方法。较普遍采用的方法是用器件在不同环境湿度下的感湿特征量之比来表示。

（4）湿度温度系数。它定义为在器件感湿特征量恒定的条件下，该感湿特征量值所表示的环境相对湿度随环境温度的变化率。

（5）响应时间。表示当环境湿度发生变化时，传感器完成吸湿或脱湿以及动态平衡过程所需时间的特性参数。响应时间用时间常数 τ 来定义，即感湿特征量由起始值变化到终止值的 0.632 倍所需的时间。可见，响应时间是与环境相对湿度的起、止值密切相关的。

（6）湿滞回线和湿滞回差。一个湿度传感器在吸湿和脱湿两种情况下的感湿特性曲线不相重复，一般可形成一回线，这种特性称为湿滞特性；其曲线称为湿滞回线。

因此，在选型中，应注意以下事项。

1）选择测量范围

和测量重量、温度一样，选择湿度传感器首先要确定测量范围。除了气象、科研部门外，高温、湿度测控的一般不需要全湿程((0～100%)RH)测量。

2）选择测量精度

测量精度是湿度传感器最重要的指标，每提高一个百分点，对湿度传感器来说就是上一个台阶，甚至是上一个档次。因为要达到不同的精度，其制造成本相差很大，售价也相差甚远，所以使用者一定要量体裁衣，不宜盲目追求"高、精、尖"。如在不同温度下使用湿度传感器，其示值还要考虑温度漂移的影响。众所周知，相对湿度是温度的函数，温度严重地影响着指定空间内的相对湿度。温度每变化 0.1℃，将产生 0.5%RH 的湿度变化（误差）。使用场合如果难以做到恒温，则提出过高的测湿精度是不合适的。多数情况下，如果没有精确的控温手段，或者被测空间是非密封的，±5%RH 的精度就足够了。对于要求精确控制恒温、恒湿的局部空间，或者需要随时跟踪记录湿度变化的场合，再选用 ±3%RH 以上精度的湿度传感器。而精度高于 ±2%RH 的要求恐怕连校准传感器的标准湿度发生器也难以做到，更何况传感器自身了。相对湿度测量仪表，即使在 20～25℃下，要达到 2%RH 的准确度仍是很困难的。通常产品资料中给出的特性是在常温(20℃±10℃)和洁净的气体中测量的。

3) 考虑时漂和温漂

在实际使用中,由于尘土、油污及有害气体的影响,使用时间一长,电子式湿度传感器会产生老化,精度下降,电子式湿度传感器年漂移量一般都在±2%左右,甚至更高。一般情况下,生产厂商会标明一次标定的有效使用时间为一年或两年,到期需重新标定。

4) 其他注意事项

湿度传感器是非密封性的,为保护测量的准确度和稳定性,应尽量避免在酸性、碱性及含有机溶剂的气氛中使用,也避免在粉尘较大的环境中使用。为正确反映欲测空间的湿度,还应避免将传感器安放在离墙壁太近或空气不流通的死角处。如果被测的房间太大,就应放置多个传感器。有的湿度传感器对供电电源要求比较高,否则将影响测量精度;或者传感器之间相互干扰,甚至无法工作。使用时应按照技术要求提供合适的、符合精度要求的供电电源。传感器需要进行远距离信号传输时,要注意信号的衰减问题。当传输距离超过200m以上时,建议选用频率输出信号的湿度传感器。

2. 安装与标定

湿度传感器的安装方式主要有壁挂式、风道式和三通式安装,如图 7-14 所示。

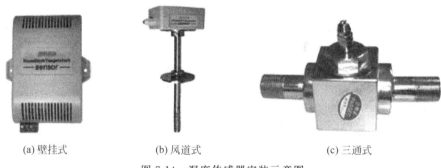

(a) 壁挂式   (b) 风道式   (c) 三通式

图 7-14　湿度传感器安装示意图

在湿度传感器实际标定困难的情况下,可以通过一些简便的方法进行湿度传感器性能判断与检查。

(1) 一致性判定。同一类型,同一厂家的湿度传感器产品最好一次购买两支以上,越多越说明问题,放在一起通电比较检测输出值,在相对稳定的条件下,观察测试的一致性。若进一步检测,可在 24 小时内间隔一段时间记录,一天内一般都有高、中、低三种湿度和温度情况,可以较全面地观察产品的一致性和稳定性,包括温度补偿特性。

(2) 用嘴呵气或利用其他加湿手段对传感器加湿,观察其灵敏度、重复性、升湿脱湿性能,以及分辨率,产品的最高量程等。

(3) 对产品做开盒和关盒两种情况的测试。比较是否一致,观察其热效应情况。

(4) 对产品在高温状态和低温状态(根据说明书标准)进行测试,并恢复到正常状态下检测和实验前的记录做比较,考察产品的温度适应性,并观察产品的一致性情况。

产品的性能最终要依据质检部门正规完备的检测手段。利用饱和盐溶液作标定,也可使用名牌产品做比对检测,产品还应进行长期使用过程中的长期标定才能较全面地判断湿度传感器的质量。

3. 使用注意事项

湿度传感器是非密封性的,为保护测量的准确度和稳定性,应尽量避免在酸性、碱性及含有机溶剂的气氛中使用,也避免在粉尘较大的环境中使用。为正确反映欲测空间的湿度,还应避免将传感器安放在离墙壁太近或空气不流通的死角处。如果被测的房间太大,就应放置多个传感器。

有的湿度传感器对供电电源要求比较高,否则将影响测量精度,或者传感器之间相互干扰,甚至无法工作。使用时应按要求提供合适的、符合精度要求的供电电源。

传感器需要进行远距离信号传输时,要注意信号的衰减问题。当传输距离超过 200m 以上时,建议选用频率输出信号的湿度传感器。

由于湿敏元件都存在一定的分散性,无论进口或国产的传感器都需逐支调试标定。大多数在更换湿敏元件后需要重新调试标定,对于测量精度比较高的湿度传感器尤其重要。

湿度传感器现在正在被广泛应用,湿度传感器能够很好地监控环境中的湿度,在食品保护、环境检测等方面有着重要的应用,我们在使用湿度传感器的时候应该充分了解湿度传感器的结构以及在使用过程中的一些注意事项。

湿度传感器的形式不是很多,但是不管是什么样的湿度传感器在使用过程中还是要注意以上几个细节问题,不仅是湿度传感器,所有的传感器在使用过程中都有它的注意事项,我们在使用的时候应该首先阅读使用说明书以及和厂家咨询相关的问题,才能更好地使用。

7.2.3 湿度传感器的应用

1. 汽车后窗玻璃自动去湿装置

如图 7-15 所示,为汽车后窗玻璃自动去湿装置原理图。图中 R_H 为设置在后窗玻璃上的湿敏传感器电阻,R_L 为嵌入玻璃的加热电阻丝(可在玻璃形成过程中将电阻丝烧结在玻璃内,或将电阻丝加在双层玻璃的夹层内),J 为继电器线圈,J_1 为其常开触点。半导体管 T_1 和 T_2 接成施密特触发器电路,在 T_1 管的基极上接有由电阻 R_1、R_2 及湿敏传感器电阻 R_H 组成的偏置电路。在常温常湿情况下,调节好各电阻值,因 R_H 阻值较大,使 T_1 管导通,T_2 管截止,继电器 J 不工作,其常开触点 J_1 断开,加热电阻 R_L 无电流流过。当汽车内外温差较大且湿度过大时,将导致湿敏电阻 R_H 的阻值减小,当其减小到某值时,R_H 与 R_2 的并联电阻阻值小到不足以维持 T_1 管导通,此时 T_1 管截止,T_2 管导通,使其负载继电器 J 通电,控制常开触点 J_1 闭合,加热电阻丝 R_L 开始加热,驱散后窗玻璃上的湿气,同时加热指示灯亮。当玻璃上的湿度减小到一定程度时,随着 R_H 增大,施密特电路又开始翻转到初始状态,T_1 管导通,T_2 管截止,常开触点 J_1 断开,R_L 断电停止加热,从而实现了防湿自动控制。该装置也可广泛应用于汽车、仓库、车间等湿度的控制。

2. 房间湿度控制器

湿度控制器采用 KSC-6V 集成相对湿敏传感器,将湿敏传感器电容置于 RC 振荡电路中,直接将湿敏元件输出的电容信号转换成电压信号。其具体工作原理为:由双稳态触发器及 RC 组成双振荡器,其中一条支路由固定电阻和湿敏电容组成,另一条支路由多圈电位器和固定电容组成。设定在 0RH 时,湿敏支路产生某一脉冲宽度的方波,调整多圈电位器使其所在支路产生方波与湿敏支路方波脉宽相同,则两信号差为 0。当湿度发生变化时,湿敏支路产生的方波脉宽将发生变化,两信号差不再为 0,此信号差通过 RC 滤波后经标准化处理得到电压输出。输出电压随相对湿度的增加几乎成线性递增,其相对湿度(0～100%)RH 对应的输出电压为 0～100mV。

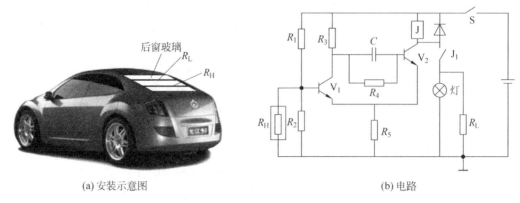

(a) 安装示意图   (b) 电路

图 7-15　汽车后窗玻璃自动去湿装置

　　KSC-6V 湿敏传感器的应用电路如图 7-16 所示。将湿敏传感器输出的电压信号分成三路,分别接在电压比较器 A_1 的反相输入端、电压比较器 A_2 的同相输入端和显示器的正输入端,A_1 和 A_2 由可调电阻 RP_1 和 RP_2 根据设定值调到适当的位置。当房间内湿度下降时,传感器的输出电压下降,当降到 A_1 设定数值时,A_1 同相输入端电压高于反相输入端电压,因此输出高电平,使 T_1 导通,LED_1 发出绿光,表示空气干燥,继电器 J_1 吸合接通加湿器。当房间内相对湿度上升时,传感器输出电压升高,当升到一定数值即超过设定值时,A_1 输出低电平,J_1 释放,加湿器停止工作。同理,当房间内湿度升高时,传感器输出电压随之升高,当升到 A_2 设定数值时,A_2 输出高电平,使 T_2 导通,LED_2 发出红光,表示空气太潮湿,继电器 J_2 吸合接通排气扇排除潮气,当相对湿度降到设定值时,J_2 释放,排气扇停止工作,这样就可以控制室内空气的湿度范围,达到我们所需求的空气湿度环境。

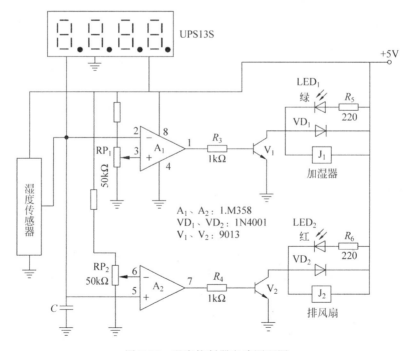

图 7-16　湿度控制器电路原理图

3. 在疫苗冷链存储运输中的应用

疫苗储存须有严格的温度控制标准,而正规的疫苗存储配送链应该全程配备温湿度监控设备,以符合药品经营质量管理规范(GSP)的要求。因此,温湿度传感器的参与必不可少。在疫苗存储、运输和配送流程中,冷链全程有温度监控记录并备案。疾控中心对每一批次查验货时,必须同时查验途中的温湿度记录,确认运输途中温度记录符合 GSP 相关规定后再验收入库,如图 7-17 所示。

图 7-17 疫苗运输示意图

温湿度传感器与电子标签技术相结合,为此类应用中温湿度监控和测量提供了一条绝佳解决途径。电子标签是一种采用了 RF 技术进行近距离通信的信息载体芯片,体积小巧,安装和使用非常方便,非常适合对零散类物品进行信息标示和辨别。

通过将温湿度传感器集成到电子标签上,从而使得电子标签能够对被安装的物品或应用环境进行温度和湿度值的测量,并将测量值以射频(RF)的方式传输到读写器上,最后由读写器以无线/有线方式发送给应用后台系统。

疾控部门疫苗管理人员可随时随地通过计算机或手机 APP,实时查看全区或本单位的冰箱和冷链运输车等冷链设备的温湿度传感器传来的温度和湿度数据,并可随时调取冷链设备历史温度记录,准确掌握任意时间段内冷链设备的运行状况。如遇停电等突发状况,管理人员还会在第一时间收到报警短信,并进行及时处理,将疫苗因冷链温度影响造成的损耗降到最低。

4. 在纺织定型机上的节能应用

纺织定型机的排出废气中既有水蒸气、烟气,又有热空气。提升水蒸气、烟气的含量,减少排放的热空气,可以达到减少能量的消耗。国家发展改革委员会《印染行业准入条件》中要求"定型机及各种烘燥工艺中安装湿度在线监测装置"。

目前,大多数印染厂所采用的温湿度的调节方式都是简单的手动调节方式。具体调节由设备顶部的排气风机控制,排气管道上装有手动的调节阀门,如图 7-18 所示。采用智能化的监控方式,则是一种节约能源的有效途径。

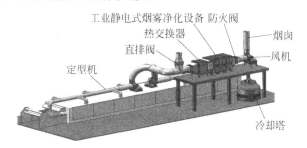

图 7-18 纺织定型机结构图

在给定的烘干时间内,烘箱内水分蒸发量与织物的原料成分、面料密度、幅宽、烘干前后本身含水率以及烘干速度等参数有关。烘燥机在不同的排气湿度情况下,"蒸发效率"和"能耗"的变化是非线性的。定型机热利用效率不到 30%,其中最大的热损失是在排气过程中。经测定,排气湿度在 5% 时,空气体积是水蒸气的 19 倍;而排气湿度在 20% 时,空气体积是水蒸气的 4 倍。相差水蒸气体积 15 倍的热空气所携带的热量完全是浪费,装带有温湿度传感器的高温湿度测控仪,可自动控制定型机烘干湿度,从而节省大量加温费用。

7.3　视觉传感器工作原理及应用

本节内容思维导图如图 7-19 所示。

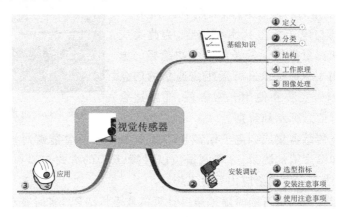

图 7-19　7.3 节思维导图

7.3.1　基础知识

1. 视觉传感器的定义

视觉传感器是指:利用光学元件和成像装置获取外部环境图像信息的仪器,通常用图像分辨率来描述视觉传感器的性能。视觉传感器的精度不仅与分辨率有关,而且同被测物体的检测距离相关。被测物体距离越远,其绝对的位置精度越差。视觉传感器的外观如图 7-20 所示。

2. 像素

像素的全称为图像元素。像素只是分辨率的尺寸单位,而不是画质。从定义上来看,像素是指基本原色素及其灰度的基本编码。像素是构成数码影像的基本单元,通常以像素每英寸(pixels per inch,PPI)为单位来表示影像分辨率的大小。

例如,300×300 分辨率,即表示水平方向与垂直方向上每英寸长度上的像素数都是 300,也可表示为一平方英寸内有 9 万(300×300)像素。

如同摄影的相片一样,数码影像也具有连续性的浓淡阶调,若把影像放大数倍,会发现这些连续色调其实是由许多色彩相近的小方点所组成,这些小方点就是构成影像的最小单元——像素。这种最小的图形单元在屏幕上显示通常是单个的染色点。越高位的像素,其拥有的色板也就越丰富,也就越能表达颜色的真实感,如图 7-21 所示。

3. 视觉传感器的分类

视觉传感器是组成数字摄像头的重要组成部分,根据元件不同分为 CCD(Charge Coupled Device,电荷耦合元件)和 CMOS(Complementary Metal-Oxide Semiconductor,金属氧化物半导体元件)。

图 7-20 视觉传感器外观图　　　　　　图 7-21 像素对比图

1) CCD 电荷耦合元件

CCD 可以称为 CCD 图像传感器,也叫图像控制器。CCD 是一种半导体器件,能够把光学影像转化为电信号。CCD 上植入的微小光敏物质称作像素(Pixel)。一块 CCD 上包含的像素数越多,其提供的画面分辨率也就越高。CCD 的作用就像胶片一样,但它是把光信号转换成电荷信号。CCD 上有许多排列整齐的光电二极管,能感应光线,并将光信号转变成电信号,经外部采样放大及模数转换电路转换成数字图像信号。

如图 7-22 所示,CCD 从功能上可分为线阵 CCD 和面阵 CCD 两大类。线阵 CCD 通常将 CCD 内部电极分成数组,每组称为一相,并施加同样的时钟脉冲。所需相数由 CCD 芯片内部结构决定,结构相异的 CCD 可满足不同场合的使用要求。线阵 CCD 有单沟道和双沟道之分,其光敏区是 MOS 电容或光敏二极管结构,生产工艺相对较简单。它由光敏区阵列与移位寄存器扫描电路组成,特点是处理信息速度快,外围电路简单,易实现实时控制,但获取信息量小,不能处理复杂的图像。面阵 CCD 的结构要复杂得多,它由很多光敏区排列成一个方阵,并以一定的形式连接成一个器件,获取信息量大,能处理复杂的图像。

图 7-22 CCD 外观图

其显著特点如下。

(1) 体积小,重量轻;

(2) 功耗小,工作电压低,抗冲击与振动,性能稳定,寿命长;

(3) 灵敏度高,噪声低,动态范围大;

(4) 响应速度快,有自扫描功能,图像畸变小,无残像;

(5) 应用超大规模集成电路工艺技术生产,像素集成度高,尺寸精确,商品化生产成本低。因此,许多采用光学方法测量外径的仪器,把 CCD 器件作为光电接收器。

2) CMOS 金属氧化物半导体元件

CMOS 图像传感器是一种典型的固体成像传感器,与 CCD 有着共同的历史渊源。

CMOS 图像传感器通常由像敏单元阵列、行驱动器、列驱动器、时序控制逻辑、AD 转换器、数据总线输出接口、控制接口等几部分组成,这几部分通常都被集成在同一块硅片上。其工作过程一般可分为复位、光电转换、积分、读出几部分。图 7-23 是 CMOS 图像传感器的外观图。

首先,外界光照射像素阵列,发生光电效应,在像素单元内产生相应的电荷。行选择逻辑单元根据需要,选通相应的行像素单元。行像素单元内的图像信号通过各自所在列的信号总线传输到对应的模拟信号处理单元以及 A/D 转换器,转换成数字图像信号输出。其中的行选择逻辑单元可以对像素阵列逐行扫描,也可隔行扫描。行选择逻辑单元与列选择逻辑单元配合使用可以实现图像的窗口提取功能。模拟信号处理单元的主要功能是对信号进行放大处理,并且提高信噪比。另外,为了获得质量合格的实用摄像头,芯片中必须包含各种控制电路,如曝光时间控制、自动增益控制等。为了使芯片中各部分电路按规定的节拍动作,必须使用多个时序控制信号。为了便于摄像头的应用,还要求该芯片能输出一些时序信号,如同步信号、行起始信号、场起始信号等。CMOS 和 CCD 的对比如图 7-24 所示。

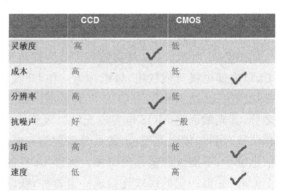

	CCD	CMOS
灵敏度	高 ✔	低
成本	高	低 ✔
分辨率	高 ✔	低
抗噪声	好 ✔	一般
功耗	高	低 ✔
速度	低	高 ✔

图 7-23　CMOS 图像传感器外观图　　　　图 7-24　CCD 与 CMOS 对比图

4. 视觉传感器的结构

视觉传感器是指通过对摄像机拍摄到的图像进行图像处理,用来计算对象物体的特征量(如面积、重心、长度、位置等),并输出数据和判断结果的传感器。智能视觉传感器一般由图像采集单元、图像处理单元、图像处理软件、通信装置、I/O 接口等构成,视觉传感器系统构成如图 7-25 所示。

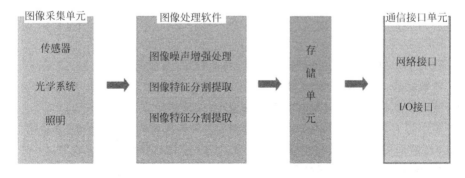

图 7-25　智能视觉传感器系统构成图

视觉传感器具有从一整幅图像捕获光线数以千计的像素能力,图像的清晰和细腻程度通常用分辨率来衡量,用像素数量表示。比如现有许多视觉传感器的分辨率能够达到130万像素以上。

5. 视觉传感器的工作原理

视觉传感器是如何工作的呢? 摄像机采集的图像信号经过前处理、位置修正、特征量提取、运算判断后,然后进行输出,如图 7-26 所示。

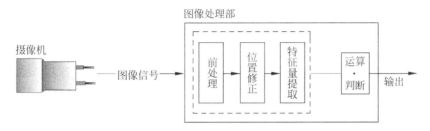

图 7-26　摄像机输出的图像信号

无论距离目标数米或数厘米远,传感器都能"看到"十分细腻的目标图像。视觉传感器在捕获图像之后,将其与内存中存储的基准图像进行比较,以做出分析。它的主要部件就是照相机或者摄像机,通过镜头图像传感器(一般是 CCD 和 CMOS 类型)采集图像,然后将该图像传送至处理单元,通过数字化处理,运用不同的算法来提高对结论有重要影响的图像要素,根据像素分布、亮度和颜色等信息进行尺寸、形状和颜色等的测量与判断,进而通过判别的结果来控制现在设备的动作,其功能主要包括物体定位、特征检测、缺陷判断、目标识别、计数和运动跟踪。

例如,若视觉传感器被设定为辨别正确地插有 8 颗螺栓的机器部件,则传感器知道应该拒收只有 7 颗螺栓的部件,或者螺栓未对准的部件。又如印刷电路板外观检查装置的第一目的就是"杜绝次品",在 24 小时连续生产的车间,如果技术人员不在现场,就会导致不断出现次品。为了使任何情况都能及时发现缺陷、迅速应对,在生产线上安装视觉传感器,生产线即可具有"异常检测""原因分析"和"工作指示"等功能。

6. 图像处理

(1) 图像变换:由于图像阵列很大,直接在空间域中进行处理,涉及计算量很大。因此,往往采用各种图像变换的方法,如傅里叶变换、沃尔什变换、离散余弦变换等间接处理技术,将空间域的处理转换为变换域处理,不仅可减少计算量,而且可获得更有效的处理(如傅里叶变换可在频域中进行数字滤波处理)。目前,新兴研究的小波变换在时域和频域中都具有良好的局部化特性,它在图像处理中也有着广泛而有效的应用。

(2) 图像编码压缩:图像编码压缩技术可减少描述图像的数据量(即比特数),以便节省图像传输、处理时间和减少所占用的存储器容量。压缩可以在不失真的前提下获得,也可以在允许的失真条件下进行。编码是压缩技术中最重要的方法,它在图像处理技术中是发展最早且比较成熟的技术。

(3) 图像增强和复原:图像增强和复原的目的是为了提高图像的质量,如去除噪声,提高图像的清晰度等。图像增强不考虑图像降质的原因,仅突出图像中所感兴趣的部分。如强化图像高频分量,可使图像中物体轮廓清晰,细节明显;如强化低频分量可减少图像中噪声影响。图像复原要求对图像降质的原因有一定的了解,一般讲应根据降质过程建立"降质模型"，再采用某种滤波方法，恢复或重建原来的图像。

（4）图像分割：图像分割是数字图像处理中的关键技术之一。图像分割是将图像中有意义的特征部分提取出来，其有意义的特征有图像中的边缘、区域等，这是进一步进行图像识别、分析和理解的基础。虽然目前已研究出不少边缘提取、区域分割的方法，但还没有一种普遍适用于各种图像的有效方法。因此，对图像分割的研究还在不断深入之中，是目前图像处理中研究的热点之一。

（5）图像描述：图像描述是图像识别和理解的必要前提。作为最简单的二值图像可采用其几何特性描述物体的特性，一般图像的描述方法采用二维形状描述，它有边界描述和区域描述两类方法。对于特殊的纹理图像可采用二维纹理特征描述。随着图像处理研究的深入发展，已经开始进行三维物体描述的研究，提出了体积描述、表面描述、广义圆柱体描述等方法。

（6）图像分类（识别）：图像分类（识别）属于模式识别的范畴，其主要内容是图像经过某些预处理（增强、复原、压缩）后，进行图像分割和特征提取，从而进行判决分类。图像分类常采用经典的模式识别方法，有统计模式分类和句法（结构）模式分类，近年来新发展起来的模糊模式识别和人工神经网络模式分类在图像识别中也越来越受到重视。

7.3.2 选型及安装

1. 选型标准

了解 CCD 和 CMOS 芯片的成像原理和主要参数对于产品的选型是非常重要的。同样，相同的芯片经过不同的设计制造出的相机性能也可能有所差别。

CCD 和 CMOS 的主要参数有以下几个。

（1）像元尺寸：像元尺寸指芯片像元阵列上每个像元的实际物理尺寸，通常的尺寸包括 $14\mu m$，$10\mu m$，$9\mu m$，$7\mu m$，$6.45\mu m$，$3.75\mu m$ 等。像元尺寸从某种程度上反映了芯片对光的响应能力，像元尺寸越大，能够接收到的光子数量越多，在同样的光照条件和曝光时间内产生的电荷数量越多。对于弱光成像而言，像元尺寸是芯片灵敏度的一种表征。

（2）灵敏度：灵敏度是芯片的重要参数之一，它具有两种物理意义。一种指光器件的光电转换能力，与响应率的意义相同。即芯片的灵敏度指在一定光谱范围内，单位曝光量的输出信号电压（电流），其单位可以为纳安/勒克斯（nA/Lux）、伏/瓦（V/W）、伏/勒克斯（V/Lux）、伏/流明（V/lm）。另一种是指器件所能传感的对地辐射功率（或照度），与探测率的意义相同，其单位可用瓦（W）或勒克斯（Lux）表示。

（3）坏点数：由于受到制造工艺的限制，对于有几百万像素点的传感器而言，所有的像元都是好的情况几乎不太可能，坏点数是指芯片中坏点（不能有效成像的像元或响应不一致性大于参数允许范围的像元）的数量，坏点数是衡量芯片质量的重要参数。

（4）光谱响应：光谱响应是指芯片对于不同光波长光线的响应能力，通常用光谱响应曲线给出。

在指定的应用中，三个关键的要素决定了传感器的选择：动态范围、速度和响应度。动态范围决定系统能够抓取的图像的质量，也被称作对细节的体现能力。传感器的速度指的是每秒钟传感器能够产生多少张图像和系统能够接收到的图像的输出量。响应度指的是传感器将光子转换为电子的效率，它决定系统需要抓取有用的图像的亮度水平。传感器的技术和设计共同决定上述特征，因此系统开发人员在选择传感器时必须有自己的衡量标准，详细地研究这些特征,将有助于做出正确的判断。

以上提到的三项关键要素并不是构成传感器选择的唯一参考量,另外还有两项重要的因素:传感器的分辨率和像素间距,其中任何一项都能够影响图像的质量并且与上述三项关键要素相互作用。

2. 安装注意事项

视觉传感器的安装注意事项如下。

(1)与被测物体的距离远近应合适,确保图像的分辨率可以达到要求。

(2)传感器的各个引线应正确连接,供电应在手册规定范围之内。所有的线缆应远离高压电源。

(3)严禁将传感器安装在危险环境中,如:过热、灰尘、潮湿、冲击、振动、腐蚀、易燃易爆等。

(4)严格遵守传感器的安装手册中描述的其他规定。

7.3.3 视觉传感器的应用

1. 缺损污渍检测

如图 7-27 所示,视觉传感器可以通过浓度的分散来检查被测产品是否有缺损和污渍。视觉传感器可靠检测的前提条件是采集的图像"背景均匀"。对于有纹路的图像和标志上的破损和污渍,视觉传感器有时无法检测。

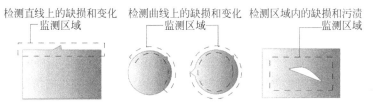

图 7-27 输入图像中的缺损检测

视觉传感器可以通过测量处理,将图像存在亮度变化的部分作为边缘提取,并求得亮度变化方向的称为"边缘代码"(EC)。通过 EC 进行的测量,是在边缘代码集中的条件下搜索圆形和长方形等形状,因此是很少受变形和污渍影响的处理方法。

2. EC 缺陷检查

EC 缺陷检查能对圆形或直线形状的测量物的微小缺损和低对比度的伤痕等进行高精度检测,例如,可以对橡胶垫等有弯曲形状的被测物稳定地进行检查。如图 7-28 所示为 O 形圈的缺损变化检查。

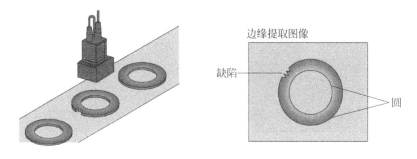

图 7-28 输入图像中的 EC 缺陷检测

3. EC 定位

通过"圆形""有角"等形状上的信息来寻找定位标志,即使在变形或部分缺损的情况下,也能实现高精度的定位。对比度低的图像也能进行定位,如图 7-29 所示。

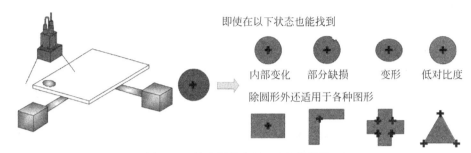

图 7-29　输入图像中的 EC 定位检测

视觉传感器应用的基本要素是掌握如何应用视觉传感器的两个关键点:照明和软件工具。在视觉传感器的应用中,照明是最重要的技术因素。光源的类型和位置,直接关系到是否能创建出最大目标背景对比度的图像。视觉传感器使用算法来分析其捕获的图像。用途广泛、功能全面的视觉传感器能够提供多种算法(有时被称作软件工具)。有的视觉传感器可直接连接 PC 里的软件工具,有的视觉传感器将软件工具固化在专用的便携触摸屏终端里。

4. 包装及标签检测

在包装生产线上,视觉传感器可检验产品包装上的标签及商标是否合格;在罐装生产线上,视觉传感器可校验瓶盖是否正确密封、装罐液位是否正确,以及在封盖之前是否有异物掉入瓶中;在药瓶生产线上,视觉传感器可确保在正确的位置粘贴正确的包装标签;在太阳能电池板生产线上,视觉传感器可检验太阳能电池板边沿是否有破损的情况,如图 7-30 所示。

(a) 标签检查与商标认证

(b) 太阳能电池板边沿破损检测

(c) 瓶子检查,验证模铸细节和装配情况

(d) 验证包裹上是否存在编码和文本

图 7-30　视觉传感器在各类生产线上的应用

5. 生产线其他方面的应用

视觉传感器的低成本和易用性已吸引机器设计师和工艺工程师将其集成入各类曾经依赖人工、多个光电传感器或根本不检验的应用。视觉传感器的工业应用包括检验、计量、测量、定向、瑕疵检测和分捡。如图 7-31 所示只是一些应用范例，包括典型的数量的测量、面积测量、位置的检测、瑕疵检测、宽度的测量、文字的检测等。

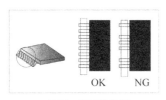
(a) 检测IC引线的数量

(c) 检测包装盒上密封带的位置

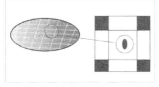
(d) 检测晶片上的BAD痕迹

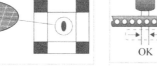

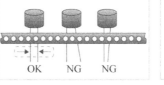
(e) 测量引线之间的宽度

(f) 检测电子元件上的印刷字

图 7-31 视觉传感器的应用案例

应 用 篇

7.4 技能拓展：智能农业管理系统中温湿度传感器的调试

7.4.1 实验目的

该实训模块可完成以下实训。

（1）了解并掌握温度传感器的使用方法及安装调试的过程。

（2）了解并掌握湿度传感器的使用方法及安装调试的过程。

通过以上实训学生可掌握在实际企业中工作的分工及流程，能够独立完成传感器的安装调试工作，培养其解决工业现场实际问题的能力。

7.4.2 元器件准备

（1）亚龙 OMR—欧姆龙主机单元一台。

（2）亚龙 YL-332 型实训设备一台。

（3）专用接线若干。

（4）计算机一台。

（5）下载器一个。

7.4.3 实训设备简介

1. 整体系统介绍

通过上位机实时检测室内、土壤温湿度,空气质量,并实现浇花,气阀、水阀及220V电源控制。其通信方式是CAN总线,每个装有不同功能模块的STM32主板通过CAN向上位机发送数据,同时接收数据并做出动作。其控制结构如图7-32所示。

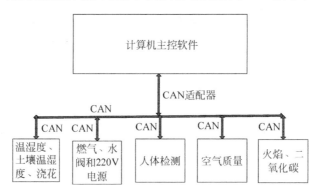

图 7-32　控制结构示意图

将插好各功能模块的主板连接DC5V电源,功能小板通过转接线与功能模块连接好,并将所有主板的CAN1连至USB-CAN适配器,通过方口USB线将适配器与PC连接,如图7-33所示。

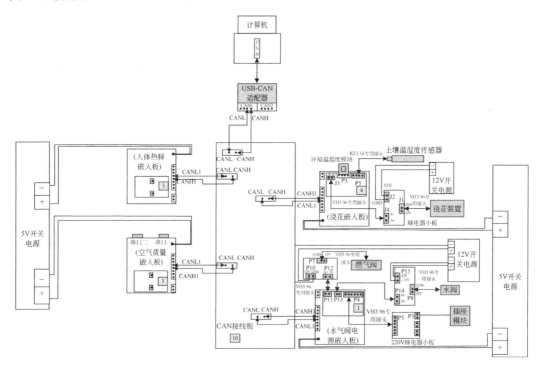

图 7-33　硬件连接示意图

2．温湿度传感器模块

本模块由一个 1 位、两个 3 位数码管、两个轻触按键、一块温湿度传感器组成，有浇花模块接口、两个温湿度传感器接口。可实现环境、土壤温湿度采集及显示、浇水继电器模块的控制，其外观如图 7-34 所示。

采用 SHT10 数字温湿度传感器，该传感器将传感元件和信号处理电路集成在一块微型电路板上，输出完全标定的数字信号。传感器采用专利的 CMOSens 技术，确保产品具有极高的可靠性与卓越的长期稳定性。传感器包括一个电容性聚合体测湿敏感元件、一个用能隙材料制成的测温元件，并在同一芯片上，与 14 位的 A/D 转换器以及串行接口电路实现无缝连接。两线制串行接口和内部基准电压，使系统集成变得简易快捷，如图 7-35 所示。

图 7-34　温湿度传感器模块外观图　　　　图 7-35　温湿度传感器外观图

接口定义如图 7-36 所示。

引脚	名称	描述
1	GND	地
2	DATA	串行数据，双向
3	SCK	串行时钟，输入口
4	VDD	电源
NC	NC	必须为空

图 7-36　接口定义示意图

注意：SHT1x 引脚分配，NC 保持悬空。

SHT1x 的串行接口，在传感器信号的读取及电源损耗方面，都做了优化处理；传感器不能按照 I²C 协议编址，但是，如果 I²C 总线上没有挂接别的元件，传感器可以连接到 I²C 总线上，但单片机必须按照传感器的协议工作，如图 7-37 所示。

典型应用电路，包括上拉电阻 R_P 和 VDD 与 GND 之间的去耦电容。

串行时钟输入（SCK）：SCK 用于微处理器与 SHT1x 之间的通信同步。

串行数据（DATA）：DATA 引脚为三态结构，用于读取传感器数据。当向传感器发送命令时，DATA 在 SCK 上升沿有效且在 SCK 高电平时必须保持稳定。

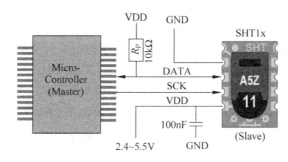

图 7-37　传感器接口示意图

注意：该传感器的详细资料参考 SHT10_SHT11 数字温湿度传感器手册。

7.4.4　实验内容和步骤

1. 项目背景

某企业购买了一套智能农业管理系统，该系统属于物联网在农业中的应用。其中，感知层有温湿度传感器可以感受土壤以及室内的温度和湿度；温湿度通过通信传输到服务器，通过服务器端的程序可以实时监控温湿度的变化；同时手机 APP 也可以通过访问服务器的方式实时监视温湿度的变化。

2. 安装调试指导手册编写

温湿度传感器具备的功能如下。

（1）温度传感器可以正常感受土壤或室内的温度，误差不得超过 ±1℃。

（2）当土壤或室内温度上升，30s 内温度传感器应能随之上升并感受正确温度。

（3）当土壤或室内温度下降，30s 内温度传感器应能随之下降并感受正确温度。

（4）当土壤或室内湿度上升，30s 内湿度传感器应能随之上升并感受正确湿度。

（5）当土壤或室内湿度下降，30s 内湿度传感器应能随之下降并感受正确湿度。

3. 实训步骤

（1）分组，每个小组至少 4 人，分别扮演市场经理、客户、研发工程师和现场工程师的角色。

（2）市场经理与客户根据上述系统测试的功能进行讨论，市场经理编写系统安装调试指导手册（样例见表 7-1），客户审核。

（3）研发工程师利用上述实训设备提供技术方案。

（4）研发工程师根据上述系统测试的功能进行 C 编程，内部调试。

（5）现场工程师根据研发工程师提供的技术方案进行系统安装，并进行上位机调试环境的安装（相关驱动，主控程序）。

（6）现场工程师根据研发工程师提供的程序进行下载。

（7）现场工程师根据系统安装调试指导手册进行测试，记录测试结果。

（8）现场工程师与客户审核测试结果，若客户无异议则签字，验收完成。

表 7-1 系统功能测试样例表

主标签号	01
副标签号	01
功能描述	温度传感器可以正常感受土壤或室内的温度,误差不得超过±1℃。 当土壤或室内温度上升,30s 内温度传感器应能随之上升并感受正确温度。 当土壤或室内温度下降,30s 内温度传感器应能随之下降并感受正确温度。 当土壤或室内湿度上升,30s 内湿度传感器应能随之上升并感受正确湿度。 当土壤或室内湿度下降,30s 内湿度传感器应能随之下降并感受正确湿度
测试工具	亚龙 OMR—欧姆龙主机单元一台 亚龙传感器测试单元一台 专用接线若干 计算机和编程器一台
测试人员	
测试日期	
初始状态	整体电源:断电 所有的接线都已按照要求接好并检查确认无误 传感器模块的卡槽处于初始位置
最终状态	整体电源:断电
通过标准	所有测试步骤均通过

具体步骤如表 7-2 所示。

表 7-2 实训步骤

步骤	实 际 输 入	期 望 输 出	结果	实际输出
1.	系统整体上电,5s 后进行观测	实训台电源指示灯亮 PLC 电源指示灯亮		
2.	将土壤和室内温湿度传感器放置于室内,30s 内通过服务器端程序和手机 APP 观测数值,并与放置室内的基准温度计进行比对	读取的土壤和室内温度传感器数值和基准温度计相比,误差应小于±1℃		
3.	将手放置于土壤和室内温度传感器,30s 内通过服务器端程序和手机 APP 观测数值	传感器数值应大于步骤 2 读取的数值		
4.	将手离开土壤和室内温度传感器,30s 内通过服务器端程序和手机 APP 观测数值	传感器数值应小于步骤 3 读取的数值		
5.	将土壤和室内温湿度传感器放置于室内,30s 内通过服务器端程序和手机 APP 观测数值,并与放置室内的基准湿度计进行比对	读取的土壤和室内湿度传感器数值和基准湿度计相比,误差应小于±1%		
6.	采用加湿对土壤和室内温湿度传感器进行加湿,30s 内通过服务器端程序和手机 APP 观测数值	传感器数值应大于步骤 5 读取的数值		
7.	停止加湿,30s 内通过服务器端程序和手机 APP 观测数值	传感器数值应小于步骤 6 读取的数值		
8.	系统整体断电,5s 后进行观测	所有指示灯应熄灭		

小结

通过本章的学习,我们掌握了气体传感器的基础知识,熟练掌握选型、安装调试的方法,了解气体传感器的应用;掌握了湿度传感器的基础知识,熟练掌握选型、安装调试的方法,了解湿度传感器的应用;掌握了视觉传感器的基础知识,熟练掌握选型、安装调试的方法,了解视觉传感器的应用。

请你做一做

一、填空题

1. 气体传感器按照材料可分为_____和_____两大类。

2. 半导体气体传感器根据其机理分为_____和_____,电导型中又分为_____和_____。

3. 电化学方式的气体传感器常用的有两种:_____和_____。

4. 半导体气体传感器一般由_____、_____和_____三部分组成。

5. 半导体气体传感器按其制造工艺来分有_____、_____和_____三类。

6. 湿度传感器按探测功能可分为_____、_____和_____等。

7. 湿度传感器的安装方式主要有_____、_____和_____安装。

8. 视觉传感器根据元件不同分为_____和_____。

9. 智能视觉传感器一般由_____、_____、_____、_____、_____等构成。

10. 图像处理主要包括_____、_____、_____、_____、_____和_____。

二、选择题

1. 不属于电导型的传感器元件表面敏感型传感材料的是( )。

    A. SnO_2+Pd B. $ZnO+Pt$ C. AgO D. Fe_2O_8

2. 接触燃烧式传感器不适用于可燃性气( )。

    A. H_2 B. N_2 C. CO D. CH_4

3. 红外线气体传感器非分散红外吸收光谱对( )不具有较高的灵敏度。

    A. CH_4 B. SO_2 C. CO D. NO

4. ( )是指在没有目标气体时,整个工作时间内传感器输出响应的变化。

    A. 最小漂移   B. 极限漂移

    C. 零点漂移   D. 区间漂移

5. 气体传感器的选择性也被称为( )。

    A. 交叉灵敏度   B. 稳定性   C. 抗腐蚀性   D. 敏感度

6. 不属于湿度传感器按感湿材料分类的是( )。

    A. 陶瓷式   B. 高分子式   C. 电阻式   D. 半导体式

7. 高分子式电阻湿敏传感器测量误差为( )。

    A. $\pm5\%RH$ B. $\pm6\%RH$ C. $\pm7\%RH$ D. $\pm8\%RH$

8. 像素是构成数码影像的基本单元,通常以(　　)为单位来表示影像分辨率的大小。

　　A. 像素每厘米　　　　B. 像素每英寸　　　　C. 像素每英尺　　　　D. 像素每米

三、判断题

1. (　　)半导体气体传感器工作时通常都不需要加热。

2. (　　)H_2、CO 碳氢化合物和酒精类倾向于正离子吸附,称为氧化型气体。

3. (　　)当氧化型气体吸附到 N 型半导体上时,将使载流子减少,从而使材料的电阻率增大。

4. (　　)稳定性是指传感器在整个工作时间内基本响应的稳定性,取决于零点漂移和区间漂移。

5. (　　)灵敏度是指传感器输出变化量与被测输入变化量之比,主要依赖于传感器结构所使用的技术。

6. (　　)气体传感器的基本特征,即灵敏度、选择性以及稳定性等,主要通过结构的设计来确定。

7. (　　)日常生活中所指的湿度为相对湿度,用 RH% 表示。

8. (　　)湿度传感器由于其工作原理的限制,必须采取密封封装形式。

9. (　　)CMOS 图像传感器工作过程一般可分为复位、光电转换、积分、读出几部分。

10. (　　)图像增强和复原的目的是为了提高图像的质量,如去除噪声,提高图像的清晰度等。

四、简答题

1. 什么是气体传感器? 气体传感器按材料来分可以分成哪几大类?

2. 半导体气体传感器的结构是由哪几部分组成? 它的工作原理是什么样的?

3. 气体传感器的特性都有哪些?

4. 气体传感器的安装和使用都有哪些注意事项?

5. 什么是湿度? 它用什么符号表示?

6. 湿度传感器的封装形式都有哪些?

7. 根据感湿材料的不同,电阻式湿敏传感器可分为哪几大类?

8. 湿度传感器的特性参数都有哪些?

9. 什么是视觉传感器? 根据元件的不同可以分为哪几大类?

10. CCD 和 CMOS 主要的特性参数都有哪些?

第 8 章

CHAPTER 8

抗干扰技术

本章学习目标

- 掌握干扰的定义、分类，干扰的三要素和常用抗干扰技术。
- 掌握接地技术的定义、分类，接地制式和接地方式。
- 掌握屏蔽技术的定义、分类。
- 掌握滤波技术的定义、分类，滤波器的种类和常用的软件滤波技术。
- 掌握可靠性实验项目的分类及相关内容。

本章首先介绍干扰的基本知识，以及常用的抗干扰技术；然后依次展开介绍各个抗干扰技术：接地技术，屏蔽技术和滤波技术；最后介绍衡量产品抗干扰性的手段-可靠性测试。本章内容的思维导图如图 8-1 所示。

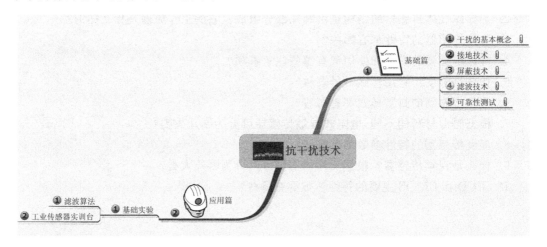

图 8-1　第 8 章思维导图

项目背景

在一个项目中，小张设计的电子产品样机已经在实验室顺利通过了各种测试，并安装到客户现场进行现场测试。小张非常高兴，正以为万事大吉的时候，从现场那边传来了不幸的消息：该样机在现场表现很不稳定，有时会莫名其妙地重启，偶尔功能不正常，通信的出错率也比较高。

小张赶紧奔赴现场,调试了半天,也没有发现问题所在,可样机在他眼皮底下确实也重启了。无奈之下,只能把样机带回实验室重新做测试。可奇怪的是,当回到实验室后,所有的问题竟然全部消失了!小张百思不得其解,只能去请教杨工。

杨工详细了解了该项目的情况后,和小张说:"因为这次咱们的客户是属于工业控制领域的,而工业现场环境一般比较恶劣,如果电子产品在抗干扰性这一块考虑较少的话,在现场肯定要出问题的!"

杨工让市场去和客户沟通,把项目交付时间往后延,幸好和客户之间的关系不错,客户同意了。杨工给小张布置了任务,让他先去了解什么是干扰,什么是抗干扰技术,然后把样机的硬件重新设计,加强抗干扰这部分,设计完后去做一系列的硬件可靠性实验,确保能满足客户现场的要求再去做现场测试。

小张非常沮丧,同时也非常想知道问题的根源在哪里。赶紧去查阅相关资料进行学习……

基 础 篇

8.1 干扰的基本概念

本节内容思维导图如图 8-2 所示。

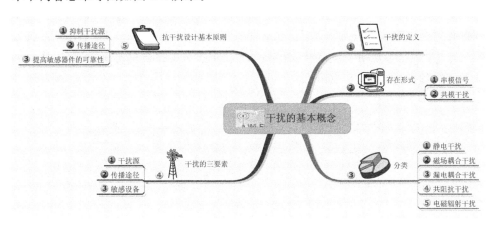

图 8-2 8.1 节思维导图

8.1.1 干扰的定义

干扰是指对系统的正常工作产生不良影响的内部或外部因素。从广义上讲,机电一体化系统的干扰因素包括电磁干扰、温度干扰、湿度干扰、声波干扰和振动干扰等。在众多干扰中,电磁干扰最为普遍,且对控制系统影响最大,而其他干扰因素往往可以通过一些物理的方法较容易地解决。

如图 8-3 所示,电磁干扰是指在工作过程中受环境因素的影响,出现的一些与有用信号无关的,并且对系统性能或信号传输有害的电气变化现象。这些有害的电气变化现象使得信号的数据发生瞬态变化,增大误差,出现假象,甚至使整个系统出现异常信号而引起故障。

例如,传感器的导线受空中磁场影响产生的感应电势会大于测量的传感器输出信号,使系统判断失灵。

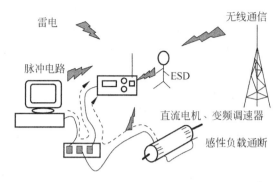

图 8-3 电磁干扰示意图

8.1.2 干扰存在的形式

在电路中,干扰信号通常以串模干扰和共模干扰形式与有用信号一同传输。

1. 串模干扰

串模干扰是叠加在被测信号上的干扰信号,也称横向干扰。产生串模干扰的原因有分布电容的静电耦合,长线传输的互感,空间电磁场引起的磁场耦合,以及 50Hz 的工频干扰等。

在机电一体化系统中,被测信号是直流(或变化比较缓慢),而干扰信号经常是一些杂乱的波形和含有尖峰脉冲,如图 8-4 所示,U_s 表示理想测试信号(图 8-4(a)),U_c 表示实际传输信号(图 8-4(c)),U_g 表示不规则干扰信号(图 8-4(b))。干扰可能来自信号源内部(图 8-4(d)),也可能来源于导线的感应(图 8-4(e))。

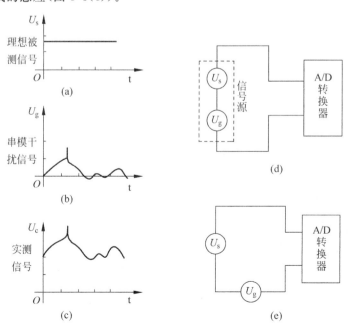

图 8-4 串模干扰示意图

2. 共模干扰

共模干扰往往是指同时加载在各个输入信号接口端的共有的信号干扰。

如图 8-5 所示,共模干扰的定义是指电源线对大地,或中线对大地之间的电位差。对于三相电路来说,共模干扰存在于任何一相与大地之间。共模干扰有时也称为纵模干扰,不对称干扰或接地干扰,这是载流导体与大地之间的电位差。它与差模的区别是差模干扰存在于电源相线与中线之间。共模干扰往往是指同时加载在各个输入信号接口段的共有的信号干扰。共模干扰是在信号线与地之间传输,属于非对称性干扰。

8.1.3 干扰的分类

按耦合模式分类,干扰可以分为下列类型。

1. 静电干扰

大量物体表面都有静电电荷的存在,特别是含电气控制的设备,静电电荷会在系统中形成静电电场。静电电场会引起电路的电位发生变化;会通过电容耦合产生干扰。静电干扰还包括电路周围物件上积聚的电荷对电路的泄放,大载流导体(输电线路)产生的电场通过寄生电容对机电一体化装置传输的耦合干扰等,如图 8-6 所示。

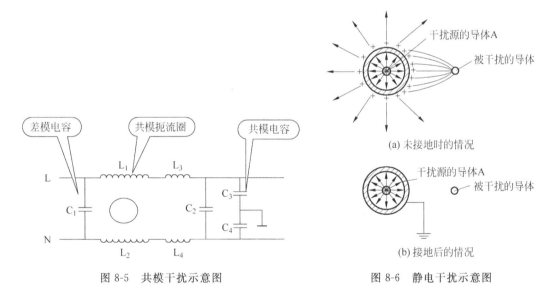

图 8-5　共模干扰示意图　　　　图 8-6　静电干扰示意图

2. 磁场耦合干扰

磁场耦合干扰指大电流周围磁场对机电一体化设备回路耦合形成的干扰。动力线、电动机、发电动机、电源变压器和继电器等都会产生这种磁场。产生磁场干扰的设备往往同时伴随着电场的干扰,因此又统一称为电磁干扰,如图 8-7 所示。

3. 漏电耦合干扰

绝缘电阻降低而由漏电流引起的干扰称作漏电耦合干扰。多发生于工作条件比较恶劣的环境或器件性能退化、器件本身老化的情况下。

4. 共阻抗干扰

共阻抗干扰是指电路各部分公共导线阻抗、地阻抗和电源内阻压降相互耦合形成的干扰。这是机电一体化系统普遍存在的一种干扰。如图 8-8 所示的串联的接地方式,由于接地电阻的存在,三个电路的接地电位明显不同。当 I_1(或 I_2、I_3)发生变化时,A、B、C 点的电位随之发生变化,导致各电路的不稳定。

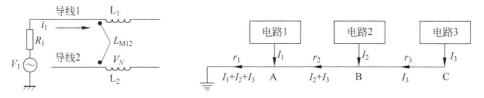

图 8-7　磁场耦合干扰示意图　　　　　图 8-8　共阻抗干扰示意图

5. 电磁辐射干扰

由各种大功率高频、中频发生装置、各种电火花以及电台电视台等产生的高频电磁波,向周围空间辐射,形成电磁辐射干扰。雷电和宇宙空间也会有电磁波干扰信号,如图 8-9 所示。

8.1.4　干扰的三要素

形成干扰的基本要素有三个,如图 8-10 所示。

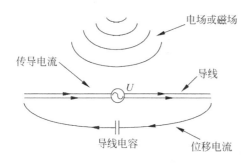 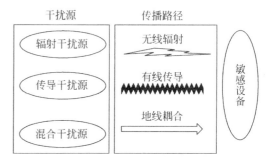

图 8-9　电磁辐射干扰示意图　　　　　图 8-10　干扰的三要素示意图

(1) 干扰源,指产生干扰的元件、设备或信号。如:雷电、继电器、可控硅、电动机、高频时钟等都可能成为干扰源。

(2) 传播路径,指干扰从干扰源传播到敏感器件的通路或媒介。典型的干扰传播路径是通过导线的传导和空间的辐射。

(3) 敏感器件,指容易被干扰的对象。如:A/D、D/A 变换器,单片机,数字 IC,弱信号放大器等。

8.1.5　抗干扰设计的基本原则

学习完干扰的相关知识,小张豁然开朗,怪不得产品到了现场出现各种稀奇古怪的问题,原来是干扰造成的。那么究竟如何避免干扰呢? 他去找杨工请教。杨工说,其实一个产品的抗干扰性好不好,和设计有很大关系,在设计中其实是有一些基本原则的。

1. 抑制干扰源

抑制干扰源就是尽可能地减小干扰源。这是抗干扰设计中最优先考虑和最重要的原则,常常会起到事半功倍的效果。主要是通过在干扰源两端并联电容来实现的。抑制干扰源的常用措施如下。

（1）继电器线圈增加续流二极管,消除断开线圈时产生的反电动势干扰,如图 8-11 所示。仅加续流二极管会使继电器的断开时间滞后,增加稳压二极管后继电器在单位时间内可动作更多的次数。

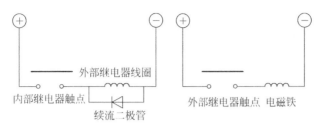

图 8-11　增加续流二极管示意图

（2）在继电器接点两端并接火花抑制电路(一般是 RC 串联电路,电阻一般选几 kΩ 到几十 kΩ,电容选 0.01μF),减小电火花影响,如图 8-12 所示。

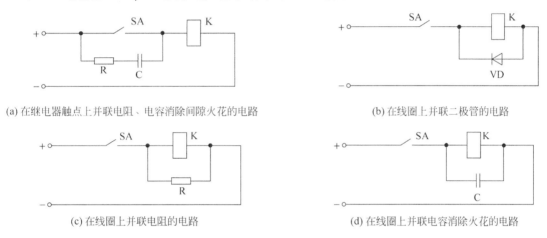

(a) 在继电器触点上并联电阻、电容消除间隙火花的电路　　　　(b) 在线圈上并联二极管的电路

(c) 在线圈上并联电阻的电路　　　　(d) 在线圈上并联电容消除火花的电路

图 8-12　增加火花抑制电路示意图

（3）给电动机加滤波电路,注意电容、电感引线要尽量短。

（4）电路板上每个 IC 要并接一个 0.01～0.1μF 的高频电容,以减小 IC 对电源的影响。注意高频电容的布线,连线应靠近电源端并尽量粗短,否则,等于增大了电容的等效串联电阻,会影响滤波效果。

（5）布线时避免 90°折线,减少高频噪声发射,如图 8-13 所示。

（6）可控硅两端并接 RC 抑制电路,减小可控硅产生的噪声,如图 8-14 所示。

2. 切断传播路径

按干扰的传播路径可分为传导干扰和辐射干扰两类。

所谓传导干扰是指通过导线传播到敏感器件的干扰。高频干扰噪声和有用信号的频带不同,可以通过在导线上增加滤波器的方法切断高频干扰噪声的传播,有时也可通过加隔离光耦来解决。电源噪声的危害最大,要特别注意处理。所谓辐射干扰是指通过空间辐射传播到敏感器件的干扰。一般的解决方法是增加干扰源与敏感器件的距离,用地线把它们隔离,以及在敏感器件上加屏蔽罩。

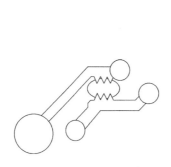

图 8-13 电路板布线示意图

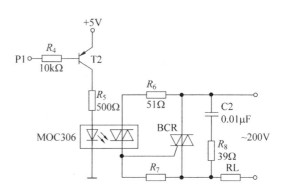

图 8-14 可控硅并接 RC 抑制电路图

切断干扰传播路径的常用措施如下。

（1）充分考虑电源对单片机的影响。电源做得好，整个电路的抗干扰就解决了一大半。许多单片机对电源噪声很敏感，要给单片机电源加滤波电路或稳压器，以减小电源噪声对单片机的干扰。比如，可以利用磁珠和电容组成 π 形滤波电路，当然条件要求不高时也可用 100Ω 电阻代替磁珠。

（2）如果单片机的 I/O 口用来控制电动机等噪声器件，在 I/O 口与噪声源之间应加隔离（增加 π 形滤波电路）。控制电动机等噪声器件，在 I/O 口与噪声源之间应加隔离（增加 π 形滤波电路）。

（3）注意晶振布线。晶振与单片机引脚尽量靠近，用地线把时钟区隔离起来，晶振外壳接地并固定。此措施可解决许多疑难问题。

（4）电路板合理分区，如强、弱信号，数字、模拟信号。尽可能把干扰源（如电动机、继电器）与敏感元件（如单片机）远离。

（5）用地线把数字区与模拟区隔离，数字地与模拟地要分离，最后在一点接于电源地。A/D、D/A 芯片布线也以此为原则，厂家分配 A/D、D/A 芯片引脚排列时已考虑此要求。

（6）单片机和大功率器件的地线要单独接地，以减小相互干扰。大功率器件尽可能放在电路板边缘。

（7）在单片机 I/O 口，电源线、电路板连接线等关键地方使用抗干扰元件，如磁珠、磁环、电源滤波器、屏蔽罩，可显著提高电路的抗干扰性能。

3. 提高敏感器件的抗干扰性能

提高敏感器件的抗干扰性能是指从敏感器件这方面考虑尽量减少对干扰噪声的拾取，提高敏感器件抗干扰性能的常用措施如下。

（1）布线时尽量减少回路环的面积，以降低感应噪声。

（2）布线时，电源线和地线要尽量粗。除减小压降外，更重要的是降低耦合噪声。

（3）对于单片机闲置的 I/O 口，不要悬空，要接地或接电源。其他 IC 的闲置端在不改变系统逻辑的情况下接地或接电源。

（4）对单片机使用电源监控及看门狗电路，如：IMP809，IMP706，IMP813，X25043，X25045 等，可大幅度提高整个电路的抗干扰性能。

（5）在速度能满足要求的前提下，尽量降低单片机的晶振和选用低速数字电路。

（6）IC器件尽量直接焊在电路板上，少用IC座。

8.2 接地技术

本节内容思维导图如图8-15所示。

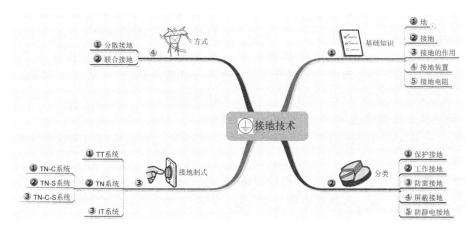

图8-15 8.2节思维导图

8.2.1 基础知识

如杨工所说，产品的抗干扰性和设计有很大关系，既然在现场出现问题，硬件电路就要重新设计了。有一天，小张听硬件研发工程师说了一句"电路板接地很重要"。他觉得很好奇，就去问杨工。杨工说，这就和大禹治水一样，其实疏和堵都是治水的手段，接地就好比"疏"，屏蔽就好比"堵"。接地是抗干扰技术的一种，不单单是硬件电路的设计需要接地，电气设备也需要接地。于是小张又赶紧恶补接地的相关知识。

1. 地

1）电气地

大地是一个电阻非常低、电容量非常大的物体，拥有吸收无限电荷的能力，而且在吸收大量电荷后仍能保持电位不变，因此作为电气系统中的参考电位体。

2）地电位

与大地紧密接触并形成电气接触的一个或一组导电体称为接地极，通常采用圆钢或角钢，也可采用铜棒或铜板。当流入地中的电流通过接地极向大地做半球形散开时，由于这个半球形的球面在离接地极越近的地方越小，越远的地方越大，所以在离接地极越近的地方电阻越大，越远的地方电阻越小。实验证明：在距单根接地极或碰地处20m以外的地方，实际已没有什么电阻存在，该处的电位已趋近于零。

2. 接地

将电力系统或电气装置的某一部分经接地线连接到接地极称为接地。连接到接地极的导线称为接地线。接地极与接地线合称为接地装置。若干接地体在大地中互相连接则组成接地网，接地线又可分为接地干线和接地支线。按规定，接地干线应采用不少于两根导体在不同地点与接地网连接。电力系统中接地的点一般是中性点。电气装置的接地部分为外露导电部分,它是电气装置中能被触及的导电部分,它正常时不带电,故障情况下可能带电。装置外导电部分也称为外部导电部分,不属于电气装置,一般是水、暖、煤气、空调的金属管道以及建筑物的金属结构。

3. 接地的作用

接地的作用主要是防止人身遭受电击、设备和线路遭受损坏、预防火灾和防止雷击、防止静电损害和保障电力系统正常运行。

接地是为保证电工设备正常工作和人身安全而采取的一种用电安全措施,通过金属导线与接地装置连接来实现,常用的有保护接地、工作接地、防雷接地、屏蔽接地、防静电接地等。接地装置将电工设备和其他生产设备上可能产生的漏电流、静电荷以及雷电电流等引入地下,从而避免人身触电和可能发生的火灾、爆炸等事故。

1) 防止人身遭受电击

将电气设备在正常情况下不带电的金属部分与接地极之间做良好的金属连接来保护人体的安全。

对于有接地装置的电气设备,当绝缘损坏、外壳带电时,接地电流将同时沿着接地极和人体两条通路流过。流过每条通路的电流值将与其电阻的大小成反比,接地极电阻越小,流经人体的电流也就越小。当接地电阻极小时,流经人体的电流趋近于零,人体因此可避免触电的危险。因此,无论任何情况,都应保证接地电阻不大于设计或规程中规定的接地电阻值。

2) 保障电气系统正常运行

电力系统接地一般为中性点接地,因此中性点与地间的电位接近于零。当相线碰壳或接地时,其他两相对地电压,在中性点绝缘系统中将升高为相电压的$\sqrt{3}$倍;在中性点接地的系统中则接近于相电压。由于有了中性点的接地线,可保证继电保护的可靠性。通信系统中的直流供电一般采用正极接地,可防止杂音窜入和保证通信设备正常运行。

4. 接地装置

如图 8-16 所示,接地装置由接地体和接地线组成。直接与土壤接触的金属导体称为接地体。电工设备需接地点与接地体连接的金属导体称为接地线。接地体可分为自然接地体和人工接地体两类。自然接地体有:①埋在地下的自来水管及其他金属管道(液体燃料和易燃、易爆气体的管道除外);②金属井管;③建筑物和构筑物与大地接触的或水下的金属结构;④建筑物的钢筋混凝土基础等。人工接地体可用垂直埋置的角钢、圆钢或钢管,以及水平埋置的圆钢、扁钢等。当土壤有强烈腐蚀性时,应将接地体表面镀锡或热镀锌,并适当加大截面。水平接地体一般可用直径为 8~10mm 的圆钢。垂直接地体的钢管长度一般为2~3m,钢管外径为 35~50mm,角钢尺寸一般为 40mm×40mm×4mm 或 50mm×50mm×4mm。人工接地体的顶端应埋入地表面下 0.5~1.5m 处。这个深度以下,土壤电导率受季节影响变动较小,接地电阻稳定,且不易遭受外力破坏。

5. 接地电阻

一般指接地体上的工频交流或直流电压与通过接地体而流入地下的电流之比。散泄雷电冲击电流时的接地电阻指电压峰值与电流峰值之比,称为冲击接地电阻。接地电阻主要是电流在地下流散途径中土壤的电阻。接地体与土壤接触的电阻以及接地体本身的电阻小得可以忽略。电网中发生接地短路时,短路电流通过接地体向大地近似做半球形流散(接地

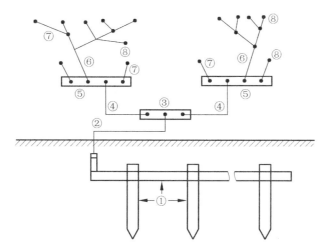

①—接地体；②—接地引线；③—接地线排；④—接地线；⑤—配电屏地线接；
⑥—去通信机房汇流排；⑦—接地分支分线；⑧—设备接地端子

图 8-16 接地系统示意图

体附近并非半球形,流散电流分布依接地体形状而异)。因为球面积与半径平方成正比,所以流散电流所通过的截面随着远离接地体而迅速增大。因电阻与电流通道的截面积成反比,故同半球形面积对应的土壤电阻随着远离接地体而迅速减小。一般情况下,接地装置散泄电流时,离单个接地体 20m 处的电位实际上已接近零电位。

接地电阻值与土壤电导率、接地体形状、尺寸和布置方式、电流频率等因素有关。通常根据对接地电阻值的要求,确定应埋置的接地体形状、尺寸、数量及其布置方式,对于土壤电阻率高的地区(如山区),为了节约金属材料,可以采取改善土壤电导率的措施,在接地体周围土壤中填充电导率高的物质或在接地体周围填充一层降阻剂(含有水和强介质的固化树脂)等,以降低接地电阻值。接地体流入雷电流时,由于雷电流幅值很大,接地体上的电位很高,在接地体周围的土壤中会产生强烈的火花放电,土壤电导率相应增大,相当于降低了散流电阻。

8.2.2 接地的分类

1. 保护接地

如图 8-17 所示,安全接地是将系统中平时不带电的金属部分(机柜外壳,操作台外壳等)与地之间形成良好的导电连接,以保护设备和人身安全。原因是系统的供电是强电供电(380V、220V 或 110V),通常情况下机壳等是不带电的,当故障发生(如主机电源故障或其他故障)造成电源的供电火线与外壳等导电金属部件短路时,这些金属部件或外壳就形成了带电体,如果没有很好地接地,那么带电体和地之间就会有很高的电位差,如果人不小心触到这些带电体,就会通过人身形成通路,产生危险。因此,必须将金属外壳和地之间做很好的连接,使机壳和地等电位。此外,保护接地还可以防止静电的积聚。

2. 工作接地

工作接地是为了使系统以及与之相连的仪表均能可靠运行并保证测量和控制精度而设的接地。它分为机器逻辑地、信号回路接地、屏蔽接地,在石化和其他防爆系统中还有本安接地。

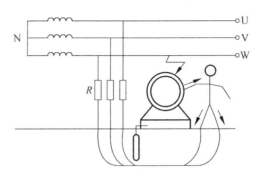

图 8-17　保护接地示意图

机器逻辑地,也叫主机电源地,是计算机内部的逻辑电平负端公共地,也是＋5V 等电源的输出地。信号回路接地,如各变送器的负端接地、开关量信号的负端接地等。屏蔽接地是指模拟信号屏蔽层的接地,如图 8-18 所示。

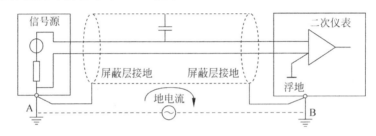

图 8-18　屏蔽接地示意图

本安接地,如图 8-19 所示,是本安仪表或安全栅的接地。这种接地除了抑制干扰外,还有使仪表和系统具有本质安全性质的措施之一。本安接地会因为采用设备的本安措施不同而不同,下面以齐纳式安全栅为例,说明其接地内容。

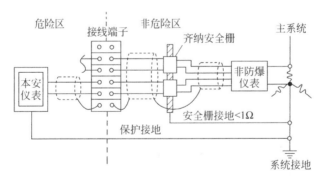

图 8-19　典型的本安回路接线图

安全栅的作用是保护危险现场端永远处于安全电流和安全电压范围之内。如现场端短路,则由于负载电阻和安全栅电阻 R 的限流作用,会将导线上的电流限制在安全范围内,使现场端不至于产生很高的温度,引起燃烧。第二种情况,如果计算机一端产生故障,则高压电信号加入了信号回路,则由于齐纳二级的嵌位作用,也使电压位于安全范围。

值得提醒的是,由于齐纳安全栅的引入,使得信号回路上的电阻增大了许多,因此,在设计输出回路的负载能力时,除了要考虑真正的负载要求以外,还要充分考虑安全栅的电阻,留有余地。

除了上述几种接地外,在很多场合下容易引起混乱的还有一个供电系统地,也叫交流电源工作地,它是电力系统中为了运行需要设的接地(如中性点接地)。

3. 防雷接地

如图 8-20 所示,防雷接地是受到雷电袭击(直击、感应或线路引入)时,为防止造成损害的接地系统。常有信号(弱电)防雷地和电源(强电)防雷地之分,区分的原因不仅是因为要求接地电阻不同,而且在工程实践中信号防雷地常附在信号独立地上,和电源防雷地分开建设。

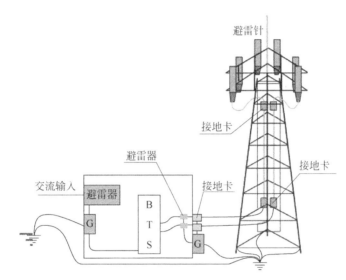

图 8-20 防雷接地示意图

防雷接地作为防雷措施的一部分,其作用是把雷电流引入大地。建筑物和电气设备的防雷主要是用避雷器(包括避雷针、避雷带、避雷网和消雷装置等)的一端与被保护设备相接,另一端连接地装置,当发生直击雷时,避雷器将雷电引向自身,雷电流经过其引下线和接地装置进入大地。此外,由于雷电引起静电感应副效应,为了防止造成间接损害,如房屋起火或触电等,通常也要将建筑物内的金属设备、金属管道和钢筋结构等接地;雷电波会沿着低压架空线、电视天线侵入房屋,引起屋内电工设备的绝缘击穿,从而造成火灾或人身触电伤亡事故,所以还要将线路上和进屋前的绝缘瓷瓶铁脚接地。

4. 屏蔽接地

屏蔽接地是消除电磁场对人体危害的有效措施,也是防止电磁干扰的有效措施。高频技术在电热、医疗、无线电广播、通信、电视台、导航和雷达等方面得到了广泛应用,人体在电磁场作用下,吸收的辐射能量将发生生物学作用,对人体造成伤害,如手指轻微颤抖、皮肤划痕、视力减退等。对产生磁场的设备外壳设屏蔽装置,并将屏蔽体接地,不仅可以降低屏蔽体以外的电磁场强度,达到减轻或消除电磁场对人体危害的目的,还可以保护屏蔽接地体内的设备免受外界电磁场的干扰影响。

5. 防静电接地

为防止静电危害影响并将其泄放,是静电防护最重要的一环。

8.2.3 接地制式

接地系统分为 TT 系统、TN(TN-C、TN-S、TN-C-S)系统、IT 系统。其中,第一个字母表示电力(电源)系统对地关系。T 表示中性点直接接地,I 表示所有带点部分绝缘(不接地)。第二个字母表示用电装置外露的金属部分对地的关系,如 T 表示设备外壳接地,它与系统中的其他任何接地点无直接关系,N 表示负载采用接零保护。第三个字母表示工作零线与保护线的组合关系,如 C 表示工作零线与保护线是合一的,如 TN-C-S 表示工作零线与保护线是严格分开的,如 TN-S。

1. TT 系统

如图 8-21 所示,TT 方式是指电气设备的金属外壳直接接地的保护系统,称为保护接地系统,也称 TT 系统。

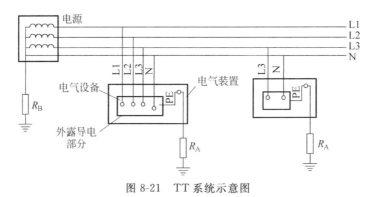

图 8-21　TT 系统示意图

2. TN 系统

TN 系统是指电源系统有一点(建筑行业中通常是指建筑物供电的变压器中的中性点)直接接地,负载设备的外露可导电部分(如金属外壳)通过保护线连接到此点的低压配电系统。TN 方式供电系统中,根据其保护线 PE 是否与工作零线 N 分开又划分为 TN-C、TN-S 和 TN-C-S 系统。

1) TN-C 系统

如图 8-22 所示,保护线 PE 和工作零线 N 合为一根 PEN 线,所有负载设备的外露可导电部分均与 PEN 线相连的一种形式(只使用于三相负载基本平衡情况)。

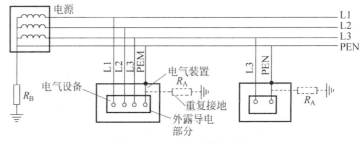

图 8-22　TN-C 系统示意图

2) TN-S 系统

如图 8-23 所示,TN-S 是一种把工作零线 N 和专用保护线 PE 严格分开的供电系统。

TN-S安全可靠,使用于工业与民用建筑等低压供电系统。

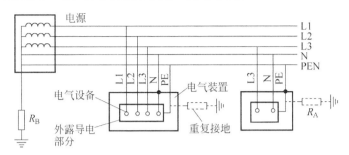

图 8-23 TN-S 系统示意图

3)TN-C-S 系统

如图 8-24 所示,前端为 TN-C 系统,后端为 TN-S 系统。TN-C-S 系统在带独立变压器的生活小区中较普遍采用。

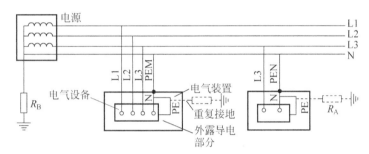

图 8-24 TN-C-S系统示意图

3. IT 系统

如图 8-25 所示,IT 系统电源侧没有工作接地,或经过高阻抗接地,负载侧电气设备进行接地保护。IT 系统在供电距离不是很长时,供电的可靠性高,安全性好。一般用于不允许停电的场所,或者是要求严格连续供电的场所,例如电力、炼钢、大医院的手术室、地下矿井等处。

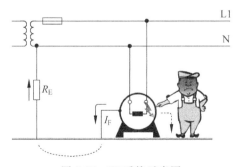

图 8-25 IT 系统示意图

8.2.4 接地方式

现代化的电力系统其本身就是强烈的电磁干扰源,主要通过辐射方式干扰该频段内的

通信设备。为抑制外部高压输电线路的干扰影响,采用接地措施,常用的接地方式有两种:
分散接地和联合接地,如图 8-26 所示。

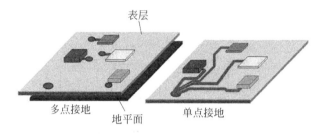

图 8-26　接地方式示意图

分散接地方式也称多点接地方式,就是将通信大楼的防雷接地、电源系统接地、通信设
备的各类接地以及其他设备的接地分别接入相互分离的接地系统,由于地线系统不断增多,
地线间潜在的耦合影响往往难以避免,分散接地反而容易引起干扰。同时,主体建筑物的高
度不断增加,其接地方式所带来的不安全因素也越来越大。当某一设施被雷击中,容易形成
地下反击,损坏其他设备。

联合接地方式也称单点接地方式,即所有接地系统使用一个共同的"地"。联合接地有
以下一些特点。

(1) 整个大楼的接地系统组成一个笼式均压体,对于直击雷,楼内同一层各点位比较均
匀;对于感应雷,笼式均压体和大楼的框架式结构对外来电磁场干扰也可提供 $10\sim40\mathrm{dB}$ 的
屏蔽效果。

(2) 一般联合接地方式接地电阻非常小,不存在各种接地体之间的耦合影响,有利于减
少干扰。

(3) 可以节省金属材料,占地少。

由上述不难看出,采用联合接地方式可以有效抑制外部高压输电线路的干扰。

8.3　屏蔽技术

本节内容思维导图如图 8-27 所示。

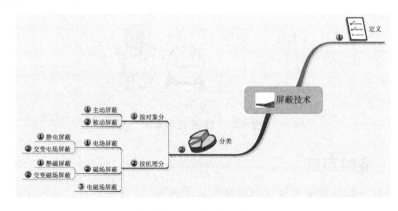

图 8-27　8.3 节思维导图

8.3.1 屏蔽技术的定义

屏蔽技术源于欧洲,它是在普通非屏蔽布线系统的外面加上金属屏蔽层,利用金属屏蔽层的反射、吸收及趋肤效应实现防止电磁干扰及电磁辐射的功能。屏蔽技术综合利用了双绞线的平衡原理及屏蔽层的屏蔽作用,因而具有非常好的电磁兼容(EMC)特性。欧洲大多数的最终用户会选择屏蔽布线系统,尤其在德国,大约95%的用户安装的是屏蔽系统,而另外的5%安装的为光纤。

目前,屏蔽在电磁兼容方面的良好性能已为越来越多的用户所认识,也正在被越来越多的用户所认可。市场上的屏蔽布线产品除了进口于欧洲,越来越多的厂商也提供屏蔽布线产品。在最新发布的北美布线 TIA/EIA-568-B 标准中,屏蔽电缆和非屏蔽电缆同时被作为水平布线的推荐媒介,从而结束了北美没有屏蔽系统的历史。在中国,尤其是涉及保密和辐射较强的项目,也已开始关注和使用屏蔽系统,甚至是6类屏蔽系统。

屏蔽技术拥有一套完整的屏蔽、接地理论和产品系列,提供最完整、最全面的电缆、部件及端到端全屏蔽解决方案以满足当今网络日益提升的需求。

8.3.2 屏蔽技术的分类

屏蔽技术的分类如图 8-28 所示。

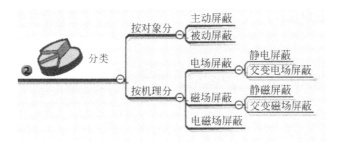

图 8-28 屏蔽技术的分类

1. 按对象分

屏蔽技术按对象分可以分为主动屏蔽和被动屏蔽。若屏蔽体用来防止干扰场进入被屏蔽空间,这种屏蔽结构称为被动屏蔽。若干扰源在屏蔽体内部,屏蔽体用来防止干扰场泄漏到外部空间,则称这种屏蔽结构为主动屏蔽。主动屏蔽不适用于高频,而专门用于低频。被动屏蔽体多用于屏蔽对象与干扰源相距较远的场合,如屏蔽室等。

2. 按机理分

屏蔽技术按机理分可以分为电场屏蔽、磁场屏蔽和电磁场屏蔽。

1) 电场屏蔽

当噪声源是高电压、小电流时,其辐射场主要表现为电场。电场屏蔽是抑制噪声源和敏感设备之间由于存在电场耦合而产生的干扰。经常采用的方法如下。

(1) 金属板接地(机箱接地)。

(2) 增加敏感设备和噪声源的距离。

(3) 高电压、大电流动力线和信号线分开走线,避免平行走线,要间隔一定距离。

（4）信号线尽量用地线包围或靠近地线。

电场屏蔽又可以分为静电屏蔽和交变电场屏蔽。导体的外壳对它的内部起到"保护"作用，使它的内部不受外部电场的影响，这种现象称为静电屏蔽，如图 8-29 所示。

为降低交变电场对敏感电路的耦合干扰电压，可以在干扰源和敏感电路之间设置导电性好的金属屏蔽体，并将金属屏蔽体接地。交变电场对敏感电路的耦合干扰电压大小取决于交变电场电压、耦合电容和金属屏蔽体接地电阻之积。只要设法使金属屏蔽体良好接地，就能使交变电场对敏感电路的耦合干扰电压变得很小。电场屏蔽以反射为主，因此屏蔽体的厚度不必过大，而以结构强度为主要考虑因素。

2）磁场屏蔽

静磁场是稳恒电流或永久磁体产生的磁场。静磁屏蔽是利用高磁导率 μ 的铁磁材料做成屏蔽罩以屏蔽外磁场。它与静电屏蔽作用类似而又有不同。静磁屏蔽的原理可以用磁路的概念来说明。如将铁磁材料做成截面如图 8-30 所示的回路，则在外磁场中，绝大部分磁场集中在铁磁回路中。这可以把铁磁材料与空腔中的空气作为并联磁路来分析。因为铁磁材料的磁导率比空气的磁导率要大几千倍，所以空腔的磁阻比铁磁材料的磁阻大得多，外磁场的磁感应线的绝大部分将沿着铁磁材料壁内通过，而进入空腔的磁通量极少。这样，被铁磁材料屏蔽的空腔就基本上没有外磁场，从而达到静磁屏蔽的目的。材料的磁导率愈高，筒壁愈厚，屏蔽效果就愈显著。因常用磁导率高的铁磁材料如软铁、硅钢、坡莫合金作屏蔽层，故静磁屏蔽又叫铁磁屏蔽。

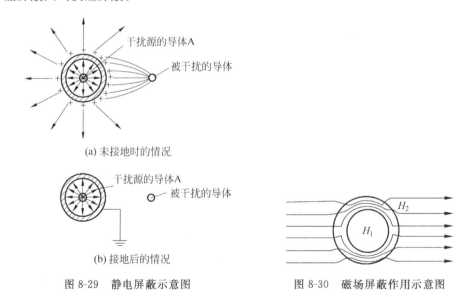

(a) 未接地时的情况

(b) 接地后的情况

图 8-29 静电屏蔽示意图　　　　图 8-30 磁场屏蔽作用示意图

交变磁场屏蔽有高频和低频之分。低频磁场屏蔽是利用高磁导率的材料构成低磁阻通路，使大部分磁场被集中在屏蔽体内。屏蔽体的磁导率越高，厚度越大，磁阻越小，磁场屏蔽的效果越好。当然要与设备的重量相协调。高频磁场的屏蔽是利用高电导率的材料产生涡流的反向磁场来抵消干扰磁场而实现的。

一般采用电导率高的材料作屏蔽体，并将屏蔽体接地。它是利用屏蔽体在高频磁场的作用下产生反方向的涡流磁场与原磁场抵消而削弱高频磁场的干扰，又因屏蔽体接地而实现电场屏蔽。屏蔽体的厚度不必过大,而以趋肤深度和结构强度为主要考虑因素。

3)电磁场屏蔽

电磁场在导电介质中传播时,其场量(E 和 H)的振幅随距离的增加而按指数规律衰减。从能量的观点看,电磁波在导电介质中传播时有能量损耗,因此,表现为场量振幅的减小。导体表面的场量最大,愈深入导体内部,场量愈小。这种现象也称为趋肤效应。利用趋肤效应可以阻止高频电磁波透入良导体而做成电磁屏蔽装置。它比静电、静磁屏蔽更具有普遍意义。

电磁屏蔽是抑制干扰,增强设备的可靠性及提高产品质量的有效手段。合理地使用电磁屏蔽,可以抑制外来高频电磁波的干扰,也可以避免作为干扰源去影响其他设备。如在收音机中,用空心铝壳罩在线圈外面,使它不受外界时变场的干扰从而避免杂音。音频馈线用屏蔽线也是这个道理。示波管用铁皮包着,也是为了使杂散电磁场不影响电子射线的扫描。在金属屏蔽壳内部的元件或设备所产生的高频电磁波也透不出金属壳而不致影响外部设备。

电磁屏蔽和静电屏蔽有相同点也有不同点。相同点是都应用高电导率的金属材料来制作;不同点是静电屏蔽只能消除电容耦合,防止静电感应,屏蔽必须接地。而电磁屏蔽是使电磁场只能透入屏蔽体一薄层,借涡流消除电磁场的干扰,这种屏蔽体可不接地。但因用作电磁屏蔽的导体增加了静电耦合,因此即使只进行电磁屏蔽,也还是接地为好,这样电磁屏蔽也同时起静电屏蔽作用。

综上所述,静电屏蔽、静磁屏蔽、电磁屏蔽的物理内容、物理条件、屏蔽作用是不同的,所用材料也要从具体情况出发。但它们都是屏蔽电磁场,是有本质联系的。

8.4　滤波技术

本节内容思维导图如图 8-31 所示。

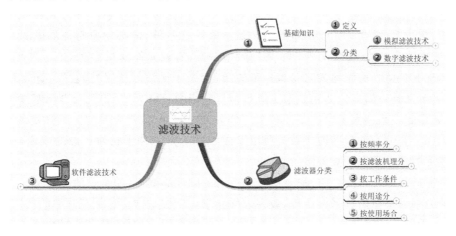

图 8-31　8.4 节思维导图

8.4.1　基础知识

1. 定义

"滤波"一词起源于通信理论,它是从含有干扰的接收信号中提取有用信号的一种技术。

"接收信号"相当于被观测的随机过程,"有用信号"相当于被估计的随机过程。例如,用雷达跟踪飞机,测得的飞机位置的数据中,含有测量误差及其他随机干扰,如何利用这些数据尽可能准确地估计出飞机在每一时刻的位置、速度、加速度等,并预测飞机未来的位置,就是一个滤波与预测问题。这类问题在电子技术、航天科学、控制工程及其他科学技术部门中都是大量存在的。历史上最早考虑的是维纳滤波,后来,R. E. 卡尔曼和 R. S. 布西于 20 世纪 60 年代提出了卡尔曼滤波。现对一般的非线性滤波问题的研究相当活跃。

滤波是将信号中特定波段频率滤除的操作,是抑制和防止干扰的一项重要措施,是根据观察某一随机过程的结果,对另一与之有关的随机过程进行估计的概率理论与方法。

2. 滤波技术的分类

滤波技术的分类如图 8-32 所示。

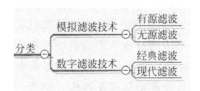

图 8-32　滤波技术的分类

信号分为两类:连续的模拟信号和离散的数字信号。所以,按所处理的信号来分类,滤波技术便分为两类:模拟滤波技术和数字滤波技术。

模拟滤波技术一般都是通过硬件电路实现的。数字滤波技术的核心是算法,但也并不是完全脱离硬件的,如数字信号处理器(DSP)就是常见的数字滤波设备。除了滤波,DSP 还会对数字信号进行变换、检测、谱分析、估计、压缩、识别等一系列的加工处理。

1) 模拟滤波技术

举个例子,比如车身蓄电池提供的 12V 直流电源。除了纯净的 12V 恒压电源外,还掺杂着一些交流杂波。所以需要用电容、电感、电阻来组成硬件滤波电路,以频率为标识符来滤除这些杂波。硬件滤波的基本原理就是电容、电感的容抗和感抗与频率有关。

模拟滤波技术(硬件滤波技术)分为两类:无源滤波和有源滤波。无源滤波电路仅由无源元件(电阻、电容、电感)组成。有源滤波电路不仅由无源元件,还由有源元件(双极型管、单极型管、集成运放)组成。有源电路就是除了输入信号外,还必须要有外加电源才可以正常工作,所以这里的"无源""有源"的"源"指"电源"。有源元件也叫主动元件,要依靠电流方向才能体现其价值。有源滤波自身就是谐波源,会产生谐波干扰。"谐波"一词常见于供电系统中,其定义是对周期性非正弦电量进行傅里叶级数分解,除了得到与电网基波频率相同的分量,还得到一系列大于电网基波频率的分量,这部分电量称为谐波。谐波频率与基波频率的比值($n = f_n / f_1$)称为谐波次数。所以谐波实际上是一种干扰量。总的来说,平时人们用得比较多的还是无源滤波电路。

一般在进行 AD 转换之前,都要做一个低通的硬件滤波,目的是过滤掉高频的模拟信号噪声。因为根据奈奎斯特采样定理,数字采样频率高于被采样信号最高频率的两倍,才能不损失信息,所以高频信号被 AD 转换之后只会起干扰作用,需要将其提前过滤掉。

2) 数字滤波

常见的数字滤波算法大概有十几种,可以根据其作用来进行简单分类。克服大脉冲干扰的滤波算法有:①限幅滤波法;②中位值滤波法;③基于拉依达准则的奇异数据滤波法;④基于中值数绝对偏差的决策滤波器。克服小幅度高频噪声的滤波算法有:①算术平均;②滑动滤波;③加权滑动平均。这三种算法都具有低通特性,所谓的低通是通低频(滤高频),故叫作低通。

正常的软件滤波逻辑是,先剔除大的异常干扰,再过滤高频低幅噪声。一般高频干扰是由电子元器件热噪声、AD量化噪声引起的。

实际上,数字滤波技术可以分为两类:经典滤波和现代滤波。经典滤波技术的基础是傅里叶变换,它建立在信号和噪声频率分离的基础上,通过将噪声所在频率区域幅值衰减来达到提高信噪比,于是针对不同的频率段就产生了低通、高通、带通等滤波器之分。现代滤波器则不是建立在频率领域,而是通过随机过程的数学手段,通过对噪声和信号的统计特性(如自相关函数,互相关函数,自功率谱,互功率谱等)做一定的假定,然后通过合适的数学方式,来提高信噪比。譬如在KALMAN滤波器中,总会假定状态噪声和测量噪声是不相关的。在Weiner滤波器中还必须假定信号是平稳的,等等。所以现代滤波技术没有带通、低通、高通之分。

现代滤波技术就是用数学(特别是统计学)的方法,对于采集的数据进行分析,利用数学原理滤除差异较大的数据,保持数据的灵敏度和稳定性。所以之前的那十几种滤波技术以及卡尔曼滤波、维纳滤波等,都可以归类于现代滤波技术。

总的来说,一般有这种联系:频率-硬件-经典滤波;统计-算法-现代滤波。

经典滤波技术出现后,人们发现有些噪声和信号的频谱相互混叠,用经典滤波器得不到满意的滤波效果。这时候基于统计学的现代滤波技术诞生了。总之,两类滤波技术各有所用,具体问题具体分析。

8.4.2 滤波器

滤波器的分类如图8-33所示。

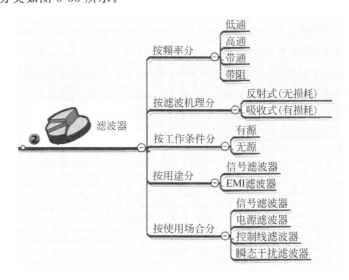

图8-33 滤波器的分类

电源滤波器是由电容、电感和电阻组成的滤波电路。滤波器可以对电源线中特定频率的频点或该频点以外的频率进行有效滤除,得到一个特定频率的电源信号,或消除一个特定频率后的电源信号。

1. 按频率分

滤波器按所通过信号的频段分为低通、高通、带通和带阻滤波器 4 种。

1）低通滤波器

如图 8-34 所示,低通滤波器是容许低于截止频率的信号通过,但高于截止频率的信号不能通过的电子滤波装置。低通滤波器在信号处理中的作用等同于其他领域如金融领域中移动平均数所起的作用。低通滤波器有很多种,其中,最通用的就是巴特沃斯滤波器和切比雪夫滤波器。

2）高通滤波器

高通滤波器,又称低截止滤波器、低阻滤波器,允许高于某一截频的频率通过,而大大衰减较低频率的一种滤波器。它去掉了信号中不必要的低频成分或者说去掉了低频干扰。

按照所采用的器件不同分为有源高通滤波器、无源高通滤波器。如图 8-35 所示,无源高通滤波器:仅由无源元件(R、L 和 C)组成的滤波器,它是利用电容和电感元件的电抗随频率的变化而变化的原理构成的。这类滤波器的优点是:电路比较简单,不需要直流电源供电,可靠性高。缺点是:通带内的信号有能量损耗,负载效应比较明显,使用电感元件时容易引起电磁感应,当电感 L 较大时滤波器的体积和重量都比较大,在低频域不适用。

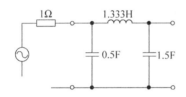

图 8-34　低通滤波器示意图

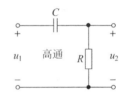

图 8-35　无源高通滤波器示意图

如图 8-36 所示,有源高通滤波器:由无源元件(一般用 R 和 C)和有源器件(如集成运算放大器)组成。这类滤波器的优点是:通带内的信号不仅没有能量损耗,而且还可以放大,负载效应不明显,多级相联时相互影响很小,利用级联的简单方法很容易构成高阶滤波器,并且滤波器的体积小、重量轻,不需要磁屏蔽(由于不使用电感元件)。缺点是:通带范围受有源器件(如集成运算放大器)的带宽限制,需要直流电源供电,可靠性不如无源滤波器高,在高压、高频、大功率的场合不适用。

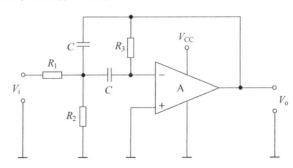

图 8-36　有源高通滤波器示意图

如图 8-37 和图 8-38 所示,按照滤波器的数学特性分为一阶高通滤波器、二阶高通滤波器等。

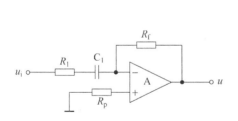

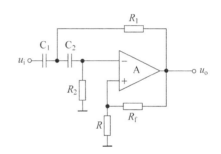

图 8-37　一阶高通滤波器示意图　　　　图 8-38　二阶高通滤波器示意图

以上两种分类方法相互独立。有源高通滤波器更为常见,如一阶有源高通滤波器、二阶有源高通滤波器等。其中,一阶有源高通滤波器较为简单,其电路原理图和幅频特性曲线如图 8-39 所示。

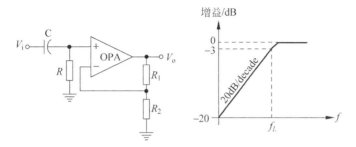

图 8-39　一阶有源高通滤波器

3) 带通滤波器

如图 8-40 所示,带通滤波器是一个允许特定频段的波通过同时屏蔽其他频段的设备。比如 RLC 振荡回路就是一个模拟带通滤波器。

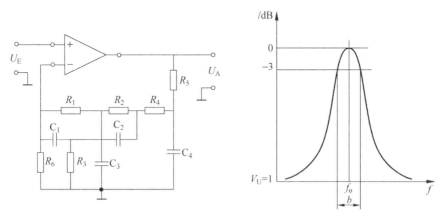

图 8-40　带通滤波器示意图

4) 带阻滤波器

带阻滤波器是指能通过大多数频率分量,但将某些范围的频率分量衰减到极低水平的滤波器,与带通滤波器的概念相对。其中,点阻滤波器是一种特殊的带阻滤波器,它的阻带范围极小,有着很高的 Q 值(Q Factor)。

4 种滤波器的幅频特性图如图 8-41 所示。

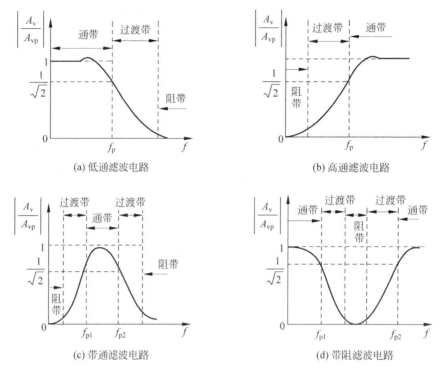

图 8-41　幅频特性图

2. 按滤波机理分

滤波器按滤波机理分可以分为反射式滤波器和吸收式滤波器。

反射滤波器是由无损耗的电抗元件构成的,主要应用于线路中,主要作用是将阻带频率反射回信号源的电子装置。

反射式滤波器有一个弊端,就是当反射滤波器与信号源阻抗不匹配时,就会有一部分能量被反射回信号源,造成干扰电平的增强。为了提高性能,可在滤波器的进线上使用铁氧体磁环或磁珠套,利用磁环或磁珠对高频信号的涡流损耗,把高频成分转化为热损耗。

吸收滤波器,是低通滤波器的一种,主要应用于 RF 电路、PLL、振荡电路,含超高频存储器电路(DDR SDRAM,RAMBUS 等),主要作用是将干扰信号尤其是高频干扰信号的电磁能量转化为热能,消耗掉,进而达到滤波效果。

3. 按工作条件分

滤波器按工作条件可以分为无源滤波器和有源滤波器两种。

无源滤波器,又称 LC 滤波器,是利用电感、电容和电阻的组合设计构成的滤波电路,可滤除某一次或多次谐波。最普通且易于采用的无源滤波器结构是将电感与电容串联,可对主要次谐波构成低阻抗旁路;单调谐滤波器、双调谐滤波器、高通滤波器都属于无源滤波器。

无源滤波器具有结构简单、成本低廉、运行可靠性较高、运行费用较低等优点,至今仍是被广泛应用的谐波治理方法。

由 RC 元件与运算放大器组成的滤波器称为 RC 有源滤波器,其功能是让一定频率范围内的信号通过,抑制或急剧衰减此频率范围以外的信号,可用在信息处理、数据传输、抑制干扰等方面,但因受运算放大器频带限制,这类滤波器主要用于低频范围。

滤波器按用途可以分为信号滤波器和 EMI 滤波器两种。按使用场合可以分为信号滤波器,电源滤波器,控制线滤波器和瞬态干扰滤波器。

8.4.3　软件滤波技术

软件滤波技术如图 8-42 所示。

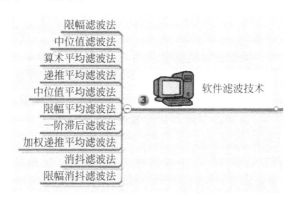

图 8-42　软件滤波技术

软件滤波技术是指在软件中对采集到的数据进行电磁兼容消除干扰的处理。一般来说,除了在硬件中对信号采取抗干扰措施之外,还要在软件中进行数字滤波的处理,以进一步消除附加在数据中的各式各样的干扰,使采集到的数据能够真实地反映现场工艺的实际情况。

1. 限幅滤波法

(1) 方法:如图 8-43 所示,根据经验判断,确定两次采样允许的最大偏差值(设为 A),每次检测到新值时判断:如果本次值与上次值之差≤A,则本次值有效;如果本次值与上次值之差>A,则本次值无效,放弃本次值,用上次值代替本次值。

(2) 优点:能有效克服因偶然因素引起的脉冲干扰。

(3) 缺点:无法抑制周期性的干扰,平滑度差。

2. 中位值滤波法

(1) 方法:连续采样 N 次(N 取奇数),把 N 次采样值按大小排列,取中间值为本次有效值。

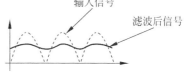

图 8-43　限幅滤波法示意图

(2) 优点:能有效克服因偶然因素引起的波动干扰,对温度、液位等变化缓慢的被测参数有良好的滤波效果。

(3) 缺点:对流量、速度等快速变化的参数不宜。

3. 算术平均滤波法

(1) 方法:连续取 N 个采样值进行算术平均运算,N 值较大时,信号平滑度较高,但灵敏度较低;N 值较小时,信号平滑度较低,但灵敏度较高;N 值的选取:一般流量,$N=12$;

有压力：$N=4$。

（2）优点：适用于对一般具有随机干扰的信号进行滤波，这样信号的特点是有一个平均值，信号在某一数值范围附近上下波动。

（3）缺点：对于测量速度较慢或要求数据计算速度较快的实时控制不适用，比较浪费 RAM。

4. 递推平均值滤波法（滑动平均值滤波法）

（1）方法：把连续取 N 个采样值看成一个队列，队列的长度固定为 N，每次采样到一个新数据放入队尾，并扔掉原来队首的一次数据（先进先出原则）。把队列中的 N 个数据进行算术平均运算，就可获得新的滤波结果。N 值的选取：对于流量，一般选取 $N=12$；对于压力，一般选取 $N=4$；对于液面，一般选取 $N=4\sim12$；对于温度，一般选取 $N=1\sim4$。

（2）优点：对周期性干扰有良好的抑制作用，平滑度高，适用于高频振荡的系统。

（3）缺点：灵敏度低，对偶然出现的脉冲性干扰的抑制作用较差，不易消除由于脉冲干扰所引起的采样值偏差，不适用于脉冲干扰比较严重的场合，比较浪费 RAM。

5. 中位值平均滤波法（防脉冲干扰平均滤波法）

（1）方法：相当于"中位值滤波法"＋"算术平均滤波法"，连续采样 N 个数据，去掉一个最大值和一个最小值，然后计算 $N-2$ 个数据的算术平均值。N 值的选取：$3\sim14$。

（2）优点：融合了两种滤波法的优点，对于偶然出现的脉冲性干扰，可消除由于脉冲干扰所引起的采样值偏差。

（3）缺点：测量速度较慢，和算术平均滤波法一样，比较浪费 RAM。

6. 限幅平均滤波法

（1）方法：相当于"限幅滤波法"＋"递推平均滤波法"，每次采样到的新数据先进行限幅处理，再送入队列进行递推平均滤波处理。

（2）优点：融合了两种滤波法的优点，对于偶然出现的脉冲性干扰，可消除由于脉冲干扰所引起的采样值偏差。

（3）缺点：比较浪费 RAM。

7. 一阶滞后滤波法

（1）方法：取 $a=0\sim1$，本次滤波结果＝$(1-a)\times$本次采样值＋$a\times$上次滤波结果。

（2）优点：对周期性干扰具有良好的抑制作用，适用于波动频率较高的场合。

（3）缺点：相位滞后，灵敏度低，滞后程度取决于 a 值大小，不能消除滤波频率高于采样频率的 $1/2$ 的干扰信号。

8. 加权递推平均滤波法

（1）方法：是对递推平均滤波法的改进，即不同时刻的数据加以不同的权。通常是，越接近现时刻的数据，权取的越大。给予新采样值的权系数越大，则灵敏度越高，但信号平滑度越低。

（2）优点：适用于有较大纯滞后时间常数的对象和采样周期较短的系统。

（3）缺点：对于纯滞后时间常数较小，采样周期较长，变化缓慢的信号，不能迅速反映系统当前所受干扰的严重程度，滤波效果差。

9. 消抖滤波法

（1）方法：设置一个滤波计数器，将每次采样值与当前有效值比较，如果采样值等于当前有效值,则计数器清零;如果采样值小于或大于当前有效值,则计数器加1,并判断计数器是否大于等于上限N(溢出)。如果计数器溢出,则将本次值替换当前有效值,并清计数器。

(2)优点:对于变化缓慢的被测参数有较好的滤波效果,可避免在临界值附近控制器的反复开/关跳动或显示器上数值抖动。

(3)缺点:对于快速变化的参数不宜,如果在计数器溢出的那一次采样到的值恰好是干扰值,则会将干扰值当作有效值导入系统。

10. 限幅消抖滤波法

(1)方法:相当于"限幅滤波法"+"消抖滤波法",先限幅,后消抖。

(2)优点:继承了"限幅"和"消抖"的优点,改进了"消抖滤波法"中的某些缺陷,避免将干扰值导入系统。

(3)缺点:对于快速变化的参数不宜。

8.5 可靠性测试

本节内容思维导图如图8-44所示。

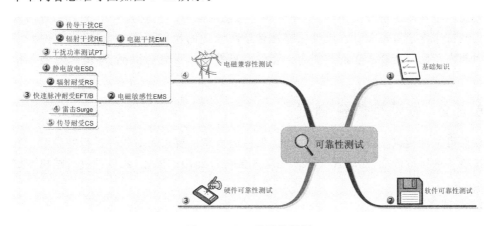

图8-44 8.5节思维导图

8.5.1 基础知识

产品总算重新设计完毕。小张心里估计下一步应该又是送往客户现场做测试了,可是结果出乎他的预料,杨工一边安排测试人员在公司内部进行什么压力测试、负载测试等,一边正打电话联系准备把产品送到某些地方去做实验呢! 听到他说的高低温实验、冷热冲击实验、盐雾实验、ESD等,小张一头雾水。

杨工和小张说,产品的抗干扰性由设计来决定,而设计完成之后,除了进行功能的测试,还必须进行可靠性的测试。正好后续的测试我打算让你跟一下,你先学习一下相关的知识做个准备。

1. 定义

可靠性实验是为了解、评价、分析和提高产品的可靠性而进行的各种实验的总称。可靠性实验的目的是：发现产品在设计、材料和工艺等方面的各种缺陷，经分析和改进，使产品可靠性逐步得到增长，最终达到预定的可靠性水平；为改善产品的完好性、提高任务成功率、减少维修保障费用提供信息；确认是否符合规定的可靠性定量要求。

2. 目的

为了评价分析电子产品可靠性而进行的实验称为可靠性实验。实验目的通常有如下几方面。

（1）在研制阶段用以暴露试制产品各方面的缺陷，评价产品可靠性达到预定指标的情况。

（2）生产阶段为监控生产过程提供信息。

（3）对定型产品进行可靠性鉴定或验收。

（4）暴露和分析产品在不同环境和应力条件下的失效规律及有关的失效模式和失效机理。

（5）为改进产品可靠性，制定和改进可靠性实验方案，为用户选用产品提供依据。

对于不同的产品，为了达到不同的目的，可以选择不同的可靠性实验方法。

3. 分类

可靠性测试可以分为软件可靠性测试和硬件可靠性测试。软件可靠性是软件系统在规定的时间内以及规定的环境条件下，完成规定功能的能力。一般情况下，只能通过对软件系统进行测试来度量其可靠性。硬件可靠性是指在给定的操作环境与条件下，硬件在一段规定的时间内正确执行要求功能的能力。硬件可靠性测试可分为机械、环境和电磁干扰三大部分。

8.5.2 软件可靠性测试

软件可靠性测试是指为了保证和验证软件的可靠性要求而对软件进行的测试。其采用的是按照软件运行剖面（对软件实际使用情况的统计规律的描述）对软件进行随机测试的测试方法。

1. 测试步骤

软件可靠性测试分为以下 4 个阶段：制订测试方案、制订测试计划、测试和编写测试报告。

1）制订测试方案

本阶段的目标是识别软件功能需求，触发该功能的输入和对应的数据域，确定相关的概率分布及需强化测试的功能。以下是推荐的步骤。在一些特定的应用中，有的步骤并不是必需的。

（1）分析功能需求。

分析各种功能需求，识别触发该功能的输入及相关的数据域（包括合法与不合法的两部分）。

（2）定义失效等级。

判断是否存在出现危害度较大的 1 级和 2 级失效的可能性。如果这种可能性存在，则应进行故障树分析，标识出所有可能造成严重失效的功能需求和其相关的输入领域。

（3）确定概率分布。

确定各种不同运行方式的发生概率，判断是否需要对不同的运行方式进行分别测试。

如果需要,则应给出各种运行方式下各数据域的概率分布;否则,给出各数据域的概率分布。判断是否需要强化测试某些功能。

(4) 整理概率分布的信息,将这些信息编码送入数据库。

2) 制订测试计划

(1) 根据前一阶段整理的概率分布信息生成相对应的测试实例集,并计算出每一测试实例预期的软件输出结果。本阶段需要注意:在按概率分布随机选择生成测试实例的同时,要保证测试的覆盖面。

(2) 编写测试计划,确定测试顺序,分配测试资源。由于本阶段前一部分的工作需要考虑大量的信息和数据,因此需要一个软件支持工具,建立数据库,并产生测试实例。另外,有时预测软件输出结果也需要大量的计算,有些复杂的软件甚至要用到仿真器模拟输出结果。总之,具体实施与被测应用软件的实际功能类型有关。

3) 测试。

本阶段进行软件测试。需注意的是被测软件的测试环境(包括硬件配置和软件支撑环境)应和预期的实际使用环境尽可能一致,对某些环境要求比较严格的软件(如嵌入式软件)则应完全一致。测试时按测试计划和顺序对每一个测试实例进行测试,判断软件输出是否符合预期结果。测试时应记录测试结果、运行时间和判断结果。如果软件失效,那么还应记录失效现象和时间,以备以后核对。

4) 编写测试报告

按软件可靠性估计的要求整理测试记录,并将结果写成报告。

2. 常见测试项目

1) 组件压力测试

压力测试是指模拟巨大的工作负荷以查看应用程序在峰值使用情况下如何执行操作。组件压力测试的想法是在隔离的情况下,对每个组件施加远超过正常应用程序将经历的压力。

2) 集中测试

对每个单独的组件进行压力测试后,应对带有其所有组件和支持服务的整个应用程序进行压力测试。集中压力测试主要关注与其他服务、进程以及数据结构(来自内部组件和其他外部应用程序服务)的交互。

集中测试从最基础的功能测试开始。需要知道编码路径和用户方案,了解用户试图做什么以及确定用户运用应用程序的所有方式。

测试脚本应根据预期的用法运行应用程序。例如,如果应用程序显示 Web 页,而且99%的客户只是搜索该站点,只有1%的客户将真正购买,这使得提供对搜索和其他浏览功能进行压力测试的测试脚本才有意义。当然,也应对购物车进行测试,但是预期的使用暗示搜索测试应在测试中占很大比重。

在日程和预算允许的范围内,应始终尽可能延长测试时间。不是测试几天或一周,而是要延续测试达一个月、一个季度或者一年之久,并查看应用程序在较长时期内的运行情况。

3) 真实环境测试

在隔离的受保护的测试环境中可靠的软件,在真实环境的部署中可能并不可靠。虽然隔离测试在早期的可靠性测试进程中是有用的,但真实环境的测试环境才能确保并行应用程序不会彼此干扰。这种测试经常发现与其他应用程序之间的意外的导致失败的交互。

需要确保应用程序能够在真实环境中运行,即能够在具有所有预期客户事件配置文件的服务器空间中,使用最终配置条件运行。测试计划应包括在最终目标环境中或在尽可能接近目标环境的环境中运行应用程序。这一点通常可通过部分复制最终环境或小心地共享最终环境来完成。

4)随机破坏测试

测试可靠性的一个最简单的方法是使用随机输入。这种类型的测试通过提供虚假的不合逻辑的输入,努力使应用程序发生故障或挂起。输入可以是键盘或鼠标事件、程序消息流、Web页、数据缓存或任何其他可强制进入应用程序的输入情况。应该使用随机破坏测试测试重要的错误路径,并公开软件中的错误。这种测试通过强制失败以便可以观察返回的错误处理来改进代码质量。

随机测试故意忽略程序行为的任何规范。如果该应用程序中断,则未通过测试。如果该应用程序不中断,则通过测试。这里的要点是随机测试可高度自动化,因为它完全不关心基础应用程序应该如何工作。

可能需要某种测试装备,以驱使混乱的、高压力的、不合逻辑的测试事件进入应用程序的接口中。Microsoft使用名为"注射器"的工具,使得以将错误注射到任何API中,而无须访问源代码。"注射器"可用于:模拟资源失败,修改调用参数,注射损坏的数据,检查参数验证界限,插入定时延迟,以及执行许多其他功能。

8.5.3 硬件可靠性测试

可靠性实验是为了保证产品在规定的寿命期间内,在预期的使用、运输或储存等所有环境下,保持功能可靠性而进行的活动,是将产品暴露在自然的或人工的环境条件下经受其作用,以评价产品在实际使用、运输和储存的环境条件下的性能,并分析研究环境因素的影响程度及其作用机理。通过使用各种环境实验设备模拟气候环境中的高温、低温、高温高湿以及温度变化等情况,加速反映产品在使用环境中的状况,来验证其是否达到在研发、设计、制造中预期的质量目标,从而对产品整体进行评估,以确定产品可靠性寿命。

从硬件角度出发,可靠性测试分为两类。一类是企业自身根据其产品特点和对质量的认识所开发的测试项目,比如一些故障模拟测试、电压拉偏测试、快速上下电测试等。另一类是以行业标准或者国家标准为基础的可靠性测试,比如电磁兼容实验、气候类环境实验、机械类环境实验和安规实验等。

其中,机械类环境实验和气候类环境实验项目如表 8-1 所示。

表 8-1　可靠性测试项目列表

序号	测 试 项 目	实 验 范 围
1	振动实验(Vibration Test)	水平、垂直振动(vertical&horizontal vibration),正弦(Sine)、随机(Random)、正弦+随机(Sine+Random)
2	机械冲击实验 (Mechanical Shock Test)	5000m/s^2(500g)
3	碰撞实验(Collision Test)	250kg,50~300m/s²

续表

序号	测 试 项 目		实 验 范 围
4	包装跌落(Packing Drop)		跌落姿态(Drop Gesture)：角(Angle)、棱(Corner)、面(Surface)
5	模拟运输(Simulation Transportation)		三级公路(Tertiary Highway)：35km/h(140/h)Max Load：1500kg
6	抗压强度(Compressive Strength)		最大压力(Max Pressure)：5t
7	IP Range	防尘(Dustproof)	IP1Y～IP6Y
		防水(Waterproof)	IPX1～IPX8
8	堆码实验(Stack Test)		最大承载(Max Load)：5t
9	温度/湿度/振动三综合实验(Temp./Humidity/Vibration Comprehensive Test)		温度：－70～150℃,湿度：(25%～98%)RH,温度变化速率：15℃/min Max. Frequency：1～2000Hz,加速度(Acceleration)：0～60gn,位移(Displacement max)(p-p)：50.8mm
10	盐雾实验(Salt-fog Test)		中性盐雾(NSS)、醋酸盐雾(AA SS)、铜加速醋酸盐雾(CA SS)
11	气体腐蚀(Gas Corrosion)		$SO_2/H_2S/CO_2$
12	恒温恒湿(Constant Temp&Hum)		20～95℃,(5%～98%)RH
13	冷热冲击(Thermal Shock)		－65～150℃
14	UV老化(UV Aging)		UVA340,UVA351,UVB313
15	快速温变(Thermal Cycling)		70～150℃,(25%～98%)RH,≤20℃/min

1. 振动实验

振动实验是指评定产品在预期的使用环境中抗振能力而对受振动的实物或模型进行的实验。根据施加的振动载荷的类型把振动实验分为正弦振动实验和随机振动实验两种。正弦振动实验包括定额振动实验和扫描正弦振动实验。扫描振动实验要求振动频率按一定规律变化,如线性变化或指数规律变化。如图8-45所示,振动实验设备分为加载设备和控制设备两部分。加载设备有机械式振动台、电磁式振动台和电液式振动台。

如图8-46所示,电磁式振动台是目前使用最广泛的一种加载设备。振动控制实验用来产生振动信号和控制振动量级的大小。振动控制设备应具备正弦振动控制功能和随机振动控制功能。振动实验主要是环境模拟,实验参数为频率范围、振动幅值和实验持续时间。振动对产品的影响有:结构损坏,如结构变形、产品裂纹或断裂;产品功能失效或性能超差,如接触不良、继电器误动作等,这种破坏不属于永久性破坏,因为一旦振动减小或停止,工作就能恢复正常;工艺性破坏,如螺钉或连接件松动、脱焊。从振动实验技术发展趋势看,将采用多点控制技术、多台联合激动技术。

图 8-45　振动实验设备示意图

图 8-46　电磁式振动台示意图

2. 机械冲击实验

实验目的是确定在正常和极限温度下,当产品受到一系列冲击时,各性能是否失效。冲击实验的技术指标包括:峰值加速度、脉冲持续时间、速度变化量(半正弦波、后峰锯齿波、梯形波)和波形选择。冲击次数无特别要求外每个面冲击 3 次共 18 次。许多产品在使用、装卸、运输过程中都会受到冲击。冲击的量值变化很大并具有复杂的性质。因此冲击和碰撞可靠性测试适用于确定机械的薄弱环节,考核产品结构的完整性。机械冲击实验台如图 8-47 所示。

3. 跌落实验

跌落实验又名包装跌落实验,为产品包装后在模拟不同的棱、角、面于不同的高度跌落于地面时的情况,从而了解产品受损情况及评估产品包装组件在跌落时所能承受的堕落高度及耐冲击强度,根据产品实际情况及国家标准范围进行改进、完善包装设计。跌落实验台如图 8-48 所示。

图 8-47　机械冲击实验台示意图

图 8-48　跌落实验台示意图

4. IP 防护等级

IP(Ingress Protection)防护等级系统是由 IEC(International Electrotechnical Commission)所起草,将电器依其防尘防湿气之特性加以分级。IP 防护等级由两个数字所组成,第一个数字表示电器防尘、防止外物侵入的等级(这里所指的外物含工具、人的手指等均不可接触到电器内的带电部分,以免触电),第二个数字表示电器防湿气、防水侵入的密闭程度,数字越大表示其防护等级越高。

1) 防尘等级

防尘等级如表 8-2 所示。

表 8-2 防尘等级表

数字	防护范围	说明
0	无防护	对外界的人或物无特殊的防护
1	防止直径大于 50mm 的固体外物侵入	防止人体(如手掌)因意外而接触到电器内部的零件,防止较大尺寸(直径大于 50mm)的外物侵入
2	防止直径大于 12.5mm 的固体外物侵入	防止人的手指接触到电器内部的零件,防止中等尺寸(直径大于 12.5mm)的外物侵入
3	防止直径大于 2.5mm 的固体外物侵入	防止直径或厚度大于 2.5mm 的工具、电线及类似的小型外物侵入而接触到电器内部的零件
4	防止直径大于 1.0mm 的固体外物侵入	防止直径或厚度大于 1.0mm 的工具、电线及类似的小型外物侵入而接触到电器内部的零件
5	防止外物及灰尘	完全防止外物侵入,虽不能完全防止灰尘侵入,但灰尘的侵入量不会影响电器的正常运作
6	防止外物及灰尘	完全防止外物及灰尘侵入

2) 防水等级

防水等级如表 8-3 所示。

表 8-3 防水等级表

数字	防护范围	说明
0	无防护	对水或湿气无特殊的防护
1	防止水滴浸入	垂直落下的水滴(如凝结水)不会对电器造成损坏
2	倾斜 15°时,仍可防止水滴浸入	当电器由垂直倾斜至 15°时,滴水不会对电器造成损坏
3	防止喷洒的水浸入	防雨或防止与垂直的夹角小于 60°的方向所喷洒的水侵入电器而造成损坏
4	防止飞溅的水浸入	防止各个方向飞溅而来的水侵入电器而造成损坏
5	防止喷射的水浸入	防止来自各个方向由喷嘴射出的水侵入电器而造成损坏
6	防止大浪浸入	装设于甲板上的电器,可防止因大浪的侵袭而造成的损坏
7	防止浸水时水的浸入	电器浸在水中一定时间或水压在一定的标准以下,可确保不因浸水而造成损坏
8	防止沉没时水的浸入	可完全浸于水中的结构,实验条件由生产者及使用者决定

5. 盐雾实验

盐雾实验是一种主要利用盐雾实验设备所创造的人工模拟盐雾环境条件来考核产品或金属材料耐腐蚀性能的环境实验。

盐雾实验标准是对盐雾实验条件,如温度、湿度、氯化钠溶液浓度和 pH 值等做的明确具体规定,另外还对盐雾实验箱性能提出技术要求。盐雾实验结果的判定方法有:评级判定法,称重判定法,腐蚀物出现判定法,腐蚀数据统计分析法。需要进行盐雾实验的产品主要是一些金属产品,通过检测来考察产品的抗腐蚀性。盐雾实验箱如图 8-49 所示。

6. 冷热冲击实验

冷热冲击实验又名温度冲击实验或高低温冲击实验,是用于考核产品对周围环境温度急剧变化的适应性,是装备设计定型的鉴定实验和批产阶段的例行实验中不可缺少的实验,在有些情况下也可以用于环境应力筛选实验。可以说冷热冲击实验箱在验证和提高装备的环境适应性方面应用的频度仅次于振动与高低温实验。冷热冲击实验箱如图 8-50 所示。

图 8-49　盐雾实验箱示意图　　　　　图 8-50　冷热冲击实验箱示意图

8.5.4　电磁兼容性测试

EMC 检测(电磁兼容性检测)的全称是 Electro Magnetic Compatibility,其定义为"设备和系统在其电磁环境中能正常工作且不对环境中任何事物构成不能承受的电磁骚扰的能力"。该定义包含两个方面的意思,首先,该设备应能在一定的电磁环境下正常工作,即该设备应具备一定的电磁敏感性(EMS);其次,该设备自身产生的电磁骚扰不能对其他电子产品产生过大的影响,即电磁干扰(EMI)。

电磁干扰包括 CE(传导干扰)、RE(辐射干扰)和 PT(干扰功率测试)等。

电磁敏感性包括 ESD(静电放电)、RS(辐射耐受)、EFT/B(快速脉冲耐受)、surge(浪涌)和 CS(传导耐受)等。

1. 电磁干扰

1) 传导干扰

传导干扰(CE)是指通过导电介质把一个电网络上的信号耦合(谐波干扰)到另一个电网络。

传导干扰的测量是对受试设备通过电源线或信号线向外发射的干扰进行测试。因此,测试的对象主要是 EUT 的输入电源线、互连线及控制线等。测量频率范围为 $25\text{Hz} \sim 30\text{MHz}$。测试的方法主要是电流法和电压法。这取决于测试的对象和测试的频段。当需要测量 EUT 馈入到电源线上的传导干扰电压时,便可采用电压法中的电源阻抗稳定网络(LISN)法。电源阻抗稳定网络加在电网和 EUT 之间,使电网与 EUT 隔离,这样测得的干扰电压仅为 EUT 发射的,不含馈入来自电网的干扰。并且在规定的频率范围内,对传导干扰信号提供规定的稳定的阻抗(如 3825/2 提供的是在 $10\text{kHz} \sim 100\text{MHz}$ 范围内为 50Ω),以便能基准统一地和较准确地测量干扰电压。传导干扰测量设备的互连。

2) 辐射干扰

辐射干扰(RE)是一种电磁干扰,存在于通信设备或者计算机操作设备当中,有部分干扰源是由设备的线路或无线电天线发射出来,在某些情况下,可能因为振幅(干扰)过大,而造成无线电传输中断或是计算机操作设备故障等问题。

辐射干扰的测试,是检验受试设备通过空间传播的辐射干扰场强。按标准要求应在开阔场地或半电波暗室进行。然而,符合要求的开阔场地很难找到,故一般多在屏蔽电波暗室内测试。测量主要采用天线法和诊断法。

2. 电磁敏感性

1) 静电放电

ESD 即 Electro-Static Discharge,译为静电放电。ESD 是 20 世纪中期以来形成的研究静电的产生和衰减、静电放电模型、静电放电效应和电磁效应(如电磁干扰)等的科学。近年来,随着科学技术的飞速发展,微电子技术的广泛应用及电磁环境越来越复杂,对静电放电的电磁场效应如电磁干扰(EMI)及电磁兼容性(EMC)问题越来越重视。

测试方法有接触放电、空气放电、直接放电、间接放电 4 种。

(1)接触放电:实验发生器的电极保持与受试设备接触,并由发生器内的放电开关激励放电的一种实验方法。

(2)空气放电:空气放电是将实验发生器的充电电极靠近受试设备,并由火花对设备激励放电的一种实验方法。

(3)直接放电:直接对受试设备实施放电。

(4)间接放电:对受试设备附近的耦合板实施放电,以模拟人员对受试设备附近的物体的放电。

ESD 实验台如图 8-51 所示。

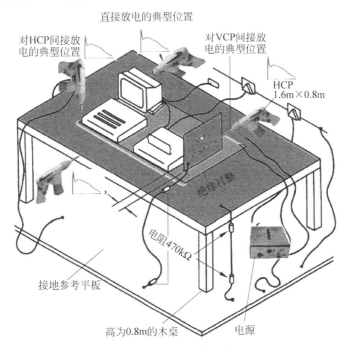

图 8-51　ESD 实验台示意图

2) 辐射耐受

大多数电子设备在使用时都会被电磁辐射影响。这类辐射的信号产生经常来自于手提式电子设备的操作、电视广播与通信发送器,以及各类型的工业电磁等。此项测试目的是为了确保电子、电气设备在遭受这类扰动影响时的耐受度。

如图 8-52 所示,本测试必须在电波无反射室中进行:具有适当的尺寸可维持一均匀的场强,其相对于待测设备必须有足够的空间大小,在电波无反射室中,外加的吸波材料可以使用来衰减因排列不完全引起的反射。也可使用替代场地测试,如 GTEM CELL、Open Stripline 等,但因为体积小,通常只能测试小型的待测物。具体测试流程如图 8-53 所示。

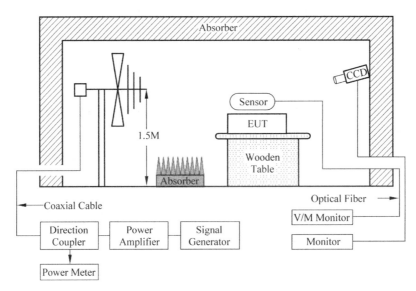

图 8-52 电波无反射室架设示意图

3) 快速脉冲耐受 EFT

大部分电子产品需要通过电快速瞬变脉冲群(EFT)和静电放电(ESD)等项目的标准测试。EFT 和 ESD 是两种典型的突发干扰,EFT 信号单脉冲的峰值电压可高达 4kV,上升沿 5ns。接触放电测试时的 ESD 信号的峰值电压可高达 8kV,上升时间小于 1ns。这两种突发干扰,都具有突发、高压、宽频等特征。

如图 8-54 所示,电快速瞬变脉冲群 EFT 是由电感性负载(如继电器、接触器产生的传导干扰、高压开关切换产生的辐射干扰等)在断开时,由于开关触点间隙的绝缘击穿或触点弹跳等原因,在断开处产生的暂态骚扰。当电感性负载多次重复开关,则脉冲群又会以相应的时间间隙多次重复出现。这种暂态骚扰能量较小,一般不会引起设备的损坏,但由于其频谱分布较宽,所以会对电子、电气设备的可靠工作产生影响。

电快速瞬变脉冲群实验的目的就是为了检验电子、电气设备在遭受这类暂态骚扰影响时的性能。重复快速瞬变实验是一种将由许多快速瞬变脉冲组成的脉冲群耦合到电气和电子设备的电源端口、信号和控制端口的实验。实验的要点是瞬变的短上升时间、重复率和低能量。

这种实验是一种耦合到电源线路、控制线路、信号线路上的由许多快速瞬变脉冲组成的

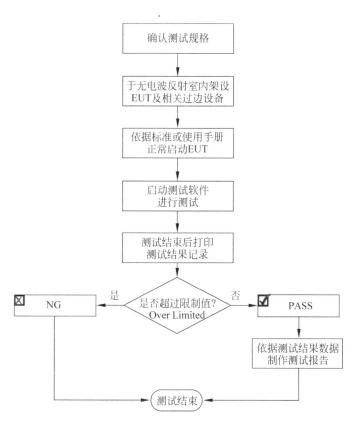

图 8-53　辐射耐受测试流程图

脉冲群实验。此波形不是感性负载断开的实际波形(感性负载断开时产生的干扰幅度是递增的),而实验所采用的波形使实验等级更为严酷。电快速脉冲群是由间隔为 300ms 的连续脉冲串构成,每一个脉冲串持续 15ms,由数个无极性的单个脉冲波形组成,单个脉冲的上升沿 5ns,持续时间 50ns,重复频率 2.5kHz(对 4kV 测试等级)或 5kHz(对其他等级)。根据傅里叶变换,它的频谱是 5kHz~100MHz 的离散谱线,每根谱线的距离是脉冲的重复频率。对电源端子选择耦合/去耦网络施加干扰,耦合电容为 33nF。对 I/O 信号、数据和控制端口选择专用容性耦合夹施加干扰,等效耦合电容约为 50~200pF。

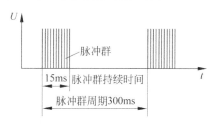

图 8-54　电快速瞬变脉冲群示意图

4）浪涌实验

如图 8-55 所示,Surge 即浪涌实验,用来模拟自然雷击或者电网中接入大容性负载时所产生的脉冲对设备的影响。它包含电源端和信号端测试。

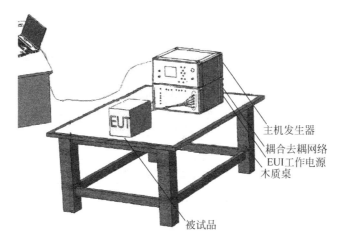

图 8-55　浪涌实验示意图

应　用　篇

8.6　基础实验：滤波算法

8.6.1　实验目的

(1) 了解并掌握温度滤波算法的实现过程。
(2) 掌握在实际企业中工作的分工及流程。
(3) 能够独立完成传感器的滤波算法开发调试工作。
(4) 培养其解决工业现场实际问题的能力。

8.6.2　元器件准备

(1) 亚龙 OMR—欧姆龙主机单元一台。
(2) 亚龙 YL-332 型实训设备一台。
(3) 专用接线若干。
(4) 计算机一台。
(5) 下载器一个。

8.6.3　实训设备简介

1. 整体系统介绍

通过上位机实时检测室内、土壤温湿度，空气质量，并实现浇花，气阀、水阀及 220V 电源控制。其通信方式是 CAN 总线，每个装有不同功能模块的 STM32 主板通过 CAN 向上位机发送数据，同时接收数据并做出动作。其控制结构如图 8-56 所示。

将插好各功能模块的主板连接 DC5V 电源，功能小板通过转接线与功能模块连接好，并将所有主板的 CAN1 连至 USB-CAN 适配器，通过方口 USB 线将适配器与 PC 连接，如图 8-57 所示。

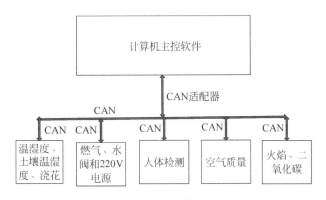

图 8-56 系统整体结构图

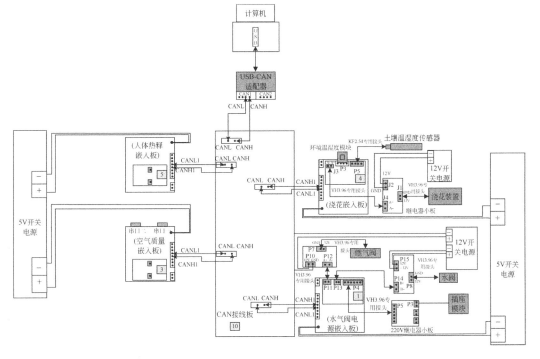

图 8-57 硬件连接示意图

2. 温湿度传感器模块

如图 8-58 所示,本模块由一个一位、两个三位数码管、两个轻触按键、一块温湿度传感器组成,有浇花模块接口、两个温湿度传感器接口。可实现环境、土壤温湿度采集及显示、浇水继电器模块的控制。

如图 8-59 所示,采用 SHT10 数字温湿度传感器,该传感器将传感元件和信号处理电路集成在一块微型电路板上,输出完全标定的数字信号。传感器采用专利的 CMOSens 技术,确保产品具有极高的可靠性与卓越的长期稳定性。传感器包括一个电容性聚合体测湿敏感元件、一个用能隙材料制成的测温元件,并在同一芯片上,与 14 位的 A/D 转换器以及串行接口电路实现无缝连接。两线制串行接口和内部基准电压,使系统集成变得简易快捷。接口定义如图 8-60 所示。

图 8-58 温湿度传感器外观图

图 8-59 SHT10 数字温湿度传感器外观图

引脚	名称	描述
1	GND	地
2	DATA	串行数据，双向
3	SCK	串行时钟，输入口
4	VDD	电源
NC	NC	必须为空

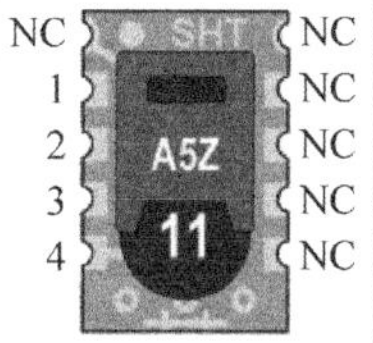

图 8-60 接口定义图

注意：SHT1x 引脚分配，NC 保持悬空；电源引脚(VDD,GND)。

SHT1x 的串行接口,在传感器信号的读取及电源损耗方面,都做了优化处理;传感器不能按照 I²C 协议编址,但是,如果 I²C 总线上没有挂接别的元件,传感器可以连接到 I²C 总线上,但单片机必须按照传感器的协议工作。

典型应用电路如图 8-61 所示,包括上拉电阻 R_P 和 VDD 与 GND 之间的去耦电容。

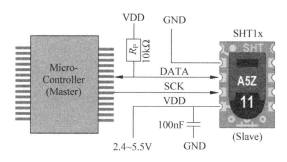

图 8-61 典型应用电路图

串行时钟输入(SCK)：SCK 用于微处理器与 SHT1x 之间的通信同步。由于接口包含完全静态逻辑,因而不存在最小 SCK 频率。

串行数据(DATA)：DATA 引脚为三态结构,用于读取传感器数据。当向传感器发送命令时,DATA 在 SCK 上升沿有效且在 SCK 高电平时必须保持稳定。

8.6.4 实验内容和步骤

1. 项目背景

某企业计划将现有的控制系统进行升级改造。原因是现场发现有温度干扰信号,并且该干扰信号的特点是有一个平均值,在某一数值范围附近上下波动。改造的手段是对现有的连接温度传感器的控制器程序进行修改,加入相应的软件滤波算法。

2. 技术方案制定

根据项目背景提供的信息,选择最合适的软件滤波算法。

3. 分组

两个人一组。

4. 流程图编制

利用 Visio 来进行软件程序流程图的绘制。详见 8.6.5 节中的"使用 Visio 编制软件流程图"部分。

5. 程序编写、编译

根据绘制的软件流程图进行 C 程序的编写、编译。详见 8.6.5 节中的"使用 Keil 进行嵌入式程序开发调试"部分。

6. 程序互查

两个人分别检查对方的代码,确认无误。

7. 程序下载、调试

利用仿真器连接嵌入式控制板,下载程序;使用 IDE 进行在线调试。详见 8.6.5 节中的"使用 Keil 进行嵌入式程序开发调试"部分。

8. 记录调试结果

改变环境温度值,使温度传感器采集的温度出现上下波动,记录每次采样的温度值,通过 IDE 观测每次通过滤波算法计算出来的数值。记录 10 次滤波算法数值,手动计算验证该数值是否和实际值一致。

8.6.5 附录

1. 使用 Visio 编制软件流程图

(1) 如图 8-62 所示,建立绘图,选择"新建"→"选择绘图类型"→"基本流程图"。

图 8-62 新建流程图示意图

（2）如图 8-63 所示，添加流程图元素"进程"，将图示进程框拖进右侧空白处。

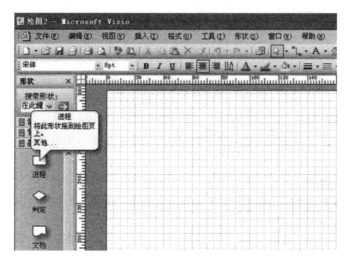

图 8-63　添加元素示意图

（3）如图 8-64 所示，通常进程框显示为蓝色，将其改变为白色，右击选择"格式"→"填充"→选择白色。

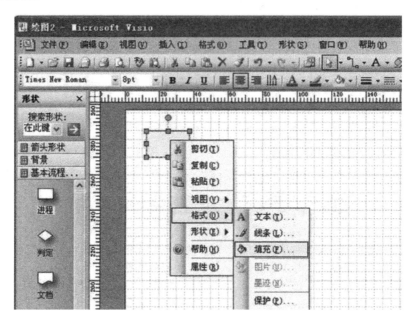

图 8-64　颜色选择示意图

（4）如图 8-65 所示，流程图另一个元素剪头的处理，单击左侧剪头，拖进空白处，右击选择"格式"→"线条"→选择黑色。

（5）这两个元素是比较基本的，然后就可以通过复制粘贴，得到多个进程框和箭头，这样比较方便。流程图如图 8-66 所示。

2. 使用 Keil 进行嵌入式程序开发调试

（1）打开 Keil，如图 8-67 所示。

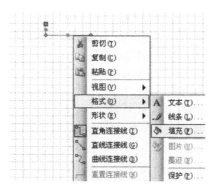

图 8-65 箭头处理示意图

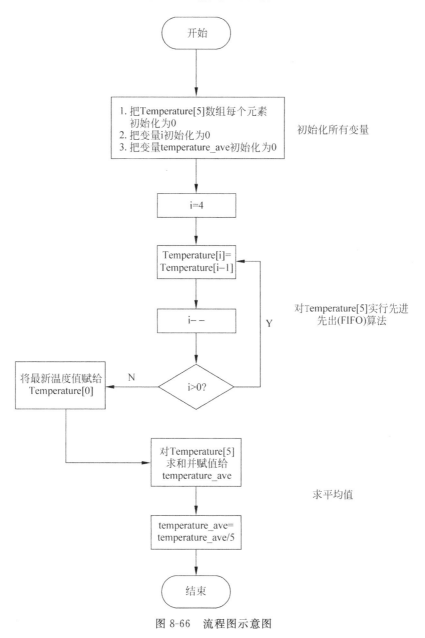

图 8-66 流程图示意图

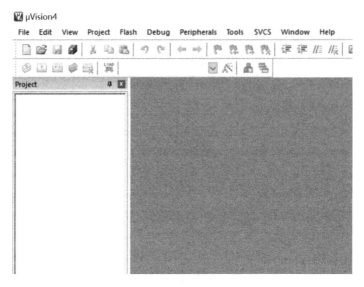

图 8-67　Keil 界面示意图

（2）打开菜单 File→Open，找到项目文件，如图 8-68 所示。

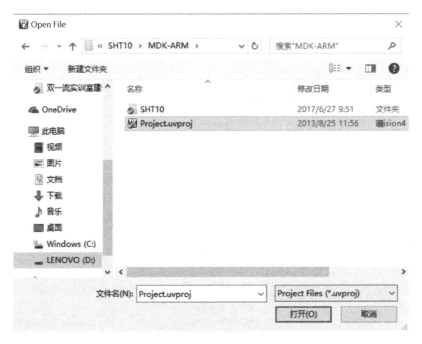

图 8-68　打开文件示意图

（3）在程序框中编辑程序，单击左上角的"编译"图标进行编译，如图 8-69 所示。

（4）连接下载器，确保下载器的驱动已正确安装，单击右上角的"在线调试"按钮进入在线调试，如图 8-70 所示。

（5）进入调试状态，观察相关变量和寄存器的数值。

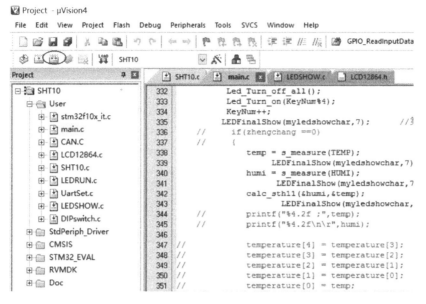

图 8-69　程序编辑示意图

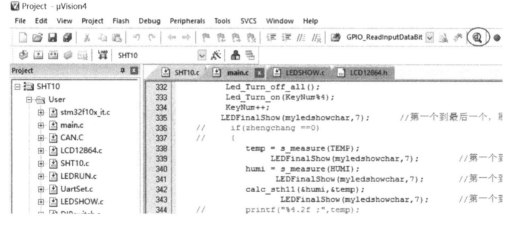

图 8-70　在线调试示意图

小结

通过本章的学习,我们掌握了干扰的基本概念;掌握了接地技术的基础知识,了解了接地的分类、接地的制式和接地方式;掌握了屏蔽技术的定义和分类;掌握了滤波技术的基础知识,掌握了滤波器的相关知识并了解了常见的软件滤波技术;掌握了可靠性测试的基础知识,了解了硬件可靠性测试和软件可靠性测试的相关知识,了解了电磁兼容性测试的相关知识。

请你做一做

一、填空题

1. 在电路中,干扰信号通常以_____和_____形式与有用信号一同传输。

2. 共模干扰有时也称为_____和_____。

3. 干扰的三要素包括_____、_____和_____。

4. 接地的作用主要是_____、_____、_____、_____和_____。

5. 工作接地分为_____、_____和_____。

6. 常用的接地方式有两种:_____和_____。

7. 屏蔽技术按对象分可以分为_____和_____。

8. 电场屏蔽又可以分为_____和_____。

9. 模拟滤波技术(硬件滤波技术)分为两类:_____和_____。

10. 数字滤波技术可以分为两类:_____和_____。

二、选择题

1. 直接与土壤接触的金属导体称为(   )。
   A. 接地体   B. 接地点   C. 零线   D. 火线

2. (   )是消除电磁场对人体危害的有效措施,也是防止电磁干扰的有效措施。
   A. 工作接地   B. 安全接地   C. 防雷接地   D. 屏蔽接地

3. 电气设备的金属外壳直接接地的保护系统,称为保护接地系统,也称(   )系统。
   A. TN-C   B. TN-S   C. TN-C-S   D. TT

4. 不属于屏蔽技术按机理分类的是(   )。
   A. 磁场屏蔽   B. 主动屏蔽
   C. 电场屏蔽   D. 电磁场屏蔽

5. (   )是允许低于截止频率的信号通过,但高于截止频率的信号不能通过的电子滤波装置。
   A. 低通滤波器   B. 带通滤波器   C. 高通滤波器   D. 带阻滤波器

6. (   )是一个允许特定频段的波通过同时屏蔽其他频段的设备。
   A. 低通滤波器   B. 带通滤波器   C. 高通滤波器   D. 带阻滤波器

7. (   )又称 LC 滤波器,是利用电感、电容和电阻的组合设计构成的滤波电路。
   A. 高通滤波器   B. 有源滤波器   C. 无源滤波器   D. 低通滤波器

8. 连续采样 N 次(N 取奇数),把 N 次采样值按大小排列,取中间值为本次有效值的软件滤波方法是(   )算法。
   A. 算术平均滤波   B. 递推滤波   C. 像素每英尺   D. 中位值滤波

三、判断题

1. (   )串模干扰是叠加在被测信号上的干扰信号,也称纵向干扰。

2. (   )共阻抗干扰是指电路各部分公共导线阻抗、地阻抗和电源内阻压降相互耦合形成的干扰。

3. (   )所谓传导干扰是指通过空间辐射传播到敏感器件的干扰。

4. ( )将电力系统或电气装置的某一部分经接地线连接到接地极称为接地。

5. ( )工作接地是将系统中平时不带电的金属部分(机柜外壳,操作台外壳等)与地之间形成良好的导电连接,以保护设备和人身安全。

6. ( )安全栅的作用是保护危险现场端永远处于安全电流和安全电压范围之内。

7. ( )IT系统电源侧没有工作接地,或经过高阻抗接地,负载侧电气设备进行接地保护。

8. ( )联合接地方式也称单点接地方式,即所有接地系统共用一个共同的"地"。

9. ( )若屏蔽体用来防止干扰场进入被屏蔽空间,这种屏蔽结构称为主动屏蔽。

10. ( )IP防护等级是由两个数字所组成,第一个数字表示电器防尘、防止外物侵入的等级,第二个数字表示电器防湿气、防水侵入的密闭程度,数字越大表示其防护等级越高。

四、简答题

1. 什么是干扰? 干扰存在的形式有几种?

2. 按干扰的耦合模式分类,干扰可以分为多少类? 干扰的三要素是什么?

3. 屏蔽技术按屏蔽对象分可以分为哪几类? 按机理分可以分为哪几类?

4. 什么是滤波? 滤波技术可以分为哪几类?

5. 什么是滤波器? 滤波器可以分为哪几类?

6. 常见的软件滤波技术都有哪些?

7. 什么是可靠性测试? 它可以分为哪几类?

8. 软件可靠性测试可以分为哪几个阶段? 常见测试项目都有哪些?

9. 硬件可靠性测试都有哪些测试项目?

10. 电磁兼容性测试都包含哪些内容?

参 考 文 献

[1] 汤晓华.传感器应用技术[M].上海：上海交通大学出版社,2013.
[2] 胡向东.传感器与检测技术[M].2版.北京：机械工业出版社,2013.
[3] 应俊.LECT-1302实验教程[M].北京：北京中科泛华测控技术有限公司,2011.
[4] 程德福,王君,凌振宝.传感器原理及应用[M].北京：机械工业出版社,2017.
[5] 周怀芬.传感器应用技术[M].北京：机械工业出版社,2017.
[6] 梁森,黄杭美,王明霄,等.传感器与检测技术项目教程[M].北京：机械工业出版社,2017.
[7] 李艳红,李海华,杨玉蓓.传感器原理及实际应用设计[M].北京：北京理工大学出版社,2016.
[8] 吴建平.传感器原理及应用[M].北京：机械工业出版社,2016.
[9] 徐科军.传感器与检测技术[M].4版.北京：电子工业出版社,2016.
[10] 李永霞.传感器检测技术与仪表[M].北京：中国铁道出版社,2016.
[11] 王卫兵,张宏,郭文兰.传感器技术及其应用实例[M].2版.北京：机械工业出版社,2016.
[12] 钱裕禄.传感器技术及应用电路项目化教程[M].北京：北京大学出版社,2016.
[13] 马林联.传感器技术及应用教程[M].2版.北京：中国电力出版社,2016.
[14] 刘娇月,杨聚庆.传感器技术及应用项目教程[M].北京：机械工业出版社,2016.
[15] Junichi Nakamura.数码相机中的图像传感器和信号处理[M].徐江涛,高静,聂凯明,译.北京：清华
     大学出版社,2015.
[16] 刘迎春,叶湘滨.传感器原理、设计与应用[M].北京：国防工业出版社,2015.
[17] 孟立凡,蓝金辉.传感器原理与应用[M].3版.北京：电子工业出版社,2015.
[18] 任玉珍.传感器技术及应用[M].北京：中国电力出版社,2014.
[19] 尹福炎,王文瑞,闫晓强.高温低温电阻应变片及其应用[M].北京：国防工业出版社,2014.
[20] 陈文涛.传感器技术及应用[M].北京：机械工业出版社,2013.
[21] 金发庆.传感器技术与应用[M].北京：机械工业出版社,2012.
[22] 范茂军.物联网与传感器技术[M].北京：机械工业出版社,2012.
[23] 贾海瀛.传感器技术与应用[M].北京：清华大学出版社,2011.
[24] 刘起义.传感器应用技术与实践[M].北京：国防工业出版社,2011.
[25] 周杏鹏,孙永荣,仇国富.传感器与检测技术[M].北京：清华大学出版社,2010.
[26] 张洪润.传感器技术大全(下册)[M].北京：北京航空航天大学出版社,2007.
[27] 王元庆.新型传感器原理及应用[M].北京：机械工业出版社,2003.